2024年度版
機械保全技能検定
1・2級

機械系学科試験
過去問題集

涌井 正典　編著

電気書院

ま え が き

　機械保全技能検定は，国家技能検定の 128 職種のうち，「機械保全」にかかわる国家試験で，特級，1 級，2 級，3 級に区分され，特級，1 級の技能検定の合格と認定された者に対しては厚生労働大臣名の，2 級，3 級の合格者に対しては日本プラントメンテナンス協会会長名の合格証書が交付され，「機械保全技能士」と名乗ることができます．

　機械系業務は広い分野に活動の場があり，実際の企業では専門業務に就くことが多いので，試験の内容が分からないという意見を聴きます．過去問題を目にすると，いわゆる機械系の全分野が出題範囲となっており，その範囲の広さに驚くことと思います．ここ近年出題傾向は初見問題が多くなり，化学・情報・工学分野などからも出題されています．毎年，本書は刷新され厳選された問題解説をし，本書でしっかり学習した方は合格に至っています．

　この試験は，平成 27 年度より指定試験機関である公益社団法人日本プラントメンテナンス協会が実施しています．これに伴い，従来 2 月に行われていた試験が 12 月（2 級），1 月（1 級）に行われるようになりました．このため本書の書名を「技能検定 1・2 級…」から「機械保全技能検定…」に変更しています．

　本書の解説は電気書院の責においてなされたもので，試験作成機関とは一切関係ありません．

　本書には平成 28 年度から令和 5 年度まで 8 回分の学科試験問題について，年度ごとの出題順ではなく，効率よく学習できるよう試験科目とその範囲ごとにまとめて配列し，解答に関する解説のほかに覚えておきたい《補足説明》を付しています．

　本書での学習により，多くの読者が，機械保全技能士の栄誉を得られることを期待しています．

2024 年 5 月　編著者

https://www.kikaihozenshi.jp/effort/effort23/

機械保全技能検定1・2級 機械系学科試験 過去問題集

目次

第1編　機械の種類・構造・機能　1

第2編　電気一般　10
電気の基礎　10
電気機械器具の使用方法　19
電気制御装置の基本回路　30

第3編　機械保全法一般　35
機械の保全計画　35
機械の修理・改良計画　49
機械の履歴簿と故障解析　64
機械の点検計画　67
異常原因と対応措置　68
品質管理の知識　71

第4編　金属材料の基礎知識　89
金属材料の種類・性質・用途　89
金属材料の熱処理　96
金属の腐食・防食　102

第5編　安全衛生　107
労働安全衛生法関係法令　107

第6編　機械系保全法　123
機械の主要構成要素の種類と用途　123
主要構成要素の点検　148
主要構成要素の異常時における対応　170
潤滑および給油　205
機械工作法の種類と特徴　228
非破壊検査　248
油圧・空気圧装置の基本回路　261
油圧・空気圧機器の種類と構造・機能　268
油圧・空気圧装置の故障原因と防止方法　287
作動油の種類と性質　298
非金属材料　309
金属材料の表面処理　320
力学の基礎知識　332
材料力学の基礎知識　340
JIS記号・はめあい方式　353

機械保全技能検定 1 級・2 級：機械系保全作業 受検案内

1. 検定試験の基準

技能検定は，実技試験および学科試験によって行われています．

実技試験は，実際に作業などを行わせて，その技量の程度を検定する試験であり，学科試験は，技能の裏付けとなる知識について行う試験です．

(1) 実技試験

機械系保全作業では，受検者に対象物または現場の状態，状況等を原材料，標本，模型，写真，ビデオ等を用いて提示し，判別，判断，測定等を行わせることにより技能の程度を評価する判断等試験が行われ，試験時間は，1 級および 2 級とも 80 分となっています．

(2) 学科試験

学科試験は，単に学問的な知識を試験するものではなく，作業の遂行に必要な正しい判断力および知識の有無を判定することに主眼がおかれています．試験問題の出題形式と出題数は，1 級 2 級とも，真偽法 25 問と四肢択一法 25 問の合計 50 題が出題されています．

真偽法は一つの問題文の正誤を解答する形式であり，四肢択一法は一つの問題文について四つの選択肢の中から正解一つを選択する形式です．

試験時間は 1 時間 40 分（100 分間）となっています．

2. 受検資格

技能試験を受検するには，原則として機械保全に関する業務についていた実務経験年数により判定されます．

受検に必要な実務経験年数は，次のとおりです．

・1 級……7 年以上
・2 級……2 年以上

実務経験年数が受検資格に満たない場合は，技能検定の合格歴，学校の

卒業歴や職業訓練歴などで短縮されることがあります．短縮要件の詳細は，日本プラントメンテナンス協会ホームページ等でご確認ください．

3. 試験の実施日程（機械系保全作業）

受付期間

    ①郵送申請：9月中旬〜9月下旬

    ②インターネット申請

      ・個人情報登録：9月初旬〜10月上旬

      ・受験申請の入力：9月中旬〜10月上旬

学科・実技試験：12月中旬（2級），翌年1月下旬（1級）

合格発表：翌年3月下旬

詳細については，8月頃に発表されますので，日本プラントメンテナンス協会ホームページ（http://www.kikaihozenshi.jp/）で確認するか，受検サポートセンターににお問い合わせください．

4. 合格者

技能検定の合格者には，厚生労働大臣名（1級）または日本プラントメンテナンス協会名等（2級）の合格証書が交付され，機械技能士と称することができます．

5. 受検申請書送付先および問い合わせ先

・受検申請書送付先

〒277-8691　日本郵便株式会社 柏郵便局 私書箱第5号

           機械保全技能検定 受検サポートセンターあて

・受検サポートセンター（株式会社シー・ビー・ティソリューションズ内）

  TEL：03-5209-0553（平日：10：00〜17：00）

  FAX：03-5209-0552

  E-mail：kikaihozen@cbt-s.com

※公益社団法人日本プラントメンテナンス協会は，機械保全技能検定の業務の一部を株式会社シー・ビー・ティ・ソリューションズに委託しています．

第1編　機械の種類・構造・機能

> **問1**　マシニングセンタとは，導電性のある工作物と走行するワイヤ電極間の放電現象を利用して加工を行う工作機械である．［令和2年2級］

解説　誤った記述である．

　　設問で述べられているのは，ワイヤ放電加工機の説明である．ワイヤ放電加工機とは，絶縁液中で工作物と電極（ワイヤ）との間の放電現象を利用して除去加工を行う工作機械である．特性上，導電性の工作物（電気を通す材料）でなければならないが，硬い金属でも加工できる．

答　誤り

<補　足>

立形マシニングセンタ（主軸が垂直のもの）

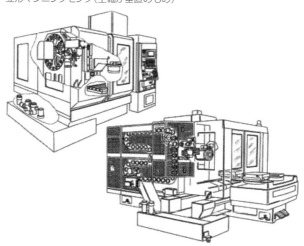

横形マシニングセンタ（主軸が水平のもの）

> **問2**　マシニングセンタは，工作機械の制御に必要な機器や，トラブル時に電流を遮断する遮断器などが収められた箱である．［令和3・4年2級］

解説　誤った記述である．

マシニングセンタ（MC）は自動工具交換装置（ATC）付きのフライス盤系の工作機械をいう．設問の文言は電源箱（CNC装置込み）やブレーカを説明している．前問補足の図参照．

答　誤り

問3　NC（数値制御）工作機械は，あらかじめプログラムされた順序に従って，複雑な形状の加工ができるが，繰り返し精度が求められる加工には適さない．［平成28年2級］

（解説）　誤った記述である．

　　　　NC工作機械は，制御プログラムで指令することにより，複雑な形状であっても，繰り返し同じ動きで高精度に加工が行える．

答　誤り

問4　工作機械設備で使われるATCとは，自動工具交換装置のことである．
［令和元年1級／令和2年2級］

（解説）　正しい記述である．

　　　　JIS B 0106 062.4402の定義により，工具を自動で交換する装置である．
　　　　ATC装置は以下で構成される．
　　　　①工具マガジン
　　　　②マガジンポット
　　　　③交換（回転）アーム
　　　　④位置検出装置
　　　　⑤工具ホルダ

答　正しい

＜補　足＞

　MC（マニシングセンター）はATC（Automatic Tool Changer）といい，TC（ターニングセンター）はTurret（タレット）という．

問5　横フライス盤の主軸は，地面に対して垂直である．［令和3年1級］

（解説）　誤った記述である．

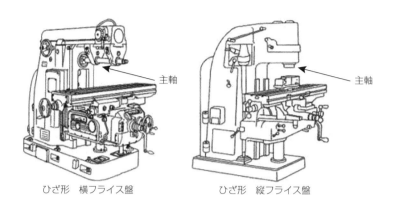

ひざ形 横フライス盤 ひざ形 縦フライス盤

横フライス盤は主軸が水平，縦フライス盤は主軸が垂直である．ひざ形とは，屈伸運動のようにテーブルが上下することから由来する．

答 誤り

問6 立てフライス盤は，エンドミルを用いて側面・段差や溝などを加工するのに適している．［令和5年1級］

(解説) 正しい記述である．

英語ではフライス盤を milling machine という．

答 正しい

問7 形削り盤は，刃物を直線往復運動させて，平面削りや溝加工を行う工作機械である．［令和元年・2年1級］

(解説) 正しい記述である．

形削り盤は，シェーパーともいい，各種の工作物に，バイトを使用して主として形削り加工を施す工作機械である．フレーム，テーブル，ラムなどからなり，腰折れバイトはラムに取付けられ往復運動をし，テーブル上に取付けられた工作物はラムの運動と直下方向に間欠的に送られる．

水平削り，側面削り，垂直削り，角度削り，みぞ削り，曲線削り，歯削りなどの加工が可能であるが，ねじきり加工はできない．

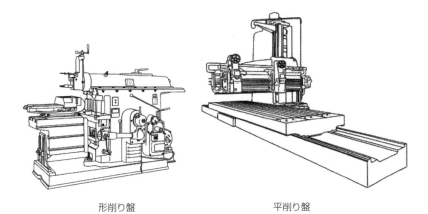

形削り盤　　　　　　　　　　　平削り盤

　　形削り盤のストロークは大きくても 500mm までで，長さ 500mm を
　超える場合は平削り盤を使用する．大物加工に適する．

　　🗒 正しい

問8　一般的に形削り盤は，小型のものを加工するのに適しており，比較的
　取扱いが容易で，平らな面の加工に使用される．［平成 29 年 1 級］

（解説）　正しい記述である．
　　形削り盤は，比較的小型なものを加工するときに用いられる．また，
　取り扱いが簡単であり，多くは，平面を加工するのに用いられる．加工
　は，腰折れバイトを前後させて行う．

　　🗒 正しい

問9　ボール盤において，材質が硬いものを工作する場合，ドリルの回転数
　を上げる．［令和 5 年 2 級］

（解説）　誤った記述である．
　　SUS などの難削材は回転速度を一般鋼材より 30 〜 50 ％下げる．
　　ドリルの刃先角は，一般鋼材は 118° で SUS などは 135° にする．
　　※ 2000 年より回転数（rpm）改め，回転速度（min⁻¹）としている．
　　切削速度と回転数の関係は次のようになる．

$$V = \frac{\pi DN}{1\,000}$$

V：切削速度〔m/min〕，π：円周率，D：直径（刃物，材料）〔mm〕，

N：回転数〔min^{-1}〕

材料が硬い場合，切削速度が小さくなり，回転速度も低くなる．

答　誤り

問10　直立ボール盤における振りとは，取り付けることができる工作物の最大直径のことである．〔令和2・3年1級〕

解説　正しい記述である．

　　　直立ボール盤の加工物は手で持てるくらいの大きさであり，ラジアルボール盤は大物を扱う（大きい穴ではない）．

答　正しい

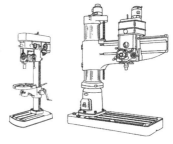

直立ボール盤　　ラジアルボール盤

問11　直立ボール盤における振りとは，取り付けることができる工作物の最小直径のことである．〔令和4年1級〕

解説　誤った記述である．

答　誤り

＜補　足＞

工作機械の「振り」のJIS定義として「取り付けることができる工作物の最大直径をいう」とあり，ボール盤テーブルはコラムを中心とし水平方向に旋回でき，工作物である円形の面全域に穴をあけられる大きさを示す．

問12　ブローチ盤は，フライス盤と比べて加工精度が良いが，多量生産には適していない．〔平成30年1級〕

解説　誤った記述である．

　　　ブローチ盤は，棒の外周に加工形状と相似形の刃を軸方向に多数寸法順に配列したブローチと呼ばれる刃を用いて，円形以外のいろいろな複雑な形の穴をあける機械．ブローチを通すのには，ねじの作用によるも

の，ラック仕掛けによるもの，油圧ピストンによるものなどがある．作業が能率的で繰り返し精度が高いので多量生産用として応用範囲は広い．

答　誤り

問13　下図に示すボール盤において，矢印の指す部位をベースという．
[令和3年2級]

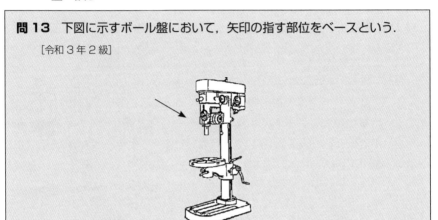

解説　誤りである．

　　設問の矢印の部位は「テーブル」である．工作機械の種類を問う問題はあったが，部位を問う問題はいままでなかった．右図の矢印がベースである．

　　工作機械部分が出題される傾向にある．各工作機械のベース，ベッド，コラム，ヘッド，サドル，エプロン，主軸，アーバ，テーブル，レバー，ハンドル，アームなどを調べ知ることを勧める．

答　誤り

問14　日本工業規格（JIS）によれば，産業用ロボットとは，自動制御され，再プログラム可能で多目的なマニピュレータであり，3軸以上でプログラム可能で1箇所に固定してまたは移動機能をもって，産業自動化の用途に用いられるロボットである．[平成29年1級]

解説　正しい記述である．

　　JIS B 0134（ロボット及びロボティックデバイス－用語）において，問題文のように定義されている．

答 正しい

＜補　足＞

JISでは，産業用ロボットは，次のものを含む，と注記されている．

・マニピュレータ（アクチュエータを含む）

・制御装置［ペンダント通信および通信インタフェース（ハードウェアおよびソフトウェア）を含む］

・等号による追加軸

問 15　FAにおけるマニピュレータとは，互いに連結された関節で構成し，対象物をつかみ，動かすことを目的とした機械である．［令和5年1級］

(解説)　正しい記述である．

マニピュレータとは，Manipulate（操作する）の派生語で，産業用ロボットの腕の動きを意味している．医療用のロボットアームなどに使用されている．

答 正しい

問 16　両頭グラインダの砥石を取り付けるねじ軸の回転方向は，作業者から見て，左側は右ねじ，右側は左ねじを使用している．［平成28年1級］

(解説)　誤った記述である．

砥石に向かって，左側は左ねじで，右側は右ねじになっている．グラインダの回転によりねじが緩まない工夫である．

答 誤り

問 17　精密部品を超音波洗浄する場合は，超音波の周波数を高くすると，複雑な形状の隅々まで洗浄が可能となる．［平成30年1級］

(解説)　正しい記述である．

超音波洗浄は，超音波振動により洗浄液にキャビテーションや洗浄液の振動・流れ（直進流）を発生させ，その力により洗浄する．超音波の周波数が高くなればなるほどキャビテーションの力は弱くなり，振動加速度，直進流の作用が大きくなるため，複雑な形状の隅々まで洗浄が可能となる．

幅広い用途で利用されており，工業製品の歩留まり向上，品質向上にも大きく貢献している．

答　正しい

問18　うず巻ポンプの吐出量は、ポンプの回転数に比例する。
［平成29年2級］

(解説)　正しい記述である．

渦巻きポンプ特性として，吐出量は回転速度に比例する．

答　正しい

問19　多段うず巻ポンプの吐出し量は，段数に比例する．　［平成29年2級］

(解説)　誤った記述である．

段数は吐出圧力に関係する．吐出し量には関係しない．

渦巻ポンプの吐出圧力を高めるためには，羽根車外径を大きくするか回転速度を高くするかであるが，羽根車外径を大きくするとポンプ全体が大きくなり，回転速度を高くするのはエンジン側に制約がある．このため，高い吐出圧力が必要なときには，羽根車の数（段数）を複数にし，1段目の羽根車を出た水が2段目の羽根車に入り，さらに次へと順次圧力が高められていく形式のポンプが用いられる．このような羽根車が2段以上のものを多段ポンプという．

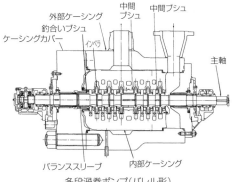

多段渦巻ポンプ（バレル形）

答　誤り

<＜補　足＞

　渦巻ポンプはタービンポ
ンプとともに，羽根車の回
転による遠心力により揚水
する遠心ポンプの一種であ
る．

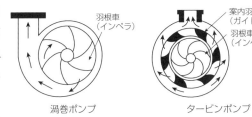

渦巻ポンプ　　　　　　タービンポンプ

羽根車
（インペラ）

案内羽根
（ガイドベーン）

羽根車
（インペラ）

第1編
機械の種類・
構造・機能

　渦巻ポンプ（ボリュート
ポンプともいう）は一般に最も使用されているポンプで，タービンポンプは，案
内羽根を設けることによりさらに高揚程に対応できるものである．

第2編　電気一般

《電気の基礎》

問1　電線と電線を接続した部分や，スイッチの接触点に生じる抵抗を接地抵抗という．［平成30年・令和4年2級］

解説　誤った記述である．
　　接地抵抗ではなく「接触抵抗」という．接地抵抗とは，電気装置などを接地線（アース線）を利用して大地と接続したときの電気の通りにくさを示す値である．

答　誤り

問2　電線と電線を接続した部分や，スイッチの接触点に生じる電気抵抗を接触抵抗という．［令和元年2級］

解説　正しい記述である．
　　接触抵抗とは，接触面に付着した酸化被膜・油・汚れにより生じる抵抗のことをいう．また，接触面が100%密着しているとは限らず，凹凸などで接触面積が減り，電子の流れを減少させ，抵抗となりえる．

答　正しい

問3　導体における電気抵抗は，導体の断面積に比例し，導体の長さに反比例する．［平成28年2級］

解説　誤った記述である．
　　電気抵抗 R は，断面積を A，導体の長さを l，抵抗率を ρ とすると，

$$R = \rho \frac{l}{A}$$

電線の抵抗

で求められる．したがって，電気抵抗は，導体の断面積 A には反比例し，長さ l には比例する．

图 誤り

＜補 足＞

抵抗率の逆数を**導電率**といい，電気の流れやすさの指標になり，次式のように表される．

$$導電率 = \frac{1}{抵抗率} = \frac{1}{抵抗} \times \frac{長さ}{面積}$$

問4 導体における電気抵抗値は，導体の長さに比例し，導体の断面積に反比例する． [平成29年2級]

(解説) 正しい記述である．

前問解説のように，電気抵抗 R は，断面積を A，導体の長さを l，抵抗率を ρ とすると，

$$R = \rho \frac{l}{A}$$

で求められる．したがって，電気抵抗は，導体の長さ l に比例し，断面積 A に反比例する．

图 正しい

問5 下記の回路図に流れる電流は 0.69 A である． [平成29年2級]

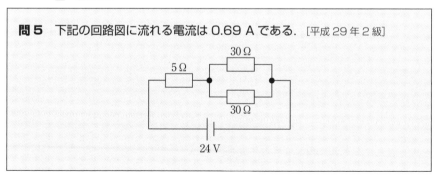

(解説) 誤りである．

二つの 30 Ω の抵抗が並列に接続された場合の合成抵抗 R_{30} は，

$$R_{30} = \frac{30 \times 30}{30 + 30} = \frac{900}{60} = 15 \ \Omega$$

この R_{30} が 5 Ω と直列に接続された場合の合成抵抗 R_0 は，

$$R_0 = 5 + R_{30} = 5 + 15 = 20 \, \Omega$$

したがって，回路に流れる電流 I は，

$$I = \frac{V}{R_0} = \frac{24}{20} = 1.2 \, \text{A}$$

答　誤り

問 6　下図に示す回路において，抵抗①に流れる電流は，2A である.

[令和 5 年 1 級]

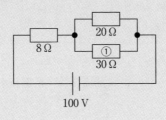

解説　正しい.

0 Ω と 30 Ω の抵抗が並列に接続された場合の合成抵抗を R_1 とすると，

$$R_1 = \frac{20 \times 30}{20 + 30} = \frac{600}{50} = 12 \, \Omega$$

回路全体の抵抗を R_0 とすると，

$$R_0 = 8 + R_1 = 8 + 12 = 20 \, \Omega$$

回路全体に流れる電流を I とすると，

$$I = \frac{100}{20} = 5 \, \text{A}$$

よって，①に流れる電流は，

$$5 \times \frac{20}{20 + 30} = 5 \times \frac{20}{50} = 2 \, \text{A}$$

答　正しい

問7 下図に示す回路に流れる電流 *I* は，2A である． ［令和3年2級］

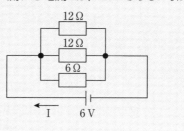

(解説) 正しい．

並列回路の抵抗を求める．

$$R = \frac{1}{\frac{1}{12} + \frac{1}{12} + \frac{1}{6}} = \frac{1}{\frac{1+1+2}{12}} = \frac{1}{\frac{4}{12}} = \frac{12}{4} = 3\,\Omega$$

$$I = \frac{V}{R} = \frac{6}{3} = 2\,\text{A}$$

<補　足>

並列の抵抗が二つまでなら積 / 和で求められるが，三つ以上であれば以下の式で計算する．

$$\frac{1}{R} = \frac{1}{R_1} + \frac{1}{R_2} + \frac{1}{R_3} \cdots + \frac{1}{R_n} \quad \text{より，} \quad R = \frac{1}{\frac{1}{R_1} + \frac{1}{R_2} + \frac{1}{R_3} + \cdots + \frac{1}{R_n}}$$

答　正しい

問8 下図に示す回路に流れる電流 *I* は，0.5 A である． ［令和3年1級］

50 Ω
50 Ω
5 Ω
20 Ω
I　6 V

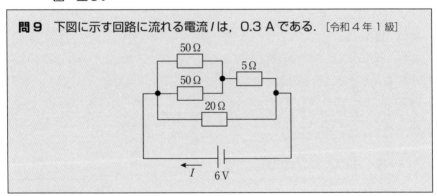

(解説)　正しい.

並列が二つずつなので，積／和が使える.

① 50 Ω と 50 Ω を考える

$$\frac{50 \times 50}{50 + 50} = \frac{2500}{100} = 25\ \Omega$$

② 25 Ω と 5 Ω は直列なので，25 + 5 = 30 Ω

③ 30 Ω と 20 Ω は並列なので，積／和で考える

$$\frac{30 \times 20}{30 + 20} = \frac{600}{50} = 12\ \Omega$$

④ $I = \dfrac{V}{R} = \dfrac{6}{12} = 0.5\ \mathrm{A}$

答　正しい

問9　下図に示す回路に流れる電流 *I* は，0.3 A である．［令和4年1級］

50 Ω　50 Ω　5 Ω　20 Ω　*I*　6 V

(解説)　誤りである．前問解説参照.

答　誤り

問10 下図において，電流計に流れる電流は 1.2 A である．[令和元年2級]

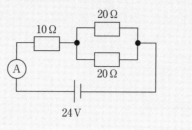

(解説) 正しい．

二つの 20 Ω の抵抗が並列に接続された場合の合成抵抗 R_{20} は，

$$R_{20} = \frac{20 \times 20}{20 + 20} = \frac{400}{40} = 10\ \Omega$$

この R_{20} が 10 Ω と直列に接続された場合の合成抵抗 R_0 は，

$$R_0 = 10 + R_{20} = 10 + 10 = 20\ \Omega$$

したがって，回路に流れる電流 I は，

$$I = \frac{V}{R_0} = \frac{24}{20} = 1.2\ \text{A}$$

(答) 正しい

問11 下図において，電流計に流れる電流は 1.2 A である．[令和2年2級]

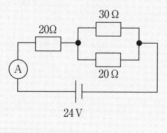

(解説) 誤りである．

20 Ω と 30 Ω の抵抗が並列に接続された場合の合成抵抗を R_1 とすると，

$$R_1 = \frac{20 \times 30}{20 + 30} = \frac{600}{50} = 12\ \Omega$$

回路全体の合成抵抗を R_0 とすると，R_0 は 20 Ω と R_1 が直列に接続された抵抗であるため，

$$R_0 = 20 + R_1 = 20 + 12 = 32 \ \Omega$$

したがって，電流計に流れる電流 I は，

$$I = \frac{24}{32} = \frac{3}{4} = 0.75 \ \text{A}$$

答　誤り

問12　周波数 50 Hz の交流電圧の周期は，20 ms である．
［平成 29 年 1 級］

(解説)　正しい記述である．

周波数とは，1 秒間に繰り返される周期波の数であり，周期とは一つの周期波の時間のことである．したがって，周波数を f，周期を T とすると，次のように求まる．

$$T = \frac{1\,\text{s}}{f[\text{Hz}]} = \frac{1}{50} = 0.02 \ \text{s} = 20 \ \text{ms}$$

答　正しい

問13　実効値 100 V の正弦波交流の最大値は，125 V である．
［平成 28 年 1 級］

(解説)　誤った記述である．

実効値が 100 V の正弦波交流の最大値は，次式のように求められる

$$100 \times \sqrt{2} \fallingdotseq 141 \ \text{V}$$

答　誤り

＜補　足＞

実効値は，図のような正弦波交流においては最大値の $\frac{1}{\sqrt{2}}$ で与えられる．したがって，実効値が与えられた場合の最大値は，解説のように求められる．

実効値 100 V の交流電圧は，基本的に家庭で用いられる交流電圧である．

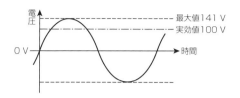

問 14 電流と電圧の位相差を θ とする時，力率は cos θ であらわされる.
［平成 30 年・令和 2 年 2 級］

(解説)　正しい記述である.

電圧 V と電流 I の位相差を θ とすると，有効電力 P は，

$P=VI\cos\theta$

で表される．cos θ を力率といい，有効に消費される電力の割合を示したものである.

答　正しい

＜補　足＞

一般に，負荷は誘導性のものが多く，電流の位相は遅れとなる．したがって，コンデンサを挿入して流れる電流を進ませ，電圧・電流の位相差をなるべくゼロに近づけ電力の有効利用を図る．これを力率改善という.

問 15 皮相電力とは，交流回路において，負荷に電圧 V を加えて電流 I が流れているときの，みかけ上の電力 VI のことである.　［令和 2 年 1 級］

(解説)　正しい記述である.

抵抗，コイルおよびコンデンサを含む交流回路では，電力を消費するのは抵抗のみとなる．回路に供給したみかけ上の電力（$V \times I$）を皮相電力といい，皮相電力に対する有効電力（消費電力ともいう，抵抗で消費される電力）の割合を力率という.

答　正しい

問 16 電力量とは，電力を時間で積分したものである.　［平成 28 年 2 級］

(解説)　正しい記述である.

電力は，単位時間当たりになされる電気の仕事量を表し，電流と電圧

の積で表される．電力量は電力と時間の積で表され，電流がある時間流された場合の，仕事の総量をいう．すなわち，電力量を求める関係式は，

電力量［W・h］＝電力［W］×時間［h］

＝電圧［V］×電流［A］×時間［h］

と求められるが，上式は電力の値を一定とした場合（あるいは一定と見なした場合）の式で，変動している場合には瞬時電力を時間で積分して求める．

畣 正しい

＜補　足＞

交流でいう電力には，皮相電力，有効電力，無効電力があるが，単に電力といった場合，有効電力を指すのが一般的である．単相交流の電力 P は，V を電圧，I を電流，力率を $\cos \theta$ とすると，次式で表される．

$P = V \times I \times \cos \theta$

問17 三相交流回路において，力率 80% の負荷に 200V の電圧を加えたら，4kW の電力を消費した．この負荷に流れた電流は，25A である．

［平成29年1級］

(解説) 誤った記述である．

図のような三相交流回路において，三つの負荷を総合した有効電力 P は，負荷力率を $\cos \theta$ とすると次式で表される．

$P = \sqrt{3}\, VI\cos \theta$

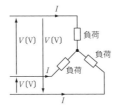

題意より，$P = 4.0\,\mathrm{kW}$，$V = 200\,\mathrm{V}$，$\cos \theta = 0.8$ であるから，

$$I = \frac{P}{\sqrt{3}\, V\cos \theta} = \frac{4 \times 10^3}{\sqrt{3} \times 200 \times 0.8}$$

$$= 14.4\,\mathrm{A}$$

畣 誤り

《電気機械器具の使用方法》

問 1 直流電動機において，磁極を逆にしても，回転方向を変えることはできない．［平成28年2級］

(解説) 誤った記述である．

電動機の回転原理は，磁石のN極とS極の間に設けられたコイルに電流を流すと，コイルにフレミングの左手の法則に従う方向に力が加わることによる．磁極を逆にすると磁束の向きが逆となり，力も逆方向に働くので回転方向は逆になる．

(答) 誤り

＜補　足＞

フレミングの左手の法則とは，図のように人差し指，中指の方向に磁束，電流を取れば，力が親指の方向に働く，というものである．したがって，磁束の向きが逆になれば，力の方向も逆になる．

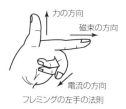

力の方向
磁束の方向
電流の方向
フレミングの左手の法則

問 2 直流電動機において，磁極を逆にすれば，回転方向を変えることができる．［平成30年・令和2年2級］

(解説) 正しい記述である．前問解説参照．

(答) 正しい

＜補　足＞

直流電動機は，磁極（固定子）の磁界と，電機子（回転子）に流れる直流電流の間に生じる力によって回転する電動機である．模型に使われる直流モータの電池の向きを逆にすると回転方向が逆になるように，電機子回路の接続を逆にすると，回転方向は逆回転になる．

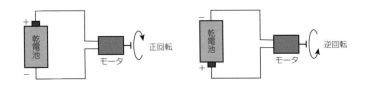

問3 インバータは，交流電源を直流電源に変換する装置のことをいう．
[平成29年2級]

(解説)　誤った記述である．

　　　インバータは，DC（直流）から AC（交流）へ変換する装置である．
コンバータが AC から DC，DC から DC（電圧変換）に変換する装置で
ある．

　答　誤り

＜補　足＞

　交流を直流に変換することを順変換，直流を交流にすることを逆変換というが，
インバータ（inverter）の invert とは「逆にする」という意味で，インバータと
は「逆にするもの」すなわち，逆変換装置（直流を交流に変換する装置）のこと
である．交流を直流に変換（順変換）する装置のことはコンバータという．コン
バータとインバータを組み合わせ，交流をいったん直流に変換し，交流に変換す
る際に，周波数を任意に決定できる．

問4 インバータは，直流電源を交流電源に変換する装置のことをいう．
[平成30年2級]

(解説)　正しい記述である．

　　　インバータは，直流または交流から，周波数の異なる交流を発生させ
るものである．モータの電源周波数を自在に変えることで，モータの回
転速度を制御する装置としても用いられている．

　答　正しい

問5　インバータの出力周波数を変更することにより，誘導電動機の回転数を制御できる．[令和元年1級／令和2年2級]

(解説)　正しい記述である．前問解説参照．

　🖎　正しい

問6　三相誘導電動機のスターデルタ始動では，始動トルクは直入れ始動時の3分の1になる．[令和元年1級／令和5年2級]

(解説)　正しい記述である．

　　電動機を始動する際，始動電流と呼ばれる電流が流れる．始動電流は，大変大きな電流になることがあるので，始動電流を抑えるためにY−△始動器などを使用する．

　　この始動器を使用すると始動電流を通常の3分の1に抑えることができるが，同時に始動トルクも3分の1になる．

　🖎　正しい

＜補　足＞

一次巻線をスター結線にしたときの電圧はデルタ結線の$1/\sqrt{3}$になるため，始動電流を抑えて電動機を始動することができる．これにより，電源に悪影響を与えることの防止，巻線等の焼損を防止できる．始動トルクは，直入れ始動（全電圧始動）の1/3になる．

問7　三相誘導電動機のスターデルタ始動では，始動トルクは直入れ始動時の2分の1になる．[令和4年1級]

(解説)　誤った記述である．前問解説参照．

　🖎　誤り

問8　三相誘導電動機のスターデルタ始動の定格回転数になるまでの時間は，直入れ始動より短い．[平成28年1級]

(解説)　誤った記述である．

　　スターデルタ始動は，始動時に一次巻線をスター結線（Y結線）で接続して始動し，十分加速した後にデルタ結線（△結線）に切り替える始

動方法である．したがって，始動直後の電圧は低く，定格回転速度になるまでの時間は直入れ始動よりも長くなる．

答　誤り

問9　三相誘導電動機の極数が4極，電源周波数が50Hz，すべり2%の場合の回転数は，1530 min⁻¹である．[令和元年・5年1級]

(解説)　誤りである．

$$N_s = \frac{120f}{p}[\text{min}^{-1}]$$

N_s：同期回転速度 s は synchronous の略

f ：周波数 f は frequency の略

p ：極数 p は Pole の略

$$N_s = \frac{120 \times 5}{4} = 1\,500\,\text{min}^{-1}$$

$$0.02 = \frac{1\,500 - N}{1\,500}$$

$$1\,500 \times 0.02 = 1\,500 - N$$

よって，

$$N = 1\,500 - 30 = 1\,470\,\text{min}^{-1}$$

答　誤り

＜補　足＞

三相誘導電動機を回転させた場合，負荷を加えると，同期回転速度より数%程度遅くなる．このときの回転速度と同期回転速度との差の割合をすべり（s：slip の略）という．すべりは次式で表す．

$$s = \frac{N_s - N}{N_s}$$

N_s：同期回転速度［min⁻¹］

N ：回転速度［min⁻¹］

より，

$$sN_s = N_s - N$$

$$N = N_s(1 - s)$$

$$N = \frac{120f}{p}(1-s)$$

問10 三相誘導電動機の極数が4極，電源周波数が50Hz，すべり2％の場合の回転数は，1470 min^{-1}である．[令和2・3年1級]

(解説) 正しい．

$$N_\mathrm{s} = \frac{120f}{p}[\mathrm{min}^{-1}]$$

N_s：同期回転速度

f ：周波数

p ：極数

$$N_\mathrm{s} = \frac{120 \times 5}{4} = 1\,500\ \mathrm{min}^{-1}$$

$$0.02 = \frac{1\,500 - N}{1\,500}$$

$$1\,500 \times 0.02 = 1\,500 - \mathrm{N}$$

よって，

$$N = 1\,500 - 30 = 1\,470\ \mathrm{min}^{-1}$$

答 正しい

問11 すべりを考慮しない場合，極数が4極，電源周波数が50Hzの三相誘導電動機の回転数は，1500min^{-1}である [令和5年2級]

(解説) 正しい．

$$N = \frac{120f}{P} = \frac{120 \times 50}{4} = 1500\ \mathrm{min}^{-1}$$

答 正しい

問12 サーマルリレーは，短絡電流に対して，電流を遮断するものとして使用される．[平成28年1級]

(解説) 誤った記述である．

サーマルリレー自体には主回路の遮断能力はなく，電磁接触器と組み

合わせて使用される．過負荷による電動機の焼損防止に用いられ，サーマルリレーが過電流による電動機の温度上昇を検出し，電磁接触器を動作させ回路を遮断する．サーマルリレーの接点には，動作により回路を開放するb接点が用いられる．サーマル（thermal）とは，「熱の」という意味である．

　　短絡電流の遮断には，いわゆる過電流遮断器（ヒューズや配線用遮断器）が用いられる．

答　誤り

問13　漏電遮断器は，ヒートエレメントとバイメタルが内蔵された，保護継電器である．[令和元年・3・4年2級]

（解説）誤った記述である．

　　ヒートエレメントとバイメタルが内蔵された保護継電器は，過電流遮断器である．

　　漏電遮断器は，地絡電流（漏れ電流）が生じた場合に遮断器を動作させる漏電引外し装置が組み込まれたものである．地絡が発生すると零相変流器により引外し装置が働き，漏電遮断器が動作する．

答　誤り

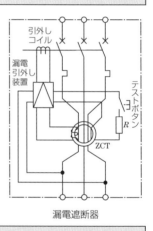

漏電遮断器

問14　熱動過負荷継電器（サーマルリレー）は，過電流を温度で感知し作動する．[平成30年2級]

（解説）正しい記述である．

　　熱動過負荷継電器（サーマルリレー）は，過電流による電動機の温度上昇を検出し，電磁接触器を作動させ回路を遮断するものである．

答　正しい

問15 操作信号が投入されてから，設定した時間後に接点が動作する継電器を，オンディレータイマという．[平成29年2級]

(解説) 正しい記述である．

操作信号の入力が ON の場合，操作信号が投入されてから一定時間の後に動作出力が ON になり，入力 OFF の場合，操作信号が投入されると同時に出力が OFF になる継電器をオンディレータイマという．

これと異なり，オフディレータイマは，入力 ON の場合，操作信号入力と同時に動作出力が ON となり，入力を OFF にした場合，操作信号入力と同時に OFF ではなく，一定時間後に OFF となる継電器である．

押しボタン式信号機のボタンを押すとしばらくしてから信号が切り替わるのはオンディレータイマが，車のドアを閉めてしばらくしてから車内灯が消えるのはオフディレータイマが使用されているからである．

答 正しい

問16 オフディレータイマは，入力信号が投入されてから，設定した時間後に接点が動作するタイマである．[令和元年2級]

(解説) 誤った記述である．前問解説参照．

答 誤り

問17 オンディレータイマは，コイルに電圧を印加したときに計時を開始し，設定時間経過後に出力オンとするタイマである．[平成28年2級]

(解説) 正しい記述である．

オンディレータイマは，電圧を印加またはスタート用の信号が ON してから，設定した時間経過後に出力が ON になるタイマである．

オンディレータイマの動作

🙂 正しい

> **問 18**　漏電遮断器は，感度電流により分類され，高感度型の定格感度電流
> は 30 mA 以内である． [平成 28・30 年 1 級]

(解説)　正しい記述である．

漏電遮断器は下表のように区分されている．

感度による区分	定格感度電流
高感度型	5，6，10，15，30 mA
中感度型	50，100，200，300，500，1000 mA
低感度型	3，5，10，20 A

🙂 正しい

＜補　足＞

動作制限によっても区分されており，高感度型は高速型，時延型，反限時型に，中感度型・低感度型はは高速型，時延型に細分されている．

・高速形：定格感度電流で動作時間が 0.1 秒以内
・時延形：定格感度電流で動作時間が 0.1 秒を超え 2 秒以内
・反限時形：定格感度電流で動作時間が 0.3 秒以内

　　　　　定格感度電流の 2 倍で動作時間が 0.15 秒以内

　　　　　定格感度電流の 5 倍で動作時間が 0.04 秒以内

> **問 19**　漏電遮断器は，感度電流により分類され，高感度型の定格感度電流
> は 10 mA 以内である． [平成 29 年 1 級]

(解説)　誤った記述である．

高感度型の定格感度電流は，30 mA 以内である．（前問解説参照）

漏電遮断器は，漏電時に感電事故や火災が発生する前に電路を遮断する役割を担う．

🙂 誤り

> **問 20**　交流ソレノイドの吸引力は，印加する電圧が同じ場合，60 Hz の
> 地域より 50 Hz の地域で使用した方が大きくなる． [平成 28 年 1 級]

(解説)　正しい記述である．

ソレノイドとは,電流をコイルに通電し,可動鉄心を動かすことによって電気エネルギーを機械的な直線運動に変換する電磁機能部品(電磁石)である.

ソレノイドの吸引力は,起磁力(電流×巻数)の2乗に比例する.すなわち,コイルの巻数が一定であれば,コイルに流れる電流の2乗に比例する.電圧が一定であれば流れる電流はコイルのインピーダンスに反比例する.インピーダンスは電流の周波数が低くなると小さくなるので,周波数が低くなると電流値は大きくなる.したがって,周波数が低くなると吸引力は大きくなる

答 正しい

問21 交流ソレノイドの吸引力は,印加する電圧が同じ場合,電源周波数の低い方が小さくなる. [平成30年・令和5年1級]

(解説) 誤った記述である.前問解説参照.

答 誤り

問22 インクリメンタル形ロータリエンコーダは,回転方向の検出ができない. [平成30年1級]

(解説) 誤った記述である.

インクリメンタル形ロータリエンコーダは,外周部にスリットを持つスリット円板の回転に伴う光のON,OFFにより信号を発生するものである.

一般に,入力軸の角変位に応じて1/4周期の位相差をもつ2相のパルス列を出力し,相の出力タイミングにより回転方向が検出できる.

なお,ロータリエンコーダにはアブソリュート形もあるが,こちらは出力コードの増減で回転方向が検出できる.

答 誤り

> **問23**　JIS C 0920：2003において，電気機械器具の外郭による保護
> 等級（IPコード）のIP67とは，耐塵形で一時的な潜水に耐えうる構
> 造を表している．[平成30年・令和元年1級]

解説　正しい記述である．

保護等級は，IEC（国際電気基準会議）およびJIS（日本工業規格）の二つの規格に基づいている．日本工業規格の保護等級（JIS C 0920）とは，日本工業規格にて規定された防水，防塵のランクによる等級を表している（表 JIS C 0920 参照）．

コードの構成は以下のようになっている（③のあとに2文字続くこともあるが，これらはオプションである．）

$$\underset{①}{\text{IP}}\ \underset{②}{\text{6}}\ \underset{③}{\text{7}}$$

① 　保護特性記号（コード文字）

② 　第1特性（人体及び固形異物に対する保護等級0～6）

　　6は耐じん形（じんあいの侵入が許容されない）であることを示している．

③ 　第2特性（水の侵入に対する保護等級0～8）

　　7は水に浸しても影響がないように保護する（一時的に水中に沈めても有害な量の浸入がない）ことを示している．

表　JIS C 0920

要素	数字又は文字	電気機器に対する保護内容	人に対する保護内容
コード文字	IP	—	—
第1特性数値		外来固形物の侵入	危険な箇所への接近
	0	（無保護）	（無保護）
	1	直径≧ 50 mm	こぶし（拳）による
	2	直径≧ 12.5 mm	指による
	3	直径≧ 2.5 mm	工具による
	4	直径≧ 1.0 mm	針金による
	5	防じん形	針金による
	6	耐じん形	針金による

第2特性数値		有害な影響を伴う水の浸入	
	0	（無保護）	
	1	鉛直落下	
	2	落下（15度偏向）	
	3	散水（Spraying）	
	4	飛まつ（Splashing）	
	5	噴流（Jetting）	
	6	暴噴流	
	7	一時的潜水	
	8	継続的潜水	

第2編 電気一般

答 正しい

問24 電気機械器具の外郭による保護等級（IPコード）のIP67の6とは，耐塵(じん)構造を表している．[令和2年1級]

(解説) 正しい記述である．前問解説参照．

答 正しい

問25 防塵マスクは，顔面との間にタオルなどを挟んで使用する．[令和3年2級]

(解説) 誤った記述である．

防塵マスクには余計なものを挟んではならない．そのまま使う．

防塵マスクは，形状により使い捨て式と取替式の2種類に大きく分かれている．また，粒子捕集効率により3段階に分類し，最も捕集効率の高いものを区分3，低いものを区分1としている．きちんと装着しないとすき間ができて性能を発揮しないため，間にタオルなどを挟んで使用することはない．

答 誤り

《電気制御装置の基本回路》

> **問1**　シーケンス制御とは，制御量を測定し，目標値と比較してその誤差を自動的に補正する制御である．［平成28年2級］

(解説)　誤った記述である．設問の記述はフィードバック制御に関するものである．

　　シーケンス制御は決められた順序・手続きでしか制御できず，誤差の自動補正はできない．

答　誤り

＜補　足＞

　シーケンス制御と異なり，制御量と目標値を比較し，補正動作を行う制御系がフィードバック制御である．すなわち，フィードバック制御は，制御対象である制御量（例えば温度）を希望の値である目標値（設定値）に一致させようとする制御系である．

　フィードバック制御系はいくつかのブロック（要素）から構成されている．これらの特性を調べるために，中身を考えることなく，図1に示すように入力信号を加えて出力の応答をみる方法がある．

　入力信号に単位ステップ入力を加え，出力信号の応答をみるのがインディシャル応答（ステップ応答ともいう．）である．また，入力にインパルス（衝撃波）を加えた場合はインパルス応答といい，前者と合わせて過渡応答という．

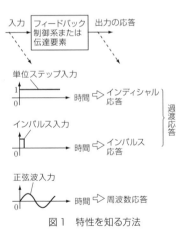

図1　特性を知る方法

　入力信号に正弦波を加え，周波数を0〜∞に変えたとき，出力の応答をみる方法を周波数応答という．

　図2に，一般的なフィードバック制御の構成を示す．図を見て分かるように閉ループとなっている．

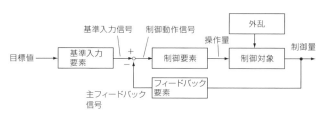

図2 フィードバック制御のブロックダイヤグラム

問2 フィードバック制御では，制御量と目標値を比較して，偏差を0とするように操作する. [令和5年2級]

(解説) 正しい記述である. 前問解説参照.

答 正しい

問3 あらかじめ指定した目標値と検出器で測定した検出値を比較し，その差を修正して制御する方式をシーケンス制御という. [平成30年1級]

(解説) 誤った記述である. 設問の記述はフィードバック制御に関するものである. 問1解説参照.

答 誤り

問4 シーケンス制御とは，あらかじめ指定した目標値と検出器で測定した検出値を比較し，その差を修正して制御する方式である.
[令和2年2級]

(解説) 誤った記述である. 設問の記述はフィードバック制御に関するものである. 問1補足参照.

答 誤り

問5 シーケンス制御では，制御結果の測定値と目標値を比較して，偏差を0とするように操作する. [令和3年2級]

(解説) 誤った記述である. 設問の記述はフィードバック制御に関するものである. 問1補足参照.

　　答　誤り

問6　フィードバック制御では，制御量と目標値を比較して，偏差を0と
するように操作する．［令和4年2級］

（解説）　正しい記述である．問1補足参照．

　　答　正しい

問7　下記のシーケンス回路図は，自己保持回路である．［平成29年1級］

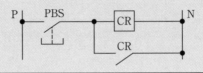

（解説）　誤った記述である．

　　本回路は，押しボタンスイッチPBSを押しているときだけ接点が閉
じてリレーが動作するが，手を離すと開路してしまいリレーも動作しな
くなる．そのため自己保持とはならない．

　　自己保持回路とは，押しボタンを押すと，再度回路を遮断するボタン
を押すまでON状態が維持される回路をいう．

　　答　誤り

問8　非常停止用押しボタン回路の押しボタン接点は，一般的に，メーク接
点（a接点）が使われる．［平成29年1級］

（解説）　誤った記述である．

　　a接点（arbeit接点）とは，メーク接点（make接点）またはノーマリー
オープン（NO）とも表され，スイッチを操作すると開いていた回路が
閉じる接点構成をいう．

　　b接点（break接点）とは，スイッチを操作すると回路が開く接点構
成であり，ノーマリークローズ（NC）とも表される．

b接点の記号

　　非常停止用押しボタンは，接点が故障した際にも動作しなければなら
ない．a接点を用いると，スイッチが故障した場合，回路が遮断できな

いため，強制開離機構を構成できるb接点が用いられる．強制開離機構とは，接点に溶着が発生しても操作部を押し込むことで溶着した接点を引きはがすことのできる機構のことである．

　答　誤り

＜補　足＞

・**メーク接点（a接点）**　押しボタンを押すと閉路し，離すとバネ等の力で元に戻る（開路）接点．リレーなら電磁コイルに電流を流すと閉路し，電流を切るとバネ等の力で元に戻る（開路）接点．

・**ブレーク接点（b接点）**　押しボタンを押すと開路し，離すとバネ等の力で元に戻る（閉路）接点．リレーなら電磁コイルに電流を流すと開路し，電流を切るとバネ等の力で元に戻る（閉路）接点．

問9　リレーの接点のうちb接点は，リレーのコイルに電流が流れている間だけ，接点が閉じた状態となる．[令和3年1級]

　(解説)　誤った記述である．前問補足参照．

　　　答　誤り

問10　電磁接触器の接点のうちb接点は，電磁接触器のコイルに電流が流れている間だけ，接点が開いた状態となる．[令和4年1級]

　(解説)　正しい記述である．問8補足参照．

　　　答　正しい

問11　SSR（ソリッドステートリレー）は，無接点リレーの一種である．[令和元年2級]

　(解説)　正しい記述である．

　　　ソリッドステートリレー（solid-state relay）は，サイリスタやフォトカプラなどの半導体素子を用いた，小さな入力電力で大きな出力電圧をオン・オフする無接点リレーの一種である．応答時間が早い，小型軽量にできる上，機械的接点がないため寿命が長いなどの特徴がある．

　　　答　正しい

> **問 12**　有接点リレーは，SSR（ソリッドステートリレー）と比べ，高速・高頻度の開閉に対応できる．［令和元年 1 級］

(解説)　誤った記述である．

　リレーには有接点式と無接点式（SSR）があり，有接点式は従来からあるもので，電磁石とバネを利用した機械的構造でオン・オフの開閉を行うためタイムラグが生じる．無接点式は機械的構造をもたず，半導体などで瞬時にオン・オフができる電子式を採用している．

　ソリッドステートリレー（solid-state relay）は，サイリスタやフォトカプラなどの半導体素子を用いて，小さな入力電力で大きな出力電圧をオン・オフする継電器の一種である．半導体素子を用いているため，機械的な可動部分のない無接点リレーである．そのため，応答時間（電気信号を受けてから接点が動作するまでの時間）が早く，小型軽量にできる上，機械動作がないので寿命が長く，通常の有接点リレーに比べて高価などの特徴がある．

答　誤り

第3編　機械保全法一般

《機械の保全計画》

問1　工事計画には，ガントチャート法，PERT法などがある．

[平成28年2級]

解説　正しい記述である．

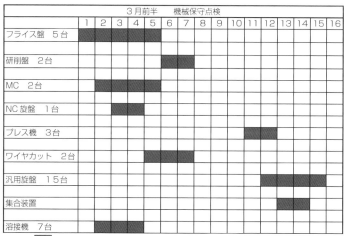

3月前半　　機械保守点検	1	2	3	4	5	6	7	8	9	10	11	12	13	14	15	16
フライス盤　5台	■	■	■	■	■											
研削盤　2台						■	■									
MC　2台		■	■	■												
NC旋盤　1台			■	■												
プレス機　3台											■	■				
ワイヤカット　2台					■	■	■									
汎用旋盤　15台													■	■	■	
集合装置												■	■			
溶接機　7台		■	■	■	■											

■■ 機械保守点検（オイル交換，部品交換，機械調整，レベル出し，電源確認等含む）

ガントチャートの例

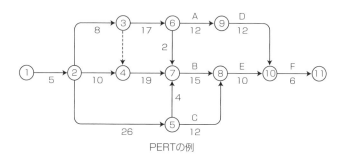

PERTの例

　ガントチャートは，スケジュール管理を行うために帯状のグラフ図で示した工程管理図やその表記法のことでバーチャートともいう．横軸に作業時間や行程，縦軸に作業項目，人員などを表し計画図としたものである．長所は，視覚的に進捗状況や稼働状況を把握できること，短所は，管理の優先順位をつけることが困難であることである．

　PERT（Program Evaluation and Review Technique）法は，工程や日程計画および管理の手法である．日程や工程などをグラフ化，ネットワーク図にすることにより，各作業の所要時間作業順序の管理からリードタイムの短縮化を図り，工程計画を行う．

答　正しい

問2　時間的な変化や傾向をつかむには，折れ線グラフよりもマトリックス図が適している．［令和4年1級］

(解説)　誤った記述である．

　折れ線グラフはQC七つ道具の一つでマトリックス図は新QC七つ道具の一つである．時系列は折れ線グラフのほうがわかりやすい．

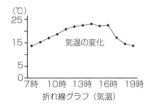

折れ線グラフ（気温）

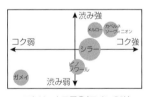

マトリックス図①（ワインの味）

マトリックス図②（新・旧の使いやすさ）

活用手法　　　　ねらい	QC七つ道具							新QC七つ道具						
	パレート図	特性要因図	ヒストグラム	グラフ	チェックシート	散布図	管理図	親和図法	連関図法	系統図法	マトリックス図法	アロー・ダイヤグラム法	PDPC法	マトリックス・データ解析法
新商品の開発														
提案型営業の展開														
顧客サービスの工場														
製品不良の低減														
事務不具合の減少														
ヒューマンエラー防止														
技術レベルの向上														
業務の時間短縮														
在庫の低減														

醫 誤り

問3 マトリックス図は，工事などの日程計画作成や，実績記入による進捗管理に用いられる．[令和4年2級]

(解説) 誤った記述である．

設問の記述は，ガントチャートに関するものである．

マトリックス図とは新QC七つ道具の一つであり，解決すべき問題に含まれる事象や事柄を二つ以上抽出し，それぞれの要素を組み合わせ，その交点に相互の関連の有無や度合いを表示し，問題解決への発想を得ようとするもので，交点から発想を得るやり方と行または列ごとの集計結果から全体の整合性をチェックしたり発想したりするやり方とがある．身近なものとしてはプロ野球などの勝敗表がある．

具体例としてスキー場を以下のように選定する．

	苗場プリンス	尾瀬岩鞍	かたしな高原	土樽
豪快に滑る	◎	◎	○	△
食事が良い	×	△	◎	△
トイレが綺麗	△	△	◎	×
温泉がある	△	◎	△	×
星空を見る	△	○	◎	◎
合計点	8	15	19	7

配点区分

◎	豪華	5点
○	満足	3点
△	まあまあ	1点
×	不可	0点

以上の結果から，かたしな高原となる．

醫 誤り

問4 ガントチャートは，単位作業における作業ステップがわかりやすいが，単位作業ごとの前後関係や作業の余裕を表示しにくい．
[平成29年1級]

(解説) 正しい記述である．

ガントチャートは，各作業の進捗状況や予定は一目で分かるが，作業間の関連は把握しにくい．したがって，単位作業間の前後関係は表示し

第3編
機械保全法一般

にくい.
　　答　正しい

問5　ガントチャートは，工事などの日程計画作成や，実績記入による進捗
　管理に用いられる.　［令和3・5年2級］

（解説）　正しい記述である. 問1解説参照.
　　答　正しい

問6　日本工業規格（JIS）によれば，PERTとは，工事などの企画（プロ
　ジェクト）の手順計画を矢線図に表示し，時間的要素を中心として計画
　の評価，調整および進度管理を行う手法のことである.　［平成29年2級］

（解説）　正しい記述である. JIS Z 8121の定義どおりである.
　　　　PERTとは，工程計画および管理の手法の一つである.
　　　　全行程を構成する作業間のモデル化（各作業の所要時間と作業順序を
　　　示す）することで，所要時間を見積もったり，重要な工程を見極めたり
　　　できる.
　　答　正しい

問7　保全費は，保全用備品や交換部品などにかかる費用の他，人件費も含
　まれる.　［平成28年2級］

（解説）　正しい記述である.
　　　　JIS Z 8141において保全費とは，「設備保全活動に必要な費用であっ
　　　て，設備の新増設，更新，改造などの固定資産に繰り入れるべき支出を
　　　除く費用」であり「会計上の修繕費（修繕材料費，支払修繕料および修
　　　繕に要した社内労務費の合計額）のほかに，保全用予備品の在庫費用お
　　　よび予備品を保有しておくためにかかる費用を含む」と定義されている.
　　答　正しい

問8　日本工業規格（JIS）によれば，保全費とは，会計上の修繕費のほかに，
　保全用予備品の在庫費用および予備品を保有しておくためにかかる費用
　を含む.　［平成29年1級］

(解説) 正しい記述である．前問解説参照．

图 正しい

> **問9** 保全要員計画や改良保全計画は，保全計画の項目に含めない．
> ［平成28年2級］

(解説) 誤った記述である．

保全計画では，日常点検計画，定期点検計画，検査計画，定期修理計画などとともに改良保全計画，保全要員計画も重要な項目である．

图 誤り

> **問10** 予防保全とは，既存設備の悪いところを計画的，積極的に体質改善して，劣化・故障を減らす保全方法である ［平成27年2級］

(解説) 誤った記述である．

設問で述べられているのは，改良保全の考え方である．予防保全は，定期点検等で一定期間使用したら，故障していなくても交換することにより故障率を下げる保全をいう．

图 誤り

＜補　足＞

JIS Z 8115において，予防保全とは，「アイテムの使用中の故障の発生を未然に防止するために，規定の間隔または基準に従って遂行し，アイテムの機能劣化または故障の確率を低減するために行う保全」と定義されており，「予防保全には，時間計画保全と状態監視保全がある」とされている．

> **問11** 既存設備の信頼性，保全性，経済性，安全性などの向上を目的として，計画的，積極的に改善を行い，保全不要の設備を目指す活動を保全予防という．［平成30年2級］

(解説) 誤った記述である．

設問で述べられているのは，改良保全の考え方である．

保全予防は，故障しない設備が望ましい，故障した場合には速やかに修理できることが望ましいという要件に対し，設備を計画する段階から考慮し，信頼性の高い，保全性のすぐれた設備の設計，製作，設置を行

う方法である．改良保全から発展した保全方法である．

　　答 誤り

問12 減価償却費は，設備が劣化または故障しなかったならば得られて
いた利益である．[令和3年1級]

　(解説) 誤った記述である．

　　減価償却の対象となる固定資産を「減価償却資産」といい，減価償却
費とは固定資産の取得にかかった費用の全額をその年の費用とせず，耐
用年数に応じて配分し，その期に相当する金額を費用に計上するときに
使う勘定科目のこと．減価償却の対象となる固定資産を「減価償却資産」
という．問題文は「機会損失費」のことである．

　　設備，機械装置，器具・備品といった時間の経過とともに価値が減少
する資産のことを「減価償却資産」という．減価償却資産は，使用可能
期間にわたって分割して購入費用を計上する必要があり，一度に経費と
して計上しない．

　　答 誤り

問13 JISにおいて，機会損失費は，設備が劣化または故障しなかったな
らば得られていた利益である．[令和5年1級]

　(解説) 正しい記述である．

　　営業や販売などの機会を逃すことで，本来得られるはずの利益を失う
「未来的な損失」のこと．チャンスロスをいう．

　　JISによると，機会損失費とは，機会原価（opportunity cost）の概
念を根拠とした費用であり，設備が劣化または故障しなかったならば得
られたであろう利益をいう．設備性能劣化に起因する生産減損失または
設備修理期間中の休止損失などがこれに相当する．

　　答 正しい

問14 保全予防の方法は，TBMとCBMに大別される．
　　　[平成30年・令和元年1級]

(解説) 誤った記述である.

　　　保全予防とは, 改善活動の改善予防の一つで, 設備, 系, ユニット, アッセンブリ, 部品などについて, 計画・設計段階から過去の保全実績または情報を用いて不良や故障に関する事項を予知・予測し, これらを排除するための対策を織り込む活動のことである (JIS Z 8141).

　(答) 誤り

<補　足>

保全活動を分類すると次図のようになる.

保全活動の分類

上図の, 保全活動の分類を参照し,

・TBM (Time Based Maintenance : 時間基準保全)

・CBM (Condition Based Maintenance : 状態基準保全)

に分類されるのは, 予防保全である (JIS Z 8115).

問15 保全予防とは, 設備を新しく計画・設計する段階で, 保全情報や新しい技術を取り入れて信頼性, 保全性, 経済性, 操作性, 安全性などを考慮して, 保全費や劣化損失を少なくするものである. [平成28・29年1級]

(解説) 正しい記述である.

　　　保全予防とは, 設備を新しく計画する段階から考慮し, 信頼性の高い保全性, 安全性に優れた設備の設計, 製作, 設置を行う方法をいう. JISにおける定義は前問参照.

　(答) 正しい

問16 保全予防は, 保全作業における災害ゼロを目指す活動である. [令和4・5年2級]

(解説) 誤った記述である. 前問解説参照.

　(答) 誤り

第3編
機械保全法一般

問17　保全方式の１つであるTBMは，設備の劣化状態によって保全時期を決める方法である．[平成30年・令和2・4・5年2級]

(解説)　誤った記述である．

　　タイムベースドメンテナンス（TBM）とは，設備の良否にかかわらず，一定の期間ごとに保守点検を行う手法である．過去の故障実績や整備工事実績を参考にし，一定周期で点検，補修，取替えを計画・実施する場合と，クレーンの月例点検などに見られる，法的規制に準拠して一定周期で点検・検査や補修・取替えを計画・実施する場合とがある．時間を基準にして行うのでタイムベースの保全といい，定期保全ともいう．

　　設問の「設備の状態によって保全の時期を決める方法」は，状態監視保全（CBM）という．

(答)　誤り

＜補　足＞

TBM（時間基準保全）Time Based Maintenance：故障の発生が予測された時期に機器を交換する設備保全である．

問18　保全方式の１つであるTBM(時間基準保全)は，一定の周期で行われるものである．[令和3年2級]

(解説)　正しい記述である．前問解説参照．

(答)　正しい

問19　保全方式の１つであるTBMの例として，クレーンの月例点検が挙げられる．[令和3・5年1級]

(解説)　正しい記述である．問17解説参照．

(答)　正しい

問20　CBMとは，設備診断技術などを用いて設備の状態や構成部品の劣化状態を把握し，その状態により保全の時期や方法を決めるものである．[平成28年1級]

(解説)　正しい記述である．

予防保全には，TBM（時間基準保全）とCBM（状態監視保全）がある．
CBMは，連続した計測・監視などにより設備の劣化状態を把握もしくは予知して部品交換，修理，更新を行う方法をいう．

答 正しい

問21 どのような条件下でも，事後保全よりも予防保全の方が経済的効果が大きい．［平成30年1級］

（解説）誤った記述である．

事後保全は機械が故障する都度，修理・復元する保全で，予定外の作業となるため設備機械の運転停止の可能性があり，場合によっては生産停止に伴う経済損失が大きくなるが，通常，修理に伴う費用は予防保全より少ない．予防保全は設備を新しく計画する段階から考慮し，信頼性の高い保全性，安全性に優れた設備の設計，製作，装置を行う方法であり，生産停止による損失は事後保全より小さいが，メンテナンスに伴う費用は，まだ動く部品まで交換するので大きくなる．

事後保全では，機器の異常がはっきり現れるまで使用を行うため，事故などの大きな損傷を招き，修理費が高くなるばかりか，安全性が脅かされる場合がある．また，機器などが故障するまでには性能がかなり落ちることが多い．

予防保全は，不測の事故や故障を未然に防止するために，ある一定周期で点検，補修，部品交換，更新を行うなどし故障率の低下や，設備信頼性の向上，保全費用の低減に効果がある．よって経済効果は，小さくなる．

答 誤り

問22 保全計画におけるMP設計とは，既存設備の保全情報を十分に反映させた設計である．［令和4年1級］

（解説）正しい記述である

ここでいうMPとは予防保全（Maintenance Prevention）である．

答 正しい

問23　改良保全とは，故障が起こりにくい設備への改善，または性能向上を目的とした保全活動である．［平成28年1級／平成29年2級］

(解説)　正しい記述である

　　改良保全（CM：Corrective Maintenance）とは，「故障が起こりにくい設備への改善，または性能向上を目的とした保全活動」と定義されている（JIS Z 8141）．すなわち，故障を防いだり修理する，維持のための保全と同時に行うものではなく，改良を目的とした計画的な保全活動である．設備の構成要素，部品の材質や仕様の改善，構造の設計変更，また，稼働条件の改善によるサイクルタイムの短縮，生産効率の向上，工具の寿命延長などが具体例である．

　　答　正しい

問24　改良保全とは，設備に故障が発見された段階で，その故障を取り除く方式の保全活動である．［令和元年・2年2級］

(解説)　誤った記述である．前問解説参照．

　　問題は事後保全の内容である．

　　答　誤り

問25　改良保全は，設備を使用開始前の状態に戻す保全方式である．［令和3年2級］

(解説)　誤った記述である．問23解説参照．

　　答　誤り

問26　予知保全とは，設備や機器の劣化の進行を経験から類推して，早めに部品交換を行う保全方式である．［平成28年2級］

(解説)　誤った記述である．

　　設問の記述は，時間計画保全または経時保全（いずれも予防保全の一種）に関するものである．

　　答　誤り

問27 予知保全とは，設備や機器の劣化の進行を経験から類推して，定期的に部品交換を行う保全方式である．[平成29年・令和元年2級]

(解説) 誤った記述である．

予知保全とは，連続的に機器の状態を計測・監視し，設備の劣化状態を把握または予知して部品を交換・修理する保全方法をいい，CBMがそうである．問題中の文言は定期保全を示す．

答 誤り

問28 フェイルセーフ設計とは，設備が故障しても，安全側に作動するように配慮した設計のことである．[令和2・4年2級]

(解説) 正しい記述である．

JIS Z 8115では，フェールセーフとは「アイテムが故障したとき，あらかじめ定められた一つの安全な状態をとるような設計上の性質．」と定義されている．

答 正しい

問29 フェイルセーフ設計は，機械の操作手順を間違えても，あるいは危険性などをよく理解していない作業が操作しても危険を生じないようにした設計である．[令和3・5年2級]

(解説) 誤った記述である．前問解説参照．設問の記述はフールプルーフに関するものである．

答 誤り

問30 設備が故障しても，安全側に作動したり，全体の故障や事故にならず，安全性が保たれるように配慮した設計をフェイルセーフ設計という．[平成29・30年2級]

(解説) 正しい記述である．問28解説参照．

答 正しい

問31　過電流が流れると，自動的にブレーカが落ちる漏電遮断器付きの
コードリールはフールプルーフ設計の1例である．[平成28年1級]

(解説)　誤った記述である．設問の記述は，フェールセーフに関するものであ
る．

　　フールプルーフ（fool proof）はポカ防止とでもいう意味で，「人間は
間違えるものである」「よくわからないで人が取り扱うことがある」とい
う前提に立ち，使用者が誤った操作をしないよう，また誤った操作を
しても信頼性を損ねたり，危険な状況を招かないような構造や仕掛けを
設計段階で取り入れること，すなわち事故を未然に防ぐ手法である．

　　設問のように，事故が起きたときに安全側に働く（生じた事故が大事
になるのを防止する）仕組みがフェールセーフである．

(答)　誤り

問32　フェイルセーフ設計の例として，回転物への巻き込まれ防止のカ
バーが挙げられる．[令和4年1級]

(解説)　誤った記述である．設問の記述は，フールプルーフに関するものであ
る．

(答)　誤り

問33　設備が故障しても，安全側に動作したり，全体の故障や事故になら
ず，安全性が保たれるよう配慮した設計をフールプルーフ設計という．
[平成28年2級]

(解説)　誤った記述である．設問の記述は，フェールセーフに関するものであ
る．

　　フールプルーフは事故の未然防止，フェールセーフは生じた事故が大
事になるのを防止するものである．

(答)　誤り

問 34 向きが正しくないと入らない電池ボックスや，両手操作でボタンを押さないと作動しないプレス機械は，フールプルーフ設計である．
［平成 29 年 1 級］

(解説) 正しい記述である．

フールプルーフ（fool proof）は，JIS Z 8115 において「人為的に不適切な行為または過失などが起こってもアイテムの信頼性および安全性を保持する性質」と定義されている．すなわち，間違った操作そのものができないような仕組み（事故の未然防止）である．

電池の向きが正しくないと入らない，プレス機が両手で操作しないと作動しないなどは，事故の未然防止のための仕組みで，フールプルーフ設計である．

フールプルーフが施されていても，危険防止には十分な注意が必要であることは言うまでもない．

(答) 正しい

問 35 フールプルーフの例として，プレス機械に組み込まれた両手押しボタン式の安全機構が挙げられる．［令和 3 年 1 級］

(解説) 正しい記述である．前問解説参照．

(答) 正しい

問 36 フェイルセーフ設計の例として，回転物への巻き込まれ防止のカバーが挙げられる．［令和 2 年 1 級］

(解説) 誤った記述である．設問の記述は，フールプルーフ設計の例である．問 31 解説参照．

(答) 誤り

問 37 オーバーホールとは，修復不可能な設備を，機能の異なる新しい設備に置き換えることである．［令和 3 年 2 級］

(解説) 誤った記述である．

設問の記述は，改造または再構築（リビルト）に関するものである．

　オーバーホールとは，一定の使用期間を経た機械・エンジンなどを分解・洗浄・修理・新油注油・検査すること，性能を維持し改造とは違う．

答　誤り

《機械の修理・改良計画》

> **問1** 設備を 200 時間稼働させたところ，この間に 3 回故障した．故障停止時間はそれぞれ 1.0 時間，1.5 時間，3.5 時間であった．このときの故障強度率は，1.0％である．[平成 29 年 1 級]

(解説) 誤った記述である．

$$故障強度率 = \frac{故障停止時間の合計}{負荷時間の合計} \times 100 \text{ \%}$$

で求められる．題意の数値を代入すると，

$$故障強度率 = \frac{1.0 + 1.5 + 3.5}{200} \times 100 = \frac{6.0}{200} \times 100 = 3.0 \text{ \%}$$

答 誤り

> **問2** 故障強度率の算出に使用する負荷時間は，実稼働時間に故障による停止時間も加えたものである．[令和元年 2 級]

(解説) 正しい記述である．不稼働時間（停止時間）も負荷時間に含まれる．

故障強度率（Failure severity rate）は，負荷時間に対する故障停止時間の割合で，

$$故障強度率 = \frac{故障停止時間}{負荷時間} \times 100 \text{ \%}$$

と表す．

答 正しい

> **問3** 故障度数率（％）は，下記の式で求められる．
> [平成 29・30 年・令和 2・3 年 2 級]
> 故障停止時間の合計÷負荷時間の合計×100

(解説) 誤った記述である．

度数とは，出現する「回数」のことである．故障度数率は，稼働時間に生じた故障回数をいうので，次式のように表される．

$$故障度数率 = \frac{故障停止回数の合計}{負荷時間の合計} \times 100$$

習 誤り

問4 設備を 200 時間稼働させたところ，この間に 3 回故障した．故障停止時間はそれぞれ 1.0 時間，1.5 時間，3.5 時間であった．このときの故障度数率は，3％である．[平成 30 年 1 級]

(解説) 誤った記述である．

$$故障度数率 = \frac{故障停止回数の合計}{負荷時間の合計} \times 100\ \%$$

で求められる．題意の数値を代入すると，
$$故障度数率 = \frac{3}{200} \times 100 = 1.5\ \%$$

習 誤り

問5 ある設備において，負荷時間 100 時間のうち，故障停止が 3 回でその合計時間は 7 時間であった．このときの故障度数率は，7％である．[令和 2 年 1 級]

(解説) 誤った記述である．

$$故障度数率 = \frac{故障停止回数の合計}{負荷時間の合計} \times 100\ \%$$

で求められる．題意の数値を代入すると，
$$故障度数率 = \frac{3}{100} \times 100 = 3\ \%$$

習 誤り

問6 ある設備において，負荷時間 100 時間のうち，故障停止が 3 回で故障停止時間はそれぞれ 1.0 時間，2.0 時間，4.0 時間であった．このときの故障度数率は，3％である．[令和 4 年 1 級]

(解説) 正しい記述である．前問解説参照．

習 正しい

問7 ある設備において，負荷時間200時間のうち，故障停止が3回で，故障停止時間はそれぞれ1.0時間，1.5時間，3.5時間であった．このときの故障度数率は，3.5%である．[令和5年1級]

(解説) 誤った記述である．問5解説参照．

答 誤り

問8 設備総合効率は下記の式で求められる．[平成29年・令和元年2級]

設備総合効率＝時間稼働率×速度稼働率×良品率

(解説) 誤った記述である．

設備総合効率は，設備の視点から生産性を評価する指標であり，JIS Z 8141では「設備の使用効率の度合を表す指標」と定義されている．

同規格では，設備効率を阻害する停止ロスの大きさを時間稼働率，性能ロスの大きさを性能稼働率，不良ロスの大きさを良品率で示すと，設備総合稼働率は次の式で表される，とされている．

設備総合稼働率＝時間稼働率×性能稼働率×良品率

答 誤り

問9 性能稼働率は，速度稼働率と正味稼働率の積で表される．

[令和2・3年1級]

(解説) 正しい記述である．

性能稼働率は次の式で表す．

性能稼働率＝速度稼働率×正味稼働率

$$= \frac{標準時間（時間/個）}{実際時間（時間/個）} \times$$

$$\frac{実際時間（時間/個）×投入量（個数）}{稼働時間（時間）}$$

$$= \frac{正味稼働時間}{稼働時間}$$

そのほかに，設備の効率を表す管理指標に次のものがある．

$$時間稼働率＝\frac{負荷時間－停止時間}{負荷時間}＝\frac{稼働時間}{負荷時間}$$

$$良品率 = \frac{良品量}{投入量}$$

$$設備総合稼働率 = \frac{稼働時間}{負荷時間} \times \frac{正味稼働時間}{稼働時間} \times \frac{良品量}{投入量}$$

$$= 時間稼働率 \times 性能稼働率 \times 良品率$$

㊐　正しい

問 10　時間稼働率は，速度稼働率と正味稼働率の積で表される．
[令和４・５年１級]

(解説)　誤った記述である．設問の記述は，性能稼働率に関するものである．

㊐　誤り

問 11　JIS において，設備総合効率は下記の式で求められる．[令和４年２級]
設備総合効率＝時間稼働率×性能稼働率×良品率

(解説)　正しい記述である．問９解説参照．

㊐　正しい

問 12　TPM（Total Productive Maintenance）は，あらゆるロスのうち，
災害，不良，故障によるロスの未然防止に限定した仕組を現場，現物
で構築する手法である．[平成 30 年・令和元年１級]

(解説)　誤った記述である．

　　生産に関わるロス削減に直接関係する柱（重要不可欠な柱）として，「個
別改善」，「自主保全」，「計画保全」，「品質保全」，TPM を実施するため
に必要な柱として，「教育・訓練」，「安全・衛生・環境」，企業や工場に
おいて，適宜追加・修正が可能な柱として「設備初期管理」，「管理・間
接」がある．

　　これらを８本柱として，指標により数値化しロスの削減を行っていく．

㊐　誤り

問 13 保全活動の効果指標となる PQCDSME のうち，D は Delivery(納期) である． [令和 4 年 1 級]

(解説) 正しい記述である．前問解説参照．

答 正しい

問 14 MTTF とは，部品などの使用を始めてから故障するまでの動作時間の平均値である． [平成 28 年 1 級]

(解説) 正しい記述である．

MTTF（Mean Time To Failure）は部品などの使用を始めてから故障するまでの平均稼働時間のことである．

答 正しい

問 15 機械が故障し回復してから，次に故障するまでの平均時間を MTBF という． [令和 4 年 2 級]

(解説) 正しい記述である．

MTBF（Mean Time Between Failure）は，平均故障間隔，すなわち平均稼働時間を示す．MTBF が長いということは，システムの信頼性が高いということになる．

答 正しい

問 16 保全の評価指標の一つである MTBF は，故障から次の故障までの動作時間の平均値で求めることができる． [平成 30 年 2 級]

(解説) 正しい記述である．

MTBF（Mean Time Between Failures）は，平均故障間隔のことである．システムの総稼働時間を総故障件数で割って求められる．数値は，故障までの平均稼働時間を示すことから，値が高いほどシステムの信頼性があると判断できる．

MTTF（Mean Time To Failure）：使用を始めてから故障するまでの平均稼働時間．修復不能なシステムに用いられる．

MTTR（Mean Time To Repair）：平均修復時間のこと．故障した設備

を運用可能状態に修理するために必要な時間の平均値.

よく似ているので注意が必要である.

答　正しい

問17　MTBFとは,ある期間中の総動作時間を総故障数で除した値である.
[令和5年2級]

(解説)　正しい記述である. 前問解説参照.

答　正しい

問18　JISにおいて，MTBFとは，非修理系アイテムでは平均故障寿命のことである. [令和2年1級]

(解説)　誤った記述である.

MTBF（Mean Time Between Failure）は，平均故障間隔，すなわち平均稼働時間を示す.

$$\text{MTBF} = \frac{\text{システムの動作時間}}{\text{総故障件数}}$$

で表される.

答　誤り

問19　ある設備において，設備の稼働時間の合計が240時間，故障停止回数が6回，故障の修復にかかった時間の合計が60時間であった. このときのMTBFは40時間である. [令和3年1級]

(解説)　正しい記述である.

$$\text{MTBF} = \frac{\text{システムの動作時間}}{\text{総故障件数}} = \frac{240\,\text{時間}}{6\,\text{回}} = 40\,\text{時間}$$

答　正しい

問20　ある設備において，設備の稼働時間の合計が240時間，故障停止回数が6回，故障の修復にかかった時間の合計が60時間であった. このときのMTBFは10時間である. [令和5年1級]

(解説)　誤った記述である. 前問解説参照.

☞ 誤り

問21 機械が故障し回復してから，次に故障するまでの平均時間を MTTR という．[平成29年・令和元年2級]

(解説) 誤った記述である．設問の記述は，平均故障間隔（MTBF）に関するものである．

MTTR（Mean Time To Repair：平均修復時間）とは，システムに故障が発生し，その復旧にかかる平均時間を表す．平均復旧時間ともいう，次の計算式で示される．

$$\text{MTTR} = \frac{\text{設備の修理時間の合計}}{\text{故障回数の合計}}$$

修復時間を短縮するために，予備品や工具の整備，技能の向上，保全管理なども重要である．

☞ 誤り

問22 ある設備において，設備の稼働時間の合計が160時間，故障停止回数が4回，故障の修復にかかった時間の合計が80時間であった．このときの MTTR は20時間である．[令和4年1級]

(解説) 正しい記述である．前問解説参照．

☞ 正しい

問23 MTTR とは，故障した機械が回復してから，次に故障するまでの平均時間のことである．[令和2年2級]

(解説) 誤った記述である．設問の記述は，平均故障間隔（MTBF）に関するものである．

平均修復時間は，問21解説のように，故障したシステムの復旧（修理）に要する時間である．

☞ 誤り

問24　MTTRとは，平均的な故障修復時間を表す指標である．これを短縮するためには保全技能の向上のみならず，予備品の整備や工具の段取りなど，保全管理面での体制強化も大切である．[平成28年1級]

(解説)　正しい記述である．

　　　MTTR（平均修復時間）とはシステムに故障が発生した場合，その復旧にかかる平均修復時間を表す．予備品の整備や体制強化は，MTTRの短縮につながる．

　　答　正しい

問25　MTTRを減少させても，アベイラビリティを向上させることはできない．[平成29年1級]

(解説)　誤った記述である．

　　　アベイラビリティとは，可用性，可動率または稼働率といわれることもあるが，例えば機械が目的の機能を発揮できる割合のことをいう．（平均）アベイラビリティには，固有アベイラビリティ A_i と運用アベイラビリティ A_o という二つの考え方があり，

$$A_i = \frac{平均故障間隔}{平均故障間隔 + 平均修復時間}$$

$$A_o = \frac{平均運転可能時間}{平均運転可能時間 + 平均運転不能時間}$$

で表される．固有アベイラビリティの式より平均修復時間（MTTR）が減少すると A_i の値は大きくなり，アベイラビリティは向上する．

　　答　誤り

問26　アベイラビリティとは，動作可能時間に動作不可能時間を加えたものを動作可能時間で除したものである．[平成28年1級]

(解説)　誤った記述である．

　　　設問は，除数（割る数）と被除数（割られる数）が逆になっている．正しい定義を式で表すと，次のようになる．

$$\text{アベイラビリティ} = \frac{\text{動作可能時間}}{\text{動作可能時間} + \text{動作不可能時間}}$$

答　誤り

問27　バスタブ曲線における初期故障期間とは，設備を使用開始後の比較的早い時期に，設計・製造上の不具合や，使用環境の不適合などによって故障が発生する期間のことである．[令和4年2級]

(解説)　正しい記述である．

　　　バスタブカーブによれば，稼働時間の初期に発生する故障期間を初期故障期間，正常運転期間に発生する故障期間を偶発故障期間，後期に発生する故障期間を摩耗故障期間という．

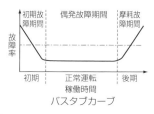
バスタブカーブ

　　　初期故障とは，機器類の使用開始早々に起こる不具合，故障をいう．この故障は，使用時間が増すとともに減少していくという特徴がある．

答　正しい

問28　偶発故障期間とは，初期の設計・製造工程でのミスや，不良部品の使用などによる故障発生期間のことをいう．[平成30年・令和2年1級]

(解説)　誤った記述である．設問の記述は，初期故障期間に関するものである．

　　　偶発故障期間とは，初期故障期間を過ぎ，摩耗故障期間に至る以前の時期に偶発的に故障が発生する発生する期間である（JIS Z 8115）．いつ次の故障が起こるか予測のできない期間であるが，故障率はほぼ一定と見なすことができる．

答　誤り

問29　バスタブ曲線における偶発故障期とは，機械が摩耗劣化し故障率が増加する期間をいう．[平成28年2級]

(解説)　誤った記述である．設問の記述は，摩耗故障期間に関するものである．

　　　偶発故障期間の故障率はほぼ一定と見なせる．問27解説参照．

答　誤り

第3編
機械保全法一般

問30 バスタブ曲線における偶発故障期間とは、故障率がほぼ一定と見なせる期間のことである. [令和2・5年2級]

(解説)　正しい記述である.

偶発故障とは、初期故障期間と摩耗故障期間の間の正常運転期間に偶発的に発生する故障をいう. 偶発とは「偶然に起こる」「たまたま起こる」という意味である.

バスタブ曲線における正常運転期間を偶発故障期間といい、初期故障期間や摩耗故障期間と比較し、故障率も小さく稼働時間に対して一定値を示している.

答　正しい

問31 バスタブ曲線における摩耗故障期間とは、故障率がほぼ一定と見なせる期間のことである. [令和元年2級]

(解説)　誤った記述である.

答　誤り

＜補　足＞

初期故障期は、設計や製造上の問題点や使用環境との不適合部分などが、使用の始めに故障となって表れる時期のことである.

偶発故障期は、初期故障期の次の期間で、ある程度故障原因が取り除かれた、安定した期間のことである.

摩耗故障期は、設備の老朽化や摩耗により、時間の経過とともに故障の増加がみられる時期のことである.

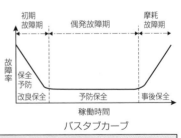

バスタブカーブ

問32 バスタブ曲線において、摩耗故障期間では、時間経過とともに故障率が低下する. [令和3年1級]

(解説)　誤った記述である. 前問解説参照.

答　誤り

問33 疲労・摩耗・劣化現象などによって時間の経過とともに故障が多くなる摩耗故障期は，検査・点検または監視によって予知でき，故障を減らすことができる． [平成28年1級]

(解説) 正しい記述である．

摩耗故障期は，設備の経年劣化によって故障率が増加する期間をいう．検査，監視，定期的な部品交換により故障率を抑えることができる期間である．

答 正しい

問34 バスタブ曲線における摩耗故障期では，事前の検査または監視によって故障の予知が可能である． [平成28年2級]

(解説) 正しい記述である．

摩耗故障期は，設備の経年劣化によって故障率が増加する期間をいう．そのため，事前の検査，監視により故障の予知が可能で，部品交換により故障率を抑えることができる期間である．

答 正しい

問35 劣化故障は，日常点検や状態監視によって予知することができない． [平成30年2級]

(解説) 誤った記述である．

劣化とは品質が低下したり傷の発生や疲労現象が起こり，性能が低下することをいう．劣化(型)故障は構成部品の劣化に起因する故障である．したがって，日頃の検査・点検，監視により予知することが可能である．

答 誤り

問36 二次故障とは，2つ以上の故障原因の組合せによって生じる故障である． [令和5年2級]

(解説) 誤った記述である．

二次故障とは他の故障原因が起因となり，発生する故障である．波及故障ともいう．

　　一次故障は，一つの原因により引き起る故障のことで，他の故障を起
因としない．

　　答　誤り

問37　故障モードとは，亀裂，折損，焼付き，断線，短絡などの故障状態
の分類である．[平成28年2級]

(解説)　正しい記述である．

　　　　故障モードは，JIS Z 8115において，「故障状態の形式による分類．
例えば，断線，短絡，折損，摩耗，特性の劣化など」と定義されている．

　　答　正しい

<補　足>

・故障メカニズム

故障メカニズムとは，機械の故障が表面化するまでの経緯（物理的・化学的・
人為的原因など）である．JIS Z 8115では，「故障発生に至った物理的，化学的，
その他の過程」と定義されている．

・故障解析

故障解析とは，JIS Z 8115において「故障メカニズム，故障原因，および故障
が引き起こす結果を識別し，解析するために行う，故障したアイテムの論理的，
かつ，体系的な調査検討」と定義されている．故障を解析するには，運転状況を
再検査し，発生した部位などの画像データを含め，細かく分析する必要がある．

問38　FMEAとは，故障モード影響解析と呼ばれる解析手法である．
[令和3・5年2級]

(解説)　正しい記述である．

　　　　FMEA（故障モード影響解析：Failure Mode and Effects Analysis）は，
システムやプロセスの構成要素に関する問題を故障モードに基づいて摘
出し，設計・計画上の問題点を洗い出し，事前対策を行うことでトラブ
ルを未然に防ぐ手法である．

　　答　正しい

問 39 FMEAとは，構成要素の故障モードとその下位アイテムへの影響を解析する技法である．[令和5年1級]

(解説) 誤った記述である．

FMEA（Failure Mode and Effect Analysis：故障モード影響解析）は，プロセスおよび製品の故障・不具合の発生の予防を目的とした，潜在的な故障・不具合の体系的な分析方法である．

JIS Z 8115によれば「設計の不具合および潜在的な欠点を見いだすために実施される」解析手法である．部品に発生する故障モードや人間のエラーモードなどの原因が，機能的にみてより複雑な上位の装置やシステムの故障にどんな影響を及ぼすのかなど，表にして順次解析する．

この方法は，信頼性・保全性のみでなく安全性の評価にもしばしば用いられる．

FMEAを実施することで，製品およびプロセスの改善が開発プロセスの段階で明らかになるため，あまりコストがかからない変更が実施可能となり，コスト低減の効果を見込めることになる．

設問の論理記号を用いてその発生の過程をトップダウンの原因解析する手法はFTA（故障の木解析）である．

(答) 誤り

問 40 故障解析の手法として，FMEAを適用する場合，下位から上位の故障モードへ解析を進めていく．[平成30年・令和元年1級]

(解説) 正しい記述である．

FMEA（故障モード影響解析）は，構成要素の故障モードとその上位アイテムへの影響を解析する技法である．すなわち，ドキュメント（設計図や運用手順書など）において，故障が生じた場合の影響を評価し，影響度の大きい故障モードに対策を施し故障を未然に防止するものである．FMEAはボトムアップ方式といえる．

(答) 正しい

第3編 機械保全法一般

問41 故障の解析手法の1つであるFMEAは，トップダウン方式で進めていく．［令和3・4年1級］

(解説) 誤った記述である．前問解説参照．

答 誤り

問42 分析方法の1つであるFTAとは，設備設計時に信頼性，保全性，機能，費用などの競合する要因間の最適バランスをとるための手法をいう．［平成28・30年・令和元年2級］

(解説) 誤った記述である．設問の記述は，最適化手法に関するものである．FTAとは，製品の故障，およびそれにより発生した事故の原因を分析する手法であり，信頼性課題の事前分析や故障解析で用いられる．

答 誤り

問43 FMEAは不具合の事象から原因を探るが，FTAでは下位の故障モードから出発し，上位の故障モードへとすすめる．［平成29年1級］

(解説) 誤った記述である．

FMEAは，システムやプロセスの構成要素に起こりうる故障モードを予測し，考えられる原因や影響を事前に解析・評価することで設計・計画上の問題点を摘出し，トラブル未然防止を図る，ボトムアップの解析ツールである．未知の故障，事故など，予測が難しい，新規性の高い製品の解析に適している．

FTAは，信頼性・安全性において，発生が好ましくない事象を引き起こす要因の因果関係を論理記号と事象記号を用いて樹形図（FT図）に図示し，対策を打つべき発生経路および発生要因，発生確率を解析する，トップダウンの解析ツールである．故障，事故がすでに既知の製品の解析に適している．

答 誤り

問44 故障解析の手法であるFTAは，故障発生後に原因解析を行うためのもので，発生前に故障内容を予測することはできない．［平成30年1級］

(解説) 誤った記述である.

　　FTA（Fault Tree Analysis）とは，製品の故障を仮定し，そこに至った過程を故障の木図（FT図）で表し分析する手法であり，信頼性課題の事前分析や故障解析に用いられる.

　　好ましくない事象（トップ事象）からその原因を逐次下位レベルに展開する方法（トップダウン）.

(答)　誤り

問45　解析手法の１つであるＦＴＡとは，故障発生の過程を遡って樹形図に展開し，トップダウンで発生原因を解析する手法である.

[令和４年２級]

(解説)　正しい記述である.前問解説参照.

(答)　正しい

問46　故障解析の手法として，FTAを適用する場合，下位から上位の故障モードへ解析を進めていく.[令和２年１級]

(解説)　誤った記述である.問44解説参照.

(答)　誤り

《機械の履歴簿と故障解析》

問1　ライフサイクルコストを調べる基本資料として，設備履歴簿を使うことは**適切でない**．［平成30年2級］

（解説）　誤った記述である．

　　設備履歴簿（設備台帳，点検簿）は，設備の名称，製造会社，管理番号，取得時期，取得金額などの設備固有情報のほか，運転開始以降発生した故障や修理の内容，修理後の性能，修理に要した費用などの設備ごとの記録である．設備の改修，取り換えの判断資料となる．（JIS Z 8141）

　　したがって，LCCの基本資料として使用できる．

　　LCC（ライフサイクルコスト）とは設備，装置の開発から取り壊し，廃棄にかかるまでの総額費用をいう．

　　答　誤り

問2　ライフサイクルには，設備の使用を中止してから廃却，または再利用までの期間を含まない．［令和3年2級］

（解説）　誤った記述である．前問解説参照．

　　ライフサイクルコスト（LLC）の観点から考えると，休止時間から棄却や再利用には設備維持や保管などのコストはかかるので，「……含まない」は間違いである．

　　答　誤り

問3　設備履歴簿は，設備の購入から故障対処や改良などの機械設備の保全記録そのものであり，これらの記録は，故障解析や改修・更新の適切な判断資料として役に立つ．［平成28年1級］

（解説）　正しい記述である．

　　設備履歴簿は，設備台帳，点検簿ともいい，その設備の改修，取り替えの判断資料となる．（JIS Z 8141）

　　答　正しい

問4　JIS Z 8141:2001 において，設備の廃却・再利用は，設備管理に含まれる. ［令和元年1級］

(解説)　正しい記述である.

　　JIS 8141 は 2001 年に制定された生産管理用語の JIS 規格であり，細分類として 1101 ～ 7409 まである. 問題は設備管理：6102 において，以下のように規定されている.

設備管理　　設備の計画，設計，製作，調達から運用，保全をへて廃却・再利用に至るまで，設備を効率的に活用するための管理.
　　　　　　備考　計画には，投資，開発・設計，配置，更新・補充についての検討，調達仕様の決定などが含まれている.

　　答　正しい

問5　機械の設備履歴簿は故障した日付や故障の状況を記録するのが目的のため，設備の購入金額の記入は不要である. ［令和元年2級］

(解説)　誤った記述である. 問1解説参照.

　　答　誤り

問6　設備履歴簿において，偶発故障の発生時期は記録するが，故障の詳細を記録する必要はない. ［平成30年1級］

(解説)　誤った記述である.

　　偶発故障が生じる期間は比較的安定した期間で故障率は小さいが，作業中の異常音や異常振動などがどのような故障につながったかを記録することよって，故障予知ができる.

　　答　誤り

問7　SDS（安全データシート）は，設備で発生した災害の内容と，その対策を記録した資料である. ［令和3年1級］

(解説)　誤った記述である.

　　SDS とは，「安全データシート」の Safety Data Sheet の頭文字をとったもので，事業者が化学物質及び化学物質を含んだ製品を労働環境にお

ける使用及び他の事業者に譲渡・提供する際に交付する化学物質の危
険有害性情報を記載した文書であり、GHS（The Globally Harmonized
System of Classification and Labelling of Chemicals：化学品の分類およ
び表示に関する世界調和システム）に基づいて作成されている。

答　誤り

問8　連関図法において，下図の A には「手段」を記入する. ［令和4年1級］

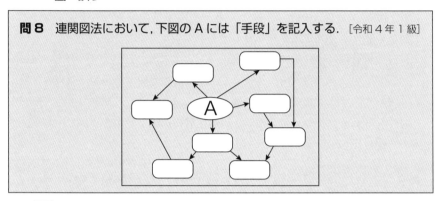

(解説)　誤った記述である.

「手段」ではなく「課題・問題」である. 新 QC7つ道具（N7）の一
つである.

連関図法とは，問題が複雑に絡み合い，解決の糸口が見つけにくい場
合に因果関係から主な要因を絞り込む手法である. 「原因と結果」や「目
的と手段」など，要因の相関関係を「連関図」で整理・明確化すること
で問題の主要な要因を導き出す.

答　誤り

《機械の点検計画》

> **問1** 日常点検標準の作成の際には，点検項目，点検方法，点検周期，点検
> 標準，処置方法などを明示する必要がある．[平成28年2級]

(解説) 正しい記述である．

　　適切な点検標準の作成には，日常点検，定期点検などにおいて，点検
項目・点検方法・周期などをそれぞれ明示する必要がある．保守点検が
不十分であると，正常性能を損ねる予期せぬ事故を招くおそれがある．

　　日常点検とは，設備の稼働中に支障がきたさない範囲で主として人の
五感による外観点検で1か月未満ごとに行う点検であり，定期点検とは，
1か月以上の期間で設備の稼働中と休止中に分けて分解点検を行うもの
である．いずれの点検も点検標準に従って行う．

　答 正しい

<補　足>

機器の異常検出手段は，人間の五感による点検から測定器を用いた診断まで各
種の方法があるが，五感による点検には，日常運転と比較した騒音，振動などを
標準，基準，限度見本などと照合し，保守・点検技術の向上のための訓練が欠か
せない．五感による点検は，偶発故障より劣化故障のほうが発見しやすい．

> **問2** 指差呼称とは，対象物を見て指を差し，その名称と状態を声に出して
> 確認することである．[令和5年2級]

(解説) 正しい記述である．

　　指差呼称とは，作業者が作業する目の前の対象や標識，信号，計器類
などを指差し，指差ししたものの名称と状態を声に出して確認すること
をいう．指差呼称により，意識向上，ヒューマンエラーの防止に効果が
ある．

　答 正しい

第3編
機械保全法一般

《異常原因と対応措置》

問1 減速機の騒音を少なくするために，平歯車をはすば歯車に設計変更した．[令和元年2級]

(解説) 正しい記述である．

歯車のどの位置，角度でも，はすば歯車は点接触でかみ合った状態のため，歯の断続的な平歯車より音が静かである．

答 正しい

問2 ラック＆ピニオンを用いた搬送装置を点検したところ，位置決めの精度が低下していたため，歯車のバックラッシを0に調整した．
[平成29年・令和元年1級]

(解説) 誤った記述である．

バックラッシはかみ合う一対の歯と歯とのすき間のことで，歯形，組立誤差などで歯の背面が摩擦するの防ぐと同時になめらかな歯の噛合いのために設ける．すき間がないと動かないので，バックラッシュを0にしてはならない．

答 誤り

問3 ウォータハンマの防止方法として，弁をできるだけ急速に閉めるのが効果的である．[平成28年1級]

(解説) 誤った記述である．

水道の蛇口を閉めたとき，壁の中で「ドーン」という音がするときがある．これをウォータハンマ（水撃作用）という．流体の急激な圧力変動や気泡の混入などに伴い発生する振動や衝撃音で，損傷の原因ともなる．

弁を急速に閉めると大きな圧力変動を生じるので，ウォータハンマを発生する原因になる．水栓はゆっくり締めるようにする．また，十分な配管径を確保し，流速を大きくしないことが重要である．

答 誤り

問4 設備の異常振動の判定法のうち，複数台の同一機種を同一条件で測定して比較判定する方法を，相互判定法という．［令和3年1級］

(解説) 正しい記述である．

　　　振動において，次の三つの判定法がある．

　　　① 絶対判定方法

　　　　決められた条件で測定値を判定基準と比較する．

　　　② 相対判定方法

　　　　同じ個所を定期的に測定し時間ごとの変化を正常値とどう違うか数値判断する．

　　　③ 相互判定方法

　　　　複数台の同一機種を同一条件で測定して比較判定する．

答 正しい

問5 設備の種類をいくつかに分類し，測定した振動があるレベルを超えた場合に異常と判断する方法を，絶対判定法という．［令和4・5年1級］

(解説) 正しい記述である．

　　　振動の判定法である．

　　　絶対判定法は，決められた条件で測定した値を「判定基準」と比較判断する．

絶対判定基準のレベル

		A 最良	全く良好
良好 GOOD	A 良好	GOOD	最良なバランス
		B 良好 FAIR	微小欠陥 摩耗の発生
注意 CAUTION	B やや悪い	C 注意 SLIGHTLY ROUGH	摩耗と欠陥が進行 要修理
危険 DANGER	C 悪い	D 悪化 ROUGH	急速に摩耗が進み数週間 で故障する
	D 極度に悪い	E 危険 VERY ROUGH	危険，部品の破損が発生 直ちにシャットダウン

答 正しい

問6 ポンプの吸込配管内径を大きくすることは，キャビテーションの防止
対策として有効である．［令和元年2級］

(解説)　正しい記述である．

管内流速が速いとキャビテーションが発生しやすくなるため，吸込配
管の内径を大きく，長さを短くするとよい．

ポンプのキャビテーションの防止対策として，ポンプの吸込み高さを
小さくしたり，吸い込み側の弁で水量調節をしない，などがある．

(答)　正しい

＜補　足＞

キャビテーションとは，高速で流れる流体において，圧力の低い部分に気泡が
生じ，非常に短時間で消滅する現象をいう．油圧ポンプは，ポンプ吸込側での負
圧が大きくなると吐出し量が減少する．この負圧がある値を超えると，油の中に
溶解している空気が気泡となり，この気泡が消滅するときに大きな騒音を発生し
たり，激しい侵食や部品振動を誘発したりして，寿命を著しく縮める．

問7 ポンプに発生したキャビテーション対策の1つとして，吸込揚程を
大きくすることが挙げられる．［令和5年1級］

(解説)　誤った記述である．

必要吸込み揚程が，ポンプの有効吸込み揚程を超えると，キャビテー
ションの原因となる．そのため，吸込み揚程を小さくすることが，軽減
対策となる．

(答)　誤り

《品質管理の知識》

> **問 1** 品質管理における作業標準に具備すべきものとして，作業手順，作業条件，事故の場合の処置などがあり，作業者の責任範囲は含まれない．
> ［平成 28 年 1 級］

(解説) 誤った記述である．

作業を行う上で，模範とすべき作業方法を作業標準という．これには，事故が起きた場合の処置，作業者の責任範囲も含まれる．

答 誤り

＜補　足＞

作業標準の JIS における定義は，作業の目的，作業条件（使用材料，設備・器具，作業環境など），作業方法（安全の確保を含む），作業結果の確認方法（品質，数量の自己点検など）などを示した標準（JIS Z 8002），製品または部品の各製造工程を対象に，作業条件，作業方法，管理方法，使用材料，使用設備，作業要領などに関する基準を規定したもの（JIS Z 8141），とされている．

> **問 2** JIS Z 8013:2000 において，公差とは測定値から真の値を差し引いた値である．［平成 30 年 1 級］

(解説) 誤った記述である．

JIS の計測用語では，公差とは規定された最大値と最小値の差と定義している．測定値から真の値を差し引いた値は「誤差」と定義している．

なお，出題の「8013」は「8103」の誤りと思われる．

答 誤り

問3　パレート図では，データを層別して，大きい順に棒グラフを作成し，累積比率を折れ線グラフで表示する．［令和３・５年２級］

(解説)　正しい記述である．

パレート図は，例えば製品不良の現象または原因別に層別し，各層の損失金額，不良個数，発生頻度など比較項目の比率の大きいものから順次並べたグラフで，その相対度数を結んだ累積和の曲線をパレート曲線という

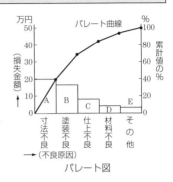

パレート図

答　正しい

<補　足>

パレート図を作成することによって原因の大きさが分かり，これを重点管理することによって効率よく損失を少なくできる．この発生原因の多い3項目をA, B, Cとし，在庫管理ではABC管理ということもある．

例えば，上図に示す例で何が問題か一目で分かる．すなわち，最初の二つ～三つの不良原因で全不良損失金額の70～80%以上を占めている．この二つ～三つの不良原因をなくせば，不良の大部分はなくなり，不良による損失金額が激減し，コストダウンに大きく貢献する．このような方法で品質管理上の重要な問題を発見しようとするやり方をパレート分析という．

問4　ある工程で発生している不良を減らすために，不良原因ごとの件数や，その割合をパレート図を用いて分析することにした．［平成30年２級］

(解説)　正しい記述である．前問解説参照．

答　正しい

問5　散布図において，２つの対になった測定値の図中の点が右上がり傾向にあるとき，これを負の相関関係があるという．［令和元年１級］

(解説)　誤った記述である．

グラフの相関を見るとき，散布の点の平均をとり，直線を設ける．この直線は一次関数であり，$y = ax+b$ の式が得られる．a を傾きと呼び，

b を y 切片と呼ぶ．a の傾きは正（＋）の値であれば右上がりのグラフとなり，負（－）の値であれば右下がりのグラフとなる．正の場合，a の数値が 1 より小さければ緩やかなグラフとなり，1 より大きければ急な傾きのグラフとなり，一目で傾向がわかる．

答 誤り

> **問6** 散布図は，2 つの特性を横軸と縦軸とし，観測値を打点して作るグラフ表示である．［平成 28 年 1 級］

(解説) 正しい記述である．設問のとおり JIS Z 8101-1 で定義されている．

答 正しい

＜補足＞

対になった測定値の関係を表すには相関係数を用いる．相関係数を求めるには，データから直接計算する方法と相関表から計算する方法がある．測定値の個数が少ないときは直接計算する方法を，多い場合は相関表から計算する方法を用いると便利である．ただし，関係が曲線で表される場合は，相関係数を計算しても意味はない．また，一見無関係に見える場合でも層別すると関係が見られたり，逆に関係があるようでも層別することで関係が見られなくなる場合もある．

> **問7** 特性要因図を作成する際は，要因をできるだけ多く考え出すことが重要であり，4M で分類することは要因を考える妨げになる．
> ［平成 29 年 2 級］

(解説) 誤った記述である．

特性要因図は，特有なある性質とその主要な要因を表す図である．次図にその例を示す．

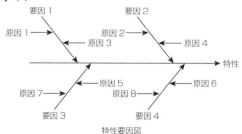

特性要因図

要因は一般的に 4M で分類する．4M とは，Man（人），Machine（機械），

Method（方法），Material（材料）のことである．4M の視点から問題を
分類・整理することで，偏りや抜けのない分析ができる．

　　🗾　誤り

問8　ある工程で発生している不良を減らすために，不良原因ごとの件数や，
その割合を散布図に表し分析することにした．［平成29年2級］

　(解説)　誤った記述である．

　　　　散布図は，二つの特性を横軸，縦軸とし，相関関係の有無を調べるも
のである．一般的に横軸に原因系，縦軸に結果系をとる．軸に数種類の
測定項目・値を取ることはしない．

　　　　問題の分析に適しているのはパレート図である．「不良項目」「場所」「機
械別不良数」などを測定項目とし，「不良数」「欠点数」「所要時間」な
どの出現度数を大きい順に並べ，累積和を表すことで，原因の大半を示
すものは何かが分析できる．

　　🗾　誤り

問9　ヒストグラムは，計量値の度数分布を表したもので，分布の形を可視
化することができる．［令和元年・2・3・4年2級］

　(解説)　正しい記述である．

　　　　ヒストグラムは，規格値からのズレやバラツキの大きさ，分布の型な
どから工程の状態を判断する手がかりとなる．

　　🗾　正しい

＜補　足＞

ヒストグラムの形はおおよそ，次の図のように7種類に分類される．

①一般形；一般に多く現れる場合で，左右対称となる．バラツキが少なく，平
　均値も中央で，良い品質である．

②歯抜け形；一つおきに度数が少なくなっている場合で，測定方法，データの
　丸め方にくせがあるときに現れる．

③二山形；二つの分布が混じりあっている場合，例えば，2種類の原料，2種
　類の機械間に大きな差がある場合など．

④絶壁形；工程能力が低く，規格値以下のものを全数選別した後などによく現

れる.

⑤高原形：平均値の多少異なるいくつかの分布が混合した場合に現れる.

⑥右（左）ひずみ形；ある値以下の値をとることができない場合に現れ，反対にゆがんだものもある．この場合は，右あるいは左への偏りがあるので，バラツキを小さくし，平均値を左あるいは右へ寄せる.

⑦離れ小島形；工程に異常があったり，測定ミスがあった場合などに現れる.

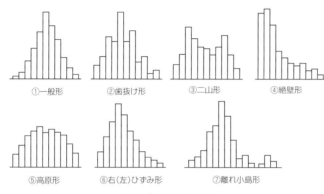

①一般形　　②歯抜け形　　③二山形　　④絶壁形

⑤高原形　　⑥右（左）ひずみ形　　⑦離れ小島形

ヒストグラムのパターン

第3編
機械保全法一般

問10 下ヒストグラムにおいて，下図に示す絶壁型は，規格外のものを選別して取り除いた場合などに発生する．[令和5年1級]

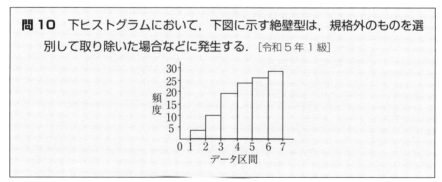

解説 正しい記述である．前問補足参照.

答 正しい

> **問11**　ある製品の重量を測定した結果，7g，9g，10g，11g，13g
> の5個のデータが得られた．これらの製品の標準偏差は3gである．
> [平成29年・令和2・5年1級]

(解説) 誤った記述である．

標準偏差とは，各値と平均値との差の2乗の平均値の平方根であるが，
式で表すと次式のようになる．

$$s = \sqrt{\frac{1}{n} \sum_{i=1}^{n} (x_i - \bar{x})^2}$$

ここで，s は標準偏差，n はデータの総数，x_i は各データの値，$\bar{x}$ はデータの平均値である．

まず，平均値は次のように求まる．

$$\bar{x} = \frac{7 + 9 + 10 + 11 + 13}{5} = \frac{50}{5} = 10 \text{ g}$$

各値と平均値との差の2乗の累積和は，

$$\sum_{i=1}^{n} (x_i - \bar{x})^2 = (7 - 10)^2 + (9 - 10)^2 + (10 - 10)^2 + (11 - 10)^2 + (13 - 10)^2$$

$$= 9 + 1 + 0 + 1 + 9$$

$$= 20 \text{ g}^2$$

この平均値（これを分散という）は，

$$\frac{1}{n} \sum_{i=1}^{n} (x_i - \bar{x})^2 = \frac{20}{5} = 4 \text{ g}^2$$

したがって，標準偏差は，

$$s = \sqrt{4} = 2 \text{ g}$$

答　誤り

＜補　足＞

標準偏差とは，各値と平均値との差の2乗の平均値の「平方根」である．

標準偏差は，分散の正の平方根と定義され，分散は平均からの距離（各値と平均値との差）の2乗の期待値（平均値）であるから，上記のように表現されることになる．分布が平均からどのくらいの幅にあるかを示す目安となっている．

> **問 12** 5個の製品の重量を測定した結果, 6g, 8g, 9g, 10g, 12g のデータが得られた. これらの重量の標準偏差は 2g である. [平成 30 年 1 級]

(解説) 正しい記述である.

標準偏差とは, 各値と平均値との差の 2 乗の平均値の平方根であるが, 式で表すと次式のようになる.

$$s = \sqrt{\frac{1}{n}\sum_{i=1}^{n}(x_i - \bar{x})^2}$$

ここで, s は標準偏差, n はデータの総数, x_i は各データの値, $\bar{x}$ はデータの平均値である.

まず, 平均値は次のように求まる.

$$\bar{x} = \frac{6+8+9+10+12}{5} = \frac{45}{5} = 9\,\text{g}$$

各値と平均値との差の 2 乗の累積和は,

$$\sum_{i=1}^{n}(x_i - \bar{x})^2 = (6-9)^2 + (8-9)^2 + (9-9)^2 + (10-9)^2 + (12-9)^2$$
$$= 9+1+0+1+9$$
$$= 20\,\text{g}^2$$

この平均値（これを分散という）は,

$$\frac{1}{n}\sum_{i=1}^{n}(x_i - \bar{x})^2 = \frac{20}{5} = 4\,\text{g}^2$$

したがって, 標準偏差は,

$$s = \sqrt{4} = 2\,\text{g}$$

答 正しい

> **問 13** ある製品の重量を測定した結果, 7g, 9g, 10g, 11g, 13g の 5 個のデータが得られた. これらの製品の標準偏差は 2g である.
> [令和 3 年 1 級]

(解説) 正しい記述である. 前問解説参照.

答 正しい

問14　正規分布に従う母集団において，3σの管理限界を外れる確率は約3%である．［平成28年2級］

(解説)　誤った記述である．

正規分布は，計量値の分布の中でも最も代表
的な分布である．その分布曲線は図のような釣
り鐘形をしたもので，中心線の左右は対称に
なっている．図において中心のところが平均値
μで，左右に標準偏差σで分布していく．μ±
σ，μ±2σ，μ±3σとしていくと，分布曲
線に囲まれた全体の面積に対する割合が分かる．

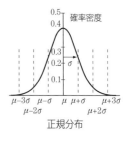

正規分布

μ±σ内のデータの出る確率は約68%，これより外にデータの出る確
率は約32%となる．μ±2σ内のデータの出る確率は約95%，これよ
り外にデータの出る確率は約5%，また，μ±3σ内のデータの出る確
率は約99.7%で，これより外にデータの出る確率は約0.3%（1000分の3）
となる．

答　誤り

＜補足＞

管理限界（control
limit）とは，工程が統計的
管理状態にあるとき，管理図
上で統計量の値がかなり「高

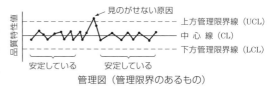

管理図（管理限界のあるもの）

い」確率で存在する範囲を示す限界をいい，管理図において平均値を中心として
その上下に3σの幅をとり，これをもって管理限界としたものである．管理図に
おいては，中心線と上下の管理限界線を総称して管理線という．

問15　正規分布の分布曲線は，ベル型をしたもので，平均値を中心とした
左右対称である．［令和4年2級］

(解説)　正しい記述である．前問解説参照．

答　正しい

問16 正規分布において，平均値 $\mu \pm 3\sigma$ 内にデータが現れる確率は 97% である．[平成30年2級]

(解説) 誤った記述である．

正規分布をする母集団において，平均値 $\mu \pm 3\sigma$ 内にデータが現れる確率は 99.7% である．

答 誤り

問17 計数抜取検査は，製品の特性値を測定し，その結果から求めた平均値や標準偏差などとロット判定基準を比較し，合否判定する．
[令和4・5年2級]

(解説) 誤った記述である．

設問の記述は，計量基準型抜取検査に関するものである．

抜取検査は，検査方法により計数抜取検査と計量抜取検査に分けられる．

計数抜取検査とは，ロットから無作為に抽出されたいくつかの検査単位に含まれる不適合単位の数などに基づき，ロットの合格・不合格を判定する検査方式をいう．ロットの抽出に費用がかからないが，この試料の特性値の測定には費用がかさむときに有利である．

一方，計量抜取検査はコンクリート成分のように，試料の各特性値（目方や成分）を測定して，その測定値によって合否を定める場合に使用する．

答 誤り

問18 抜取検査で合格となったロットの中には，不良品が含まれる場合がある．[平成29年1級]

(解説) 正しい記述である．

抜取検査は，すでに形式検査に合格したものと同じ設計・製造による製品の中から，定められた方式により抜き取った製品について，必要な特性を満足するかどうか判定する検査である．そのため，全数検査と違い合格ロット中にも不良品が含まれる場合がある．

答　正しい

> **問19**　抜取検査では，同一の生産条件で生産された製品の集まりについて，対象をすべて検査する．［令和3年2級］

(解説)　誤った記述である．前問解説参照．

答　誤り

> **問20**　調整型抜取検査では，前回までの検査成績を基に検査基準を調整する．［令和5年1級］

(解説)　正しい記述である．

抜取検査四つ

① 規準型抜取検査

生産者と購入者の要求を両立できるように設定する方法．

② 調整型抜取検査

これまでの検査の成績を反映させて，その都度検査基準を調整する方法．

③ 選別型抜取検査

抜取検査で不合格となったロットを全数検査する方法．

④ 連続生産型抜取検査

連続生産される製品に適応され，ロット単位ではなく製品を一定間隔で抜取検査する方法．

答　正しい

> **問21**　生産者危険とは，不合格となるべきロットが合格となる確率のことである．［令和元年1級］

(解説)　誤った記述である．

(a) 生産者危険：所定の抜取検査方式では合格となるべき品質のロットを不合格とする（すなわち，生産者が不利益となる）確率．

(b) 消費者危険：所定の抜取検査方式では不合格としたい品質のロットを合格とする（すなわち，消費者が不利益となる）確率．

答　誤り

＜補 足＞

ロット検査はサンプル検査の一つで全数検査ではない．例えば，ロット（カゴやパレット）から代表して 10 本のサンプルを取り出し検査を行い，6 本不合格品があれば，①ロットごと不合格．不合格品が 0 本であれば②ロットごと出荷となる．その場合，

① 生産者危険：合格品が多数あっても廃棄となるので不利益となる．
② 消費者危険：不合格品が入っている場合があり，不利益となる．

問 22 抜取検査において，OC 曲線とは，ロットの不良率と検査合格率との関係を示す曲線である．［令和 2 年 1 級］

（解説） 正しい記述である．

OC 曲線とは，検査特性曲線とも呼ばれ，縦軸にロットの検査合格率，横軸に不良率をとり，抜取検査でロットの品質とその検査合格率の関係を視覚的に表したものである．

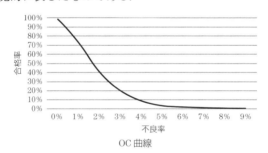

OC 曲線

答 正しい

問 23 抜取検査において，OC 曲線とは，ロットの不良率と検査合格率との関係を示す曲線である．［令和 3 年 1 級］

（解説） 正しい記述である．前問解説参照．

答 正しい

問 24 抜取検査において，不合格とすべきものを合格としてしまう誤りを生産者危険という．［平成 28・30 年・令和 2 年 2 級］

（解説） 誤った記述である．

生産者危険とは，合格となるべき品質のものが不合格となる確率，す
なわち生産者にとってマイナスとなる確率のことをいう．

　　答　誤り

> **問25**　抜取検査における生産者危険とは，検査を行った際に合格とすべき
> ロットを不合格としてしまう確率である．［令和3年1級］

　(解説)　正しい記述である．前問解説参照．

　　答　正しい

> **問26**　管理図において，管理したい値が上方管理限界と下方管理限界の内
> 側にあり，値の並び方に癖がない状態のことを「工程は統計的管理状態
> にある」という．［平成29年2級］

　(解説)　正しい記述である．

　　　　統計的管理状態とは，安定状態ともいい，見逃せない原因を取り除き，
　　偶然原因のみによって品質特性にばらつきが生じている状態をいう．端
　　的に言えば，管理したい値が上方管理限界線，下方管理限界線内にあり，
　　値の並び方に癖がないことをいう．

　　答　正しい

＜補　足＞

統計的管理状態と見なされないのは，管理限界を外れた点がある，中心線の片
側に連続して七つ以上の点が並んでいる，全体的に増加または減少する連続する
七つの点がある，明らかに不規則ではないパターンが現れている，といった異常
なパターンを示す場合である．

> **問27**　アルミ板表面の単位面積あたりのへこみ傷の数を管理図で管理する
> 場合，p 管理図を使用する．［平成29年・令和元年1級］

　(解説)　誤った記述である．

　　　　p 管理図とは，不適合品率の管理図ともいわれ，群の大きさに対する
　　不適合品数の割合（率）を用いて工程を評価するものである．

　　　　資料の大きさが一定ではないため単位当たりの欠点数で管理する場合
　　は，u 管理図を用いる．資料の大きさが一定の場合，欠点数をそのまま

用いる c 管理図を用いる.

箇 誤り

＜補 足＞

不適合品数の割合は，次式で表される.

$$p = \frac{群内の不適合品数}{群の大きさ} = \frac{n_p}{n}$$

管理限界線の求め方を次に示す（標準値が与えられていない場合）.

$$\text{CL} = \bar{p} = \frac{総不適合品数}{群の大きさ（検査個数）}$$

$$\text{UCL} = \bar{p} + 3\sqrt{\bar{p}(1 - \bar{p})/n}$$

$$\text{LCL} = \bar{p} - 3\sqrt{\bar{p}(1 - \bar{p})/n}$$

第3編 機械保全法一般

問28 p 管理図は，不良率管理図ともいわれ，不良率を管理する場合に用いる. [令和3年2級]

(解説) 正しい記述である. 前問補足参照.

箇 正しい

問29 p 管理図は，大きさが一定の群の中にある欠点数を管理する場合に用いる. [令和2年2級]

(解説) 誤った記述である.

設問は c 管理図の説明である.

p は率，c は個数. 問27解説参照.

箇 誤り

問30 p 管理図を用いる例として，アルミ板表面の単位面積あたりのへこみ傷の数の管理が挙げられる. [令和2年1級]

(解説) 誤った記述である. 問27解説参照.

箇 誤り

問31 np 管理図は，不適合品率を管理する場合に用いる．［令和4年2級］

(解説)　誤った記述である．

設問は p 管理図の説明である．

答　誤り

問32 np 管理図は，検査する群の大きさが一定でないときに用いられる．
［令和3年1級］

(解説)　誤った記述である．

np 管理図とは，計数値を用いた管理図であり，群の大きさ（検査個数）が一定のとき，不適合品数によって工程を管理する場合に用いる．測定または検査個数がいつも同じ場合には，不適合品数をそのまま用いる．

計数値管理図はその他にも p 管理図（不適合品率の管理），u 管理図（サンプルの大きさが一定でないとき，単位当たりの欠点数で管理），c 管理図（サンプルの大きさが一定のとき，欠点数によって管理）などがある．

答　誤り

問33 np 管理図は，工程内の不良個数を管理するための管理図である．
［平成28年2級］

(解説)　正しい記述である．

np 管理図は，検査・測定対象となる群の大きさが一定のとき，不適合品数（不良個数）によって工程を管理する場合に用いる．測定・検査対象個数がいつも同じ場合には，不適合品数をそのまま用いて管理する．

群の大きさが異なる場合には，p 管理図，u 管理図が用いられる．

答　正しい

問34 np 管理図は，工程内の欠点数を管理するための管理図であり，欠点数を調べる単位量の大きさが等しい場合に使用する．［平成28年1級］

(解説)　誤った記述である．欠点数を管理するのは，c 管理図である．

np 管理図は，群の大きさが一定のとき，不適合品数によって工程を

管理する場合に用いる．欠点の数（不適合数）は一つの製品に2箇所の欠点（不適合）があれば2と数えるが，不適合品数は製品の数なので1と数える．

🔲 **誤り**

問 35 np 管理図を用いる例として，毎日生産量が違う工程における不適合品数の管理が挙げられる．[令和5年1級]

(解説) 誤った記述である．

np 管理図は，群の数（検査個数等）が一定のとき，不適合品数によって工程を管理する場合に用いる．

🔲 **誤り**

問 36 生産量が一定である電気部品の接点不良の個数を管理する場合，c 管理図を使用する．[平成30年1級]

(解説) 誤った記述である．

c 管理図は計数値の管理図であり，面積や長さあるいはサンプルサイズ（群の大きさ）が一定のとき，不適合数によって工程を管理する場合に用いる．一つの部品に二つの不良があると，不適合数は2とカウントされる．不適合となる製品の数で管理する場合は np 管理図を用いる．

🔲 **誤り**

＜補　足①＞

c 管理図を不適合数の管理図ともいう（従来は欠点数の管理図と呼ばれていた）．

(1)　c は，群の大きさが一定の場合，その群に含まれる不適合数を表す記号である．

(2)　管理限界線の求め方

$$\mathrm{CL} = \bar{c} = \frac{総不適合数}{群の数}$$

$$\mathrm{UCL} = \bar{c} + 3\sqrt{\bar{c}}$$

$$\mathrm{LCL} = \bar{c} - 3\sqrt{\bar{c}}$$

管理図には，中心線（CL：centre line）と上下の限界を示す上部管理限界（UCL：

第3編 機械保全法一般

upper control limit）および下部管理限界（LCL：lower control limit）があり，中心線と管理限界線を総称して管理線という．

＜補　足②＞

⑴　シューハート管理図

製造工程が統計的管理状態にあるかどうかを判断するためのグラフに，シューハート管理図がある．

製品の品質特性値はバラツクのが普通であるから，管理図は品質特性値のバラツキが異常原因（見逃せないバラツキ）か偶然原因（許し得るバラツキ）かを判定するための管理図である．

管理図は折れ線グラフに，2本の管理限界（UCL，LCL）と1本の中心線を記入して作成する．品質特性値にくせがあったり，管理限界の外に出たりすれば，異常原因があったことを示すことになる．

計量値の管理図には，次のものがある．

$\overline{X} - R$ 管理図：平均値と範囲

$\overline{X} - s$ 管理図：平均値と標準偏差

$Me - R$ 管理図：中央値と範囲

$\overline{X} - Re$ 管理図：個々の値と移動範囲

計数値の管理図には，np 管理図や c 管理図などがある．

⑵　*Me-R* 管理図（メジアンと範囲の管理図）

$\overline{X}$-R 管理図と同様に「計量値の品質特性」について使用される．測定値の大きさの順位の中央値 Me（メジアン）をプロットすればよいので，計算が簡単である．

⑶　*X* 管理図（個々の測定値の管理図）

個々の測定値をそのまま時間の順に並べていくもので，大きい変化をすばやく検出するのに適するが，小さい変化を検出する力は弱い．$\overline{X}$-R 管理図の補助として使われる．

⑷　*$\overline{X}$-R* 管理図

$\overline{X} - R$ 管理図は，$\overline{X}$ 管理図と R 管理図を組み合わせたものである．$\overline{X}$ 管理図は主として分布の平均値の変化を見るために用い，R 管理図は分布の幅や各群内のバラツキの変化を見るために用いられる．

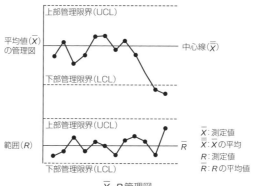

$\overline{X}$-R管理図

問37 下表のデータで$\overline{X}$-R管理図を作成する場合，Rは10である．

[令和5年2級]

項目	n1	n2	n3	n4	n5
値	10	9	11	8	12

(解説) 誤った記述である．

平均値を示すのが$\overline{X}$で，範囲を示すのがRである．

$$\overline{X} = \frac{n1+n2+n3+n4+n5}{5} = \frac{10+9+11+8+12}{5} = 10,$$

$$R = \mathrm{Max} - \mathrm{Min} = 12 - 8 = 4$$

となる．

答 誤り

問38 管理図を用いたデータ解析における計量値の例として，故障発生件数が挙げられる．[令和5年2級]

(解説) 誤った記述である．

管理図は製品の品質管理を行うもので故障発生件数に使うものではない．

答 誤り

問39 c管理図を用いる例として，それぞれの面積が異なるアルミ板を生産している工程の，表面上の傷の発生状況の管理が挙げられる．

[令和4年1級]

（解説）　誤った記述である.

　　　群れの大きさ（この場合面積）が一定の場合であれば正しい.

　　　問題の条件の場合，資料の大きさが一定でないため，単位面積当たり
の欠点数で管理する u 管理図を使用する.

（答）　誤り

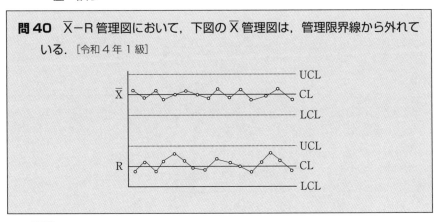

問 40　$\overline{X}$−R 管理図において，下図の $\overline{X}$ 管理図は，管理限界線から外れて
いる. ［令和 4 年 1 級］

（解説）　誤った記述である.

　　　UCL が上方管理限界，LCL が下方管理限界なので外れていない.

（答）　誤り

第4編　金属材料の基礎知識

《金属材料の種類・性質・用途》

問 1　青銅は，主成分が Cu と Zn の合金である．[令和 2・3・4 年 1 級]

(解説)　誤った記述である．

　　青銅は銅（Cu）とすず（Sn）の合金であって，銅（Cu）と亜鉛（Zn）の合金は黄銅である．黄銅は真鍮<ruby>鍮<rt>しんちゅう</rt></ruby>ともいう．

　　答　誤り

問 2　黄銅は，主成分が Cu と Ni の合金である．[令和 5 年 1 級]

(解説)　誤った記述である．前問解説参照．

　　答　誤り

問 3　青銅とは，Cu を主成分とした，Sn などを含む合金である．
[令和 2 年 2 級]

(解説)　正しい記述である．問 1 解説参照．

　　答　正しい

問 4　ジュラルミンは，Al を主成分とした，Cu と Mg を含む合金である．
[令和 4 年 2 級]

(解説)　正しい記述である．

　　ジュラルミンとは，Al と Cu，Mg などの合金である．純 Al は軽量であるが強度は小さいため，これに Cu などを加え，熱処理（溶体化処理）を加えることにより，軽量でありながら強度を持たせたものである．用途は，航空機部品や旅行ケースなど多方面に及んでいる．

　　答　正しい

第4編　金属材料の基礎知識

問5　アルミニウムは，鉄に比べ融点が低い．［令和４年２級］

(解説)　正しい記述である．

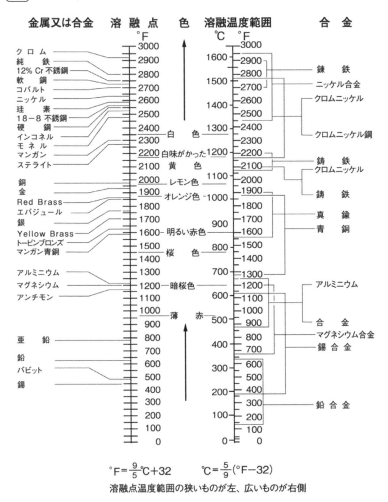

$$°F=\frac{9}{5}°C+32 \qquad °C=\frac{5}{9}(°F-32)$$

溶融点温度範囲の狭いものが左、広いものが右側

各種金属および合金の溶融温度

〔出典〕https://www.nikko-yozai.co.jp/wp/wp-content/
themes/nikko/pdf/reference/reference06.pdf

答　正しい

問6 アルミニウムは，鉄に比べ融点が高い. [令和5年2級]

(解説) 誤った記述である. 前問解説参照.

答 誤り

問7 ジュラルミンは，主成分が鋼とケイ素の合金である. [令和3年2級]

(解説) 誤った記述である. 問4解説参照.

答 誤り

問8 日本工業規格（JIS）によれば，ステンレス鋼はクロム含有率が 10.5％以上，炭素含有率が 1.2％以下の耐食性を向上させた合金鋼である. [平成29年2級]

(解説) 正しい記述である.

　　ステンレス鋼は，クロム含有量 10.5％以上，炭素含有量 1.2％以下でさびにくい合金鋼である.

　　ステンレス鋼は，耐食性以外にも耐熱性，加工性，強度など優れた特徴を備えている.

答 正しい

＜補　足＞

ステンレス鋼は，成分から，13クロムステンレス鋼，18クロムステンレス鋼，18-8ステンレス鋼の3種類に分けられる（それぞれの頭の数字はクロムとニッケルの配合比を表す. 例えば，18-8は，クロム18％とニッケル8％が入ったもの）.

　ステンレス鋼の組織では，13クロムはマルテンサイト系，18クロムはフェライト系，18-8はオーステナイト系で，この順番にさびにくい. 強さでは，マルテンサイト系が一番強く，次いでフェライト系，オーステナイト系が一番弱い.

問9 スステンレス鋼は，クロムを 10.5％以上含む合金鋼である. [令和5年2級]

(解説) 正しい記述である. 前問解説参照.

答 正しい

第4編
知識
金属材料の基礎

問10　ステンレス鋼は，炭素の含有率が高いほど耐食性を増す．
[令和元年1級]

(解説)　誤った記述である．

　　鋼材の機械的性質として，炭素の含有量の増加とともに引っ張り強さは増加し，一方，伸び，絞りおよび衝撃値は減少する．

　　ステンレス鋼において，Cr（クロム）を添加することで耐食性の向上を図っている．

答　誤り

問11　18-8ステンレス鋼は，ニッケルを約18％，クロムを約8％の割合で含有する合金鋼である．[平成28・30年・令和元年2級]

(解説)　誤った記述である．

　　18-8ステンレス鋼は鉄にクロムが18％，ニッケルが8％含有された合金鋼である．

答　誤り

＜補　足＞

　ステンレス鋼は，ニッケル－クロム鋼のオーステナイト系，クロム鋼のマルテンサイト系，フェライト系，その他の析出硬化系，オーステナイト・フェライト系に分類される．

　JIS規格では，ステンレス鋼材の材料記号はSUSとされているが，これはSteel Special Use Stainlessから取られている．

問12　18-8ステンレス鋼は，ニッケルを約8％，クロムを約18％の割合で含有する合金鋼であり，常温でもオーステナイト組織となり，軟らかくて折り曲げや切断しやすい．[平成28年1級]

(解説)　正しい記述である．

　　18-8ステンレス鋼はオーステナイト系のステンレスであり，鉄にクロム（Cr）が18％，ニッケル（Ni）が8％含有された合金鋼である．オーステナイト系ステンレス鋼は伸びがよく，絞りや張り出し成形性も高いため，複雑な形状を作ることができる．

答 正しい

> **問13** 18-8ステンレス鋼は，Crを約18%，Niを約8%の割合で含有する合金鋼であり，常温でもオーステナイト組織となり，耐食性に優れている．[平成30年1級]

(解説) 正しい記述である．

18-8ステンレス鋼はオーステナイト系のステンレスである．オーステナイト系ステンレス鋼の表面は，クロムと酸素が結びつき不動態被膜を表面に作ることにより，耐食性に優れている．

答 正しい

＜補　足＞

オーステナイト系ステンレスは，一般に18-8（18Cr-8Ni）ステンレスとも呼ばれる．冷間加工だけで硬化し，熱処理では硬化しないで軟化する，いわゆるオーステナイト組織を形成している．

> **問14** 炭素鋼は，炭素含有量により，低炭素鋼，中炭素鋼，高炭素鋼に分類される．[令和元年2級]

(解説) 正しい記述である．

炭素鋼とは，炭素含有量が0.02～2.14%以下の金属のことである．炭素含有量について，0.25%未満を低炭素鋼，0.25%以上から0.6%未満を中炭素鋼，0.6%以上を高炭素鋼という．

答 正しい

> **問15** 一般的に，鋼は，鋳鉄と比べ炭素量が少ない．[令和3年2級]

(解説) 正しい記述である．前問解説参照．

答 正しい

> **問16** 金属は，一般的に，温度が上がると電気抵抗値は減少する．[平成29年2級]

(解説) 誤った記述である．

一般に金属（導体）は温度が上がると電気抵抗値は増加する．

温度 t_0［℃］のときの抵抗を R_0［Ω］とすると，t_1［℃］のときの抵抗 R_1［Ω］は次式で求めることができる．

　　$R_1 = R_0 \{1 + \alpha_0 (t_1 - t_0)\}$

ここで，α_0 は抵抗の温度係数で正の値ある．

上式より，温度が t_0 から t_1 に上昇すると，抵抗値は増加することが分かる．半導体や絶縁体は温度係数が負であるため，温度が上昇すると抵抗値は減少する．

答　誤り

問 17　主な工業材料の 0℃ における熱伝導率の大きさは下記の通りである．［平成 29 年 1 級］

　　銅 ＞ アルミニウム ＞ 鉛 ＞ ステンレス（SUS304）＞ 炭素鋼

(解説)　誤った記述である．

0℃ における熱伝導率は，

- ・銅……………………403 W/(m・K)
- ・アルミニウム………236 W/(m・K)
- ・鉛……………………36 W/(m・K)
- ・ステンレス…………15 W/(m・K)
- ・炭素鋼………………50 W/(m・K)

である（※理科年表による）．

したがって，

　　銅 ＞ アルミニウム ＞ 炭素鋼 ＞ 鉛 ＞ ステンレス（SUS304）

となる．

答　誤り

問 18　主な工業材料の 0℃ における熱伝導率の大きさは，下記の通りである．［令和元年 1 級］

　　銅 ＞ アルミニウム ＞ 炭素鋼 ＞ 鉛 ＞ ステンレス鋼（SUS304）

(解説)　正しい記述である．前問解説参照．

答　正しい

問 19 ステンレス鋼は，軟鋼よりも熱伝導率が高い． [令和 2・3 年 1 級]

(解説) 誤った記述である．問 17 解説参照．

啻 誤り

問 20 ステンレス鋼は，軟鋼よりも熱伝導率が低い． [令和 4 年 1 級]

(解説) 正しい記述である．問 17 解説参照．

啻 正しい

問 21 銅はアルミニウムより熱伝導率が低い [令和 5 年 1 級]

(解説) 誤った記述である．問 17 解説参照．

啻 誤り

第4編 金属材料の基礎知識

《金属材料の熱処理》

> **問1**　一般的に鋼材は，質量が大きくなるほど焼入れの効果が増加し，これを質量効果という．［平成29年2級］

(解説)　誤った記述である．

　　質量効果とは，質量が大きくなるほど焼入れの効果が低下することをいう．わずかな質量（大きさ）の違いによって，焼入硬化層深さが大きく変化することを質量効果が大きいという．

　　一般的に炭素鋼は質量効果が大きく，特殊鋼は小さい．

　答　誤り

> **問2**　焼ならしとは，鋼などを適当な温度に加熱して，ある時間保持した後，炉中で徐々に冷却することである．［平成28年・令和5年2級］

(解説)　誤った記述である．

　　焼ならしは，変態温度以上に加熱し空気中で放冷する．結晶粒が微細化するので強靭性などの性質が向上し，同時に残留応力が除去できる．

　答　誤り

> **問3**　鋼の焼入れは，材料を軟らかく展延性の良い材質にするために行う．［令和3年2級］

(解説)　誤った記述である．

　　焼入れした鋼は硬くて強いがもろい．また，焼割れを起こしていなくても焼割れの原因になるような内部応力を発生していて不安定で，安定状態に復帰しようとする傾向を持っている．この一度焼入れしたものを再加熱する熱処理を焼戻しという．焼入れした鋼の内部応力を除いたり，ねばり強さを与えるために変態点以下に加熱し，冷却するものである．

　答　正しい

<補　足>

焼戻しの目的には，次のような理由があげられる．

①　焼入れのままでは大きな残留応力が存在し，仕上げ加工や使用中に変形や割れを生じやすい．

②　マルテンサイト組織は，一般に硬い反面，靭性が低く，また不安定延性破壊を起こしやすく，降伏点や弾性限度は意外に低い．そこで用途に応じて適度の靭性を持たせ，降伏点を高めるなどの必要がある．

③　マルテンサイト組織や残留オーステナイトは不安定で，使用中に安定な組織に少しずつ近づこうとして部品の形状・寸法に狂いを生じる．

☆焼戻しの適正温度

⑴　工具鋼のように硬いことを必要とする場合は，①と③に重点を置いて200℃以下の低温焼戻しを行う．

⑵　機械構造用鋼では②の大きな靭性を重視して高温焼戻しを行う．

⑶　焼戻しの温度には，200〜400℃の範囲では衝撃値が低下する部分があり，この温度は避けなければならない．（低温焼戻し脆性）

⑷　特に，Ni‐Cr鋼のような低合金鋼は，500℃付近での焼戻しは衝撃値の低下が見られるので十分に注意が必要である．（高温焼戻し脆性）

　　答　誤り

問4　高い硬度を必要とする材料に施す熱処理は，高温焼戻しより，低温焼戻しの方が適している．［令和3年1級］

(解説)　正しい記述である．問3補足参照．

　　答　正しい

問5　一般的に，高い硬度を必要とする材料に施す熱処理は，低温焼戻しより，高温焼戻しの方が適している．［令和5年1級］

(解説)　誤った記述である．問3解説参照．

　　答　誤り

問6　焼なましとは，適切な温度に加熱および均熱した後，室温に戻ったときに，平衡に近い組織状態になるような条件で冷却することからなる熱処理である．［平成28年1級］

(解説)　正しい記述である．

焼きなましとは，焼入れ前の状態にすることである．

　方法としては，SKH・SKD など高温焼入れの場合 1 050 ℃ 前後，SKS・SK など低温焼入れの場合 830 ℃前後の変態点まで上げ，体積により保持時間を経過したあと，炉内で一昼夜程徐冷する．

　例として，金型など設計変更があった場合，焼入れ後の鋼は機械加工が困難なので，焼入れ前の硬度の低い状態で機械加工を行う．現場では焼きなましのことを生すという．

　🖎 正しい

問 7　鋼の内部応力を低減するため，低温焼なましを行った．
[令和元年・2 年 1 級]

(解説)　正しい記述である．前問解説参照

　🖎 正しい

問 8　鋼の残留応力を低減する方法の 1 つとして，低温焼なましが挙げられる．[令和 4 年 1 級]

(解説)　正しい記述である．ひずみ取りともいう．問 6 解説参照

　🖎 正しい

問 9　焼なましとは，鋼などを適切な温度に加熱し，その温度を一定の時間保持した後，徐々に冷却することである．[平成 30 年・令和 2 年 2 級]

(解説)　正しい記述である．問 6 解説参照．

　焼入れ鋼に設計変更などで追加工する場合，焼なまし後，機械加工を行い再度焼入れ・焼戻し処理を行い，金型や機械部品として使う．

　🖎 正しい

問 10　高周波焼入れとは，高周波誘導加熱を利用して，金属の表面を硬化させる金属処理のことである．[平成 30 年 2 級]

(解説)　正しい記述である．

　高周波誘導電流を利用して鋼材の表面だけを急速に加熱し，急速に冷却することで表面を硬化させる金属処理である．

耐疲労度と耐摩耗性を向上でき，歯車やシャフト，平板などの機械部品の焼き入れに適している．部品の変寸や変形のリスクを最小限に抑えられることが特徴である．

答 正しい

＜補　足①＞

高周波焼入れ法は，高周波電流を通じたコイル中に被焼入れ物体を置くと，誘導電流がコイルに近接した品物の表面に集中して流れ，表面近傍が熱せられる原理を応用したものである．高周波焼入れでは加熱時間が短いので，短時間でも炭化物の溶け込みが進むように，合金鋼では特に前もって調質して微細均一な組織にしておかなければならない．この焼入れ法は研磨割れの防止と耐摩耗性の向上に役立つ．炭素鋼では，S45C，S50C の機械構造用鋼材，0.3 〜 0.4%C の低合金鋼，鋳鉄の焼入れに適している．

通常の焼入れに比べ，表面の圧縮残留応力が大きいので，疲労限度が著しく高められる利点もある．

＜補　足②＞

熱処理によって材料に生じる欠陥として，焼割れ，置割れ，焼戻割れなどがある．

（1）**焼割れ**　鋼をオーステナイト領域まで加熱後急冷し，マルテンサイト組織に変態させ硬化させる操作を焼入れというが，この急冷する際に発生する割れを焼割れという．

（2）**置割れ**　焼入れまたは焼入れ焼戻しした鉄鋼を放置しておくと，時間の経過に伴い割れが生じることがある．これを置割れという．自然割れともいう．早めの焼戻し，サブゼロ処理（0℃以下の温度に冷やす処理）によって防止できる．

（3）**焼戻し割れ**　焼入れた鋼を焼戻しする際に，急熱，急冷または組織変化を原因として生じる割れ．

> **問11**　高周波焼入れとは，高周波誘導加熱を利用して，金属の表面を硬化させる金属処理のことである．[令和4年2級]

(解説)　正しい記述である．前問解説参照．

答 正しい

問12　窒化とは，誘導加熱を利用して，金属の表面を硬化させる金属処理のことである．[令和元年 2 級]

(解説)　誤った記述である．

　金属材料の表面硬化法には次の種類がある．

　高周波焼入れ（誘導加熱を利用），火炎焼入れ，レーザー焼入れなどは金属組織が変わる温度で部分的に加熱し焼入れを行う．必要な部分のみの硬度を高めることができる．誘導加熱は IH 炊飯器や電磁調理器としても利用さている．

　窒化処理 (ガス窒化，軟窒化，プラズマ窒化など) は，金属の表面から窒素や炭素を浸透拡散させ金属表面に窒化物などの層を作り硬度を高くする．耐食性も向上させることができる．効果は，それぞれ表面から，熱処理 1 mm 以上，窒化 1 mm 以内，物理・科学表面処理は数 μ m である．

　答　誤り

問13　高周波焼入れとは，金属の表面に窒素を染み込ませ，硬化させる金属処理のことである．[令和 2 年 2 級]

(解説)　誤った記述である．設問は窒化の説明である．前問解説参照．

　答　誤り

問14　表面硬化法の窒化は，窒素を浸透させて表面を硬化させるものであり，焼入れ・焼戻しが不要なので焼割れやひずみの発生がほとんどない．[平成 29 年 1 級]

(解説)　正しい記述である．

　窒化は，窒素を鋼に浸透させて表面を硬化させる操作である．表面の硬さが非常に大きくなり，窒化後，焼入れなどの熱処理が必要ない．耐摩耗性，耐疲労性，耐腐食性，耐熱性が向上する．

　答　正しい

問 15　表面硬化法の一つである窒化は，窒素を浸透させて表面を硬化させ
るものであり，焼割れやひずみが発生しやすい． [平成 30 年 1 級]

(解説)　誤った記述である．

　　窒化は，窒素を浸透させ表面を硬化させるものであり，焼入れや焼戻
しが不要なので焼割れやひずみの発生はほとんどない．

　答　誤り

《金属の腐食・防食》

問1　配管を流れる流体の流速が非常に大きい場合に，エルボなどの曲がり部分の内面が，徐々に摩耗する現象をコロージョンという．
[平成30年2級]

(解説)　誤った記述である．

　　問題の記述は，コロージョンではなくエロージョンのものである．コロージョン＝腐食のことである．

　　エルボなどの急な曲り部分では，剥離現象が起こり摩耗を生じる．これをエロージョンといい，そこにコロージョンが生じると腐食は速い速度で進行する．

　　答　誤り

問2　エロージョンとは，配管のエルボなどの曲がり部分の内面が，徐々に摩耗する機械的な浸食現象である．[令和2年2級]

(解説)　正しい記述である．前問解説参照．

　　答　正しい

問3　金属配管の腐食・防食に関する記述のうち，適切でないものはどれか．
[平成28年1級]

ア　炭素鋼の水配管に点在する錆こぶは，こぶ内部が孔状に腐食することがある．

イ　鋼管表面に水滴がつきやすい流体を流す場合は，外面腐食の原因となりやすい．

ウ　地下ピット内（湿潤環境）を通過している鋼管などは，埋設されているものに比べ腐食環境としてはよいので，点検する必要はない．

エ　エロージョンは，固体と接する流体が関与する損傷で，流体や流体内に含まれる気泡，固体粒子などが衝突することによって生じる．

(解説)　ウが適切でない．

湿潤環境にある鋼管は，埋設配管同様，点検が必要である．

腐食による弊害は，配管腐食による水漏れ，空調機コイル腐食による異物混入，屋外機腐食による冷凍能力の低下が考えられる．

腐食防止の基本として，適正な管材，肉厚の選択，異種金属接合の防止，コイルの材料選択，空調機の塩害仕様，経年劣化の早期発見が考えられる．

答　ウ

問4 腐食に関する記述のうち，適切でないものはどれか．[平成29年1級]

ア　腐食の原因である溶存酸素は，一般的に空気の溶解によって与えられ，その濃度は，空気の圧力によって比例し温度が高いほど低い．

イ　すきま腐食では，すきま内表面と外の皮膜健全部との間でマクロ腐食電池ができ，すきま内表面が腐食する．

ウ　一般的に鋼の腐食は，pH約4～10の範囲ではH⁺（水素イオン）によって腐食し，それ以下では溶存酸素による腐食が主体となる．

エ　固体粒子を含む気体に接する材料が損傷される現象をサンドエロージョンといい，固体粒子の空気輸送におけるパイプやバルブなどに生じる．

（解説）ウが適切でない．

弱酸性～弱アルカリ性であるpH4～10の範囲では，水素イオンの量が少ないので，腐食反応の主体は溶存酸素となる．

pHが4以下の強酸性の場合は，水素イオンが豊富であり，腐食反応の主体は水素イオンとなる．

答　ウ

第4編　金属材料の基礎知識

問 5　腐食に関する記述のうち，適切でないものはどれか．[平成 29 年 2 級]

　ア　引張応力を受けるオーステナイト系ステンレス鋼は，高温で塩化物が存在する環境では，応力腐食割れを生じることがある．

　イ　軸受部のはめあいで発生したクリープ現象が繰り返されると，フレッチングコロージョンを起こす．

　ウ　腐食性流体が流れる配管のエルボやチーズでは，エロージョンやコロージョンは発生しにくい．

　エ　配管のデッドエンド（行き止まり配管）は内部流体がほとんど流れないが，腐食検査の対象とする．

〔解説〕　ウが適切でない．

　　　　　管路のエルボやチーズのように流れの方向が急に変化する箇所は，エロージョンやコロージョンが発生しやすい．

　　　图　ウ

<補　足>

　エロージョンとは浸食のことで，機械的な力によって材料表面を変形・劣化させ，少しずつ材料を脱離させその場所に減肉を生じさせることである．したがって，セラミックスやプラスチックなどの非金属材料にも生じる．

　コロージョンとは化学作用による腐食のことである．

　したがって，エロージョン・コロージョンとは，エロージョンにより皮膜が破れたために生じる腐食のことをいう．

問 6　腐食に関する記述のうち，適切でないものはどれか．[平成 30 年 1 級]

　ア　異種金属接触腐食とは，異種の金属同士が接触している部位でガルバニック電池が形成されることで発生する腐食のことである．

　イ　応力腐食割れとは，ステンレス鋼などに引張応力が加わった状態で腐食性雰囲気中に置かれたとき，亀裂が発生する現象である．

　ウ　ピッチングとは，金属内部に向かって孔状に進行する局部腐食のことで，ステンレスには発生しない．

　エ　すきま腐食は，同種金属間のすきまでも発生する．

〔解説〕　ウが適切でない．

　ピッチング（孔食）とは，金属内部に向かって孔状に進行する局部腐食のことで，表面の不動態被膜が破壊されて発生する．ステンレスにも発生する．

答　ウ

第5編　安全衛生

《労働安全衛生法関係法令》

> **問1**　労働安全衛生マネジメントシステム（OSHMS）とは，PDCAサイクルの過程を定め，継続的な安全衛生管理を自主的に進めることにより，事業場の安全衛生水準の向上を図る仕組みである．[令和元年1級]

(解説)　正しい記述である．

事業者が労働者の協力のもと，PDCAサイクル（計画：Plan，実施：Do，評価：Check，改善：Act）を定めて，継続的な安全衛生管理を自主的に進めることにより，労働災害の防止と労働者の健康増進及び快適な職場環境の形成により，事業場の安全衛生水準の向上を図ることを目的とした安全衛生管理の仕組みである．

答　正しい

> **問2**　労働災害に関する指標の中で，強度率は，1000延べ実労働時間あたりの延べ労働損失日数をもって，災害の重さの程度を表したものである．[令和3年2級]

(解説)　正しい記述である．

強度率 ＝（延労働損失日数 / 延実労働時間数）× 1 000

＜補　足＞

「度数率」とは，100万延べ実労働時間当たりの労働災害による死傷者数で，災害発生の頻度を表す．ただし，本概況における度数率は，休業1日以上及び身体の一部又は機能を失う労働災害による死傷数数に限定して算出している．

度数率 ＝（労働災害による死傷者数 / 延実労働時間数）× 1 000 000

答　正しい

問3　労働者が1,000人の事業場で，1人あたりの年間総労働時間が1,500時間の場合，この期間に災害による死傷者数を3人出したときの度数率は，2である．[令和4年1級]

(解説)　正しい記述である．

度数率＝（労災死者数／延実労働時間）×1 000 000

　　　　＝（3人／（1 500時間／人×1 000人））×1 000 000＝2

※延実働なので1 000人の積とする．

答　正しい

問4　労働災害に関する指標の中で，年千人率は，下記の式で求められる．
[令和4年2級]

年千人率＝（1年間の死傷者数÷1年間の平均労働者数）× 1,000

(解説)　正しい記述である．

労災の指標には度数率，強度率，年千人率がある．

度数率は，100万延べ実労働時間当たりの労働災害による死傷者数をもって，労働災害の頻度を表すもの．ただし，度数率は休業1日以上および身体の一部または機能を失う労働災害による死傷者数に限定して算出している．統計をとった期間中に発生した労働災害による死傷者数を同じ期間中の延べ実労働時間数で割り，それに100万を掛けた数値である．

$$度数率＝\frac{労働災害による死傷者数}{延べ実労働時間数}×1\,000\,000$$

強度率は，1 000延べ実労働時間当たりの延べ労働損失日数をもって災害の重さの程度を表したもの．統計をとった期間中に発生した労働災害による延べ労働損失日数を同じ期間中の全労働者の延べ実労働時間数で割りそれに1 000を掛けた数値である．

$$強度率＝\frac{延べ実働損失日数}{延べ実労働時間数}×1\,000$$

年千人率は，1年間の労働者1,000人当たりに発生した死傷者数の割合を示すものである．

$$何千人率 = \frac{1年間の死傷者数}{1年間の平均労働者数} \times 1\,000$$

答　正しい

問5　労働災害に関する指標の中で，度数率は，下記の式で求められる．

[令和5年1級]

（1年間の死傷者数÷1年間の平均労働者数）×1,000

(解説)　誤った記述である．前問解説参照．

答　誤り

問6　労働安全衛生法によれば，労働者50人以上の事業所では，社内研修を受けた者から安全管理者を選任しなければならないと定められている．[平成29年1級]

(解説)　誤った記述である．

　　　労働安全衛生法第11条および労働安全衛生法施行令第3条により，常時50人以上の労働者を使用する事業場では安全管理者を選任しなければならないが，安全管理者の資格については，労働安全衛生規則第5条に定められている．

　　　第5条　法第11条第1項の厚生労働省令で定める資格を有する者は，次のとおりとする．

　　一　次のいずれかに該当する者で，法第10条第1項各号の業務のうち安全に係る技術的事項を管理するのに必要な知識についての研修であって厚生労働大臣が定めるものを修了したもの

　　　　イ　学校教育法による大学又は高等専門学校における理科系統の正規の課程を修めた者で，その後2年以上産業安全の実務に従事した経験を有するもの

　　　　ロ　学校教育法による高等学校又は中等教育学校において理科系統の正規の学科を修めて卒業した者で，その後4年以上産業安全の実務に従事した経験を有するもの

　　二　労働安全コンサルタント

　　三　前二号に掲げる者のほか，厚生労働大臣が定める者

第5編
安全衛生

　　したがって，社内研修を受けただけの者は，安全管理者として選任でき
ない．

　　答　誤り

問7　労働安全衛生法において，業種にかかわらず労働者が常時 50 人以上
の事業所では，厚生労働大臣が定める研修を受けた者から安全管理者を
選任しなければならないと定められている．[平成 30 年 1 級]

(解説)　誤った記述である．研修を修了した者だけではない．前問解説参照．

　　答　誤り

問8　労働安全衛生法において，建設業や製造業等の業種に属する事業所で
労働者が常時 50 人以上の事業所では，安全管理者を選任しなければな
らないと定められている．[令和元年・4・5 年 1 級]

(解説)　正しい記述である．問 6 解説参照．

　　答　正しい

問9　労働安全衛生関係法令によれば，機械の回転軸，ベルトなどで危険を
及ぼす恐れのある部分には，覆い，囲いなどを設けなければならない．
[平成 28 年 2 級]

(解説)　正しい記述である．

　　労働安全衛生規則第 101 条（原動機，回転軸等による危険の防止）に
おいて，次のように規定されている．

　　第 101 条　事業者は，機械の原動機，回転軸，歯車，プーリー，ベル
ト等の労働者に危険を及ぼす恐れのある部分には，覆い，囲い，スリー
ブ，踏切橋を設けなければならない．

　　答　正しい

> **問 10**　労働安全衛生関係法令によれば，事業者は，通路または作業箇所の
> 上にあるベルトで，プーリ間の距離が 3 m 以上，幅が 15 cm 以上お
> よび速度が毎秒 10 m 以上であるものには，その下方に囲いを設けな
> ければならない．[平成 28 年 1 級]

(解説)　正しい記述である．

　　労働安全衛生規則第 102 条（ベルトの切断による危険の防止）におい
て，次のように規定されている．

　　第 102 条　事業者は，通路又は作業箇所の上にあるベルトで，プーリー
間の距離が 3 メートル以上，幅が 15 センチメートル以上及び速度が毎
秒 10 メートル以上であるものには，その下方に囲いを設けなければな
らない．

　　答　正しい

> **問 11**　労働安全衛生法において，動力により駆動されるプレス機械を 5
> 台以上有する事業所では，プレス機械作業主任者を選任しなければなら
> ないと定められている．[平成 30 年 1 級]

(解説)　正しい記述である．

　　労働安全衛生法第 14 条（作業主任者）において，

　　第 14 条　事業者は，高圧室内作業その他の労働災害を防止するため
の管理を必要とする作業で，政令で定めるものについては，都道府県労
働局長の免許を受けた者又は都道府県労働局長の登録を受けた者が行う
技能講習を修了した者のうちから，厚生労働省令で定めるところにより，
当該作業の区分に応じて，作業主任者を選任し，その者に当該作業に従
事する労働者の指揮その他の厚生労働省令で定める事項を行わせなけれ
ばならない．

と定められており，労働安全衛生法施行令第 6 条（作業主任者を選任す
べき作業）において，

　　第 6 条　法第 14 条の政令で定める作業は，次のとおりとする．

　　七　動力により駆動されるプレス機械を 5 台以上有する事業場におい
　　　　て行う当該機械による作業

第5編
安全衛生

と定められており，正しい．

答　正しい

<補　足>

上記の他，作業主任者を専任しなければならない作業として，次のようなものが定められている．

一　高圧室内作業（潜函工法その他の圧気工法により，大気圧を超える気圧下の作業室又はシャフトの内部において行う作業に限る．）

二　アセチレン溶接装置又はガス集合溶接装置を用いて行う金属の溶接，溶断又は加熱の作業

四　ボイラー（小型ボイラーを除く．）の取扱いの作業

六　木材加工用機械（丸のこ盤，帯のこ盤，かんな盤，面取り盤及びルーターに限るものとし，携帯用のものを除く．）を５台以上（当該機械のうちに自動送材車式帯のこ盤が含まれている場合には，３台以上）有する事業場において行う当該機械による作業

八　次に掲げる設備による物の加熱乾燥の作業

イ　乾燥設備（熱源を用いて火薬類取締法第２条第１項に規定する火薬類以外の物を加熱乾燥する乾燥室及び乾燥器をいう．以下同じ．）のうち，危険物等（別表第一に掲げる危険物及びこれらの危険物が発生する乾燥物をいう．）に係る設備で，内容積が１立方メートル以上のもの

ロ　乾燥設備のうち，イの危険物等以外の物に係る設備で，熱源として燃料を使用するもの（その最大消費量が，固体燃料にあっては毎時10キログラム以上，液体燃料にあっては毎時10リットル以上，気体燃料にあっては毎時１立方メートル以上であるものに限る．）又は熱源として電力を使用するもの（定格消費電力が10キロワット以上のものに限る．）

二十一　別表第六に掲げる酸素欠乏危険場所における作業

二十三　石綿若しくは石綿をその重量の0.1パーセントを超えて含有する製剤その他の物（以下「石綿等」という．）を取り扱う作業（試験研究のため取り扱う作業を除く．）又は石綿等を試験研究のため製造する作業

問12 労働安全衛生法において，動力により駆動されるプレス機械を3台以上有する事業所では，プレス機械作業主任者を選任しなければならないと定められている．[令和2・3年1級]

(解説) 誤った記述である．前問解説参照．

答　誤り

問13 労働安全衛生法によれば，動力により駆動されるプレス機械を3台以上有する事業所では，プレス機械作業主任者を選任しなければならないと定められている [平成29年1級]

(解説) 誤った記述である．

問11解説のように，プレス機械作業主任者を選任しなければならないのは，プレス機械を5台以上有する事業所である．

答　誤り

問14 労働安全衛生規則において，高さ1.8メートルに設置された作業床の開口部付近で作業するときは，安全帯の使用は規定されていない．[平成30年2級]

(解説) 正しい記述である．

労働安全衛生規則第519条では，次のように規定している．

第519条　事業者は，高さが2メートル以上の作業床の端，開口部等で墜落により労働者に危険を及ぼすおそれのある箇所には，囲い，手すり，覆おおい等を設けなければならない．

2　事業者は，前項の規定により，囲い等を設けることが著しく困難なとき又は作業の必要上臨時に囲い等を取りはずすときは，防網を張り，労働者に安全帯を使用させる等墜落による労働者の危険を防止するための措置を講じなければならない．

したがって，高さ1.8メートルの箇所における安全帯の使用は，規定されていない．

答　正しい

第5編 安全衛生

問 15　粉塵障害防止規則において，粉塵作業を行う屋内の作業場所については，毎日 1 回以上，清掃を行わなければならないと定められている.
［令和 5 年 2 級］

(解説)　正しい記述である.

　　労働安全衛生法施行令で昭和 54 年労働省令第十八号として，作業員のじん肺防止のため，粉じん障害防止規則が施行された.

　　https://elaws.e-gov.go.jp/document?lawid=354M50002000018_20231001
_505M60000100029

　　上記省令の第 24 条（清掃の実施）で定められている.

　　圏　正しい

問 16　クレーン等安全規則において，ワイヤロープ等を用いて玉掛け作業を行うときは，その日の作業を開始する前に当該ワイヤロープ等の異常の有無について点検を行わなければならない.　［令和元年 2 級］

(解説)　正しい記述である.

　　クレーン等を運転する作業と同時に玉掛け作業を行う際，事業主は必ずクレーン・デリック運転士，移動式クレーン運転士などの資格ならびに玉掛け資格を有するものに作業させなければならない. また，事業者は，クレーンを用いて作業を行なうときは，作業開始前に次の事項を点検しなければならない.

　　①　巻過防止装置，ブレーキ，クラッチおよびコントローラーの機能
　　②　ランウエイの上およびトロリが横行するレールの状態
　　③　ワイヤロープが通っている箇所の状態

　　圏　正しい

問 17　クレーン等安全規則によれば，ワイヤロープは，一撚りの間で素線数の断線率が 20 ％であれば使用できる.　［令和元年 1 級／令和 2 年 2 級］

(解説)　誤った記述である.

　　一撚り（1 ピッチ）の間で総素線数の 10 ％以上断線しているものは廃棄しなければならない. また，直径の減りが公称径の 7 ％を超えるも

のも廃棄しなければならない.

答　誤り

問 18　クレーン等安全規則によると，玉掛け作業において，ワイヤロープ の直径の減少が公称径の 7% を超えるものは使用不可である.
［令和 4 年 2 級］

(解説)　正しい記述である.　前問解説参照.

　　　摩耗による直径の減少が公称径の 7% を超えるものは廃棄する.

　　　例：ワイヤロープ φ 12 mm の場合，公称径の 93 % の φ 11.16 mm より細くなったものは廃棄とする.

答　正しい

問 19　切断荷重が 6t の吊りワイヤロープ 1 本で吊れる最大質量は，3t である.　［令和 5 年 2 級］

(解説)　誤った記述である.

　　　ワイヤーロープ 安全荷重表によれば，

　　　https://www.milcon.co.jp/product/product/usefull/pdf/wire.pdf

　　　切断荷重の 0.16 倍なので約 1 t である.

　　　ワイヤーロープの安全荷重として，安全率を 6 としている.　切断荷重の 1/6 以下なるようするため，最大荷重は 1 t となる.

答　誤り

問 20　クレーン用ワイヤロープに関する記述のうち，適切でないものはどれか．[令和 4 年 1 級]

ア　ワイヤロープにおいて，ウォーリントンシールタイプは，フィラータイプに比べ，疲労破断に対する安全率が高い．

イ　ワイヤロープの 1 撚りの間において，フィラ線を除く素線の数が10％以上切断している場合は，使用してはならない．

ウ　ワイヤロープの直径が公称径に対して 7％を超えて減少している場合には，使用してはならない．

エ　ワイヤロープの直径は，外接円の直径のもっとも長い箇所を測定する．

(解説)　エが適切でない．

　　　　ワイヤロープの直径は外接円の直径を測るが、ロープ端から 1.5 m 以内を除く任意の点 2 か所以上を測定しその平均値で表す。

＜補　足＞

ウォーリントンシールタイプ（形）はシールタイプ（形）とウォーリントンタイプ（形）とを組み合わせたもので，耐疲労性（疲労破断に対する安全性が高い）が非常に優れ，また柔軟性に富みさらに耐摩耗性にも優れているため，さまざまな用途に使用されている．フィラータイプ（形）は，柔軟性，耐疲労性，耐摩耗性のバランスが良く，平行よりロープの中で最も広範囲に使用されている．

シール形　　　ウォーリントン形　　フィラー形　　　ウォーリントンシール形
6×S(19)　　　6×W(19)　　　6×Fi (25)　　　6×WS(36)

並行よりロープの断面図
〔出典〕https://www.tokyorope.co.jp/product/wirerope/outline.html

問 21　労働安全衛生法には，「健康の保持増進のための措置」という項があるが，健康管理に関する項目は規定されていない．[平成 28 年 2 級]

(解説)　誤った記述である．

　　　　健康管理に関する項目を列挙すると次のような規定がある．

〈労働安全衛生法関係〉

①産業医（第 13 条，第 13 条の 2）

②健康診断（法 66 条）

③自発的健康診断の結果の提出（法 66 条の 2）

④健康診断の結果の記録・意見聴取（法 66 条の 3，法 66 条の 4）

⑤健康診断実施後の措置（法 66 条の 5）

⑥一般健康診断の結果の通知（法 66 条の 6）

⑦保健指導等（法 66 条の 7）

⑧健康管理手帳（法 67 条）

⑨健康教育等（法 69 条）

答　誤り

＜補　足＞

健康の保持増進のための措置は，労働安全衛生法第 7 章（第 64 条〜第 71 条）に規定されている．

問 22　C 火災とは，電気設備などの火災のことである．[令和元年 2 級]

(解説)　正しい記述である．

消火器には次表のような表示がされている．

火災の区分	A 火災 （普通火災）	B 火災 （油火災）	C 火災 （電気火災）
絵表示			
絵表示の色	炎は赤色， 可燃物は黒色， 地色は白色	炎は赤色， 可燃物は黒色， 地色は黄色	電気の閃光は黄色， 地色は青色

第 5 編
安全衛生

答　正しい

＜補　足＞

A 火災とは B 火災以外の火災をいい，木，紙，布等の火災，一般の建築物，工作物の火災をいう．一般火災，普通火災，建築物その他の工作物の火災ともいう．

B 火災とは油火災のこと．第 4 類危険物，指定可燃物の可燃性固体類および可燃性液体類の火災をいう．

電気火災は，変圧器，配電盤その他これらに類する電気設備の火災をいう．C火災ともいう．

> **問23**　C火災を消火する方法の1つとして，強化液消火薬剤を棒状放射することが挙げられる．[令和2・3年1級]

(解説)　誤った記述である．

　　C火災とは，電気設備の火災のことで，電線，変圧器，モータなどの異常加熱による火災を示す．電気火災であるため，水系の消火器では感電の危険があるため，棒状の強化液や棒状の水，泡系の消火薬剤が入った消火器は使用できない．そのため，霧状の強化液，霧状の水，ガス系，粉末系の消火剤を使用する．

　　ビルの電気室は，消火能力と消火後の復旧が容易であるため，一般的にガス系の消火剤（二酸化炭素など）を使用する．

　　答　誤り

> **問24**　B火災とは，木材，紙，繊維などが燃える火災のことである．
> [令和2・4年2級]

(解説)　誤った記述である．設問はA火災の説明である．問22解説参照．
　　答　誤り

> **問25**　B火災は，石油やガソリンなどが燃える火災である．[令和3年2級]

(解説)　正しい記述である．問22解説参照
　　答　正しい

> **問26**　B火災を消火する方法の1つとして，水（浸潤剤等入）消火器で棒状放射することが挙げられる．[令和4年1級]

(解説)　誤った記述である．

　　油火災において，強化液消火器が優れており，A火災，B火災，C火災（霧状に放射）に使用できる．

　　水消火器（浸潤剤等入）はA火災，C火災（霧状に放射）に使用できるが，B火災には使用できない．

咨　誤り

問27　B火災を消火する方法の1つとして，強化液消火器で霧状放射することが挙げられる．[令和5年1級]

(解説)　正しい記述である．前問解説参照．

咨　正しい

問28　消火器は，火災の性質により4種類に分類される．[平成29年2級]

(解説)　誤った記述である．

　問22解説のように，「A火災」「B火災」「電気火災」の3種類に分類されている．

咨　誤り

＜補　足＞

消火方法には，「冷却消火」「窒息消火」「抑制消火」がある．

　温度を下げる冷却消火は「水・泡系」，酸素の供給を遮断する窒息消火は「泡」「ガス系」「粉末系」，"可燃物，酸素，熱源"間で起きている化学反応の連鎖をストップする抑制消火は「霧状の強化液」，「ハロゲン化物」「粉末系」がある．

問29　酸素欠乏症等防止規則において，酸素欠乏とは空気中の酸素濃度が15％未満である状態をいう．[平成28年1級／令和元年2級]

(解説)　誤った記述である．

　酸素欠乏症等防止規則第2条第1項第一号において，

　一　酸素欠乏　空気中の酸素の濃度が18パーセント未満である状態
　　をいう

と定義されている．

咨　誤り

問30　酸素濃度が16％の場合，酸素欠乏状態にあるといえる．
[令和3年2級]

(解説)　正しい記述である．前問解説参照．

咨　正しい

第5編
安全衛生

問31　空気中の酸素濃度が 19% の場合，酸素欠乏状態にあるといえる．
［令和 4 年 2 級］

（解説）　正しい記述である．問 29 解説参照

答　誤り

問32　酸素欠乏症等防止規則において，酸素欠乏とは，空気中の酸素濃度
が 18% 未満である状態と定められている．［令和 2 年 2 級］

（解説）　正しい記述である．問 29 解説参照．

答　正しい

問33　酸素欠乏症等防止規則において，作業開始前に作業場の空気中の酸
素の濃度を測定した際は，その都度測定日時や測定方法などの 7 つの
事項を記録し，これを 3 年間保存しなければならない．
［令和元年・2 年 1 級］

（解説）　正しい記述である．
　　　　酸素欠乏症等防止規則第 3 条第 2 項において，次のように規定されて
いる．
　　　一　測定日時
　　　二　測定方法
　　　三　測定箇所
　　　四　測定条件
　　　五　測定結果
　　　六　測定を実施した者の氏名
　　　七　測定結果に基づいて酸素欠乏症等の防止措置を講じたときは，当
　　　　　該措置の概要

答　正しい

問34　SDS（安全データシート）は，設備で発生した災害の内容と，そ
の対策を記録した資料である．［令和 5 年 1 級］

（解説）　誤った記述である．

　　　SDS とは，「安全データシート」の SafetyData Sheet の頭文字をとっ
たもので，事業者が化学物質及び化学物質を含んだ製品を労働環境にお
ける使用及び他の事業者に譲渡・提供する際に交付する化学物質の危険
有害性情報を記載した文書である.

　答　誤り

問 35　KYT（危険予知訓練）の４ラウンド法において，４ラウンド目に
行うのは，対策樹立である. [令和３年１級]

（解説）　誤った記述である.

　　　中災防 https://www.jisha.or.jp/index.html によると，危険予知訓練で
ある KYT とは，K：危険　Y:予知　T：トレーニングの頭文字からきて
いる.

　　　４ラウンド法とは，危険予知活動を進めるには，まず，KYT の体験学
習が基本となり,KYT は４ラウンド(R)法でホンネの話し合いを進める.

　　　第 1R（現状把握）どんな危険がひそんでいるか？

　　　第 2R（本質追究）これが危険のポイントだ.

　　　第 3R（対策樹立）あなたならどうする.

　　　第 4R（目標設定）私たちはこうする.

　答　誤り

問 36　KYT（危険予知訓練）の４ラウンド法において，３ラウンド目に
行うのは，対策樹立である. [令和４年１級]

（解説）　正しい記述である. 前問解説参照.

　答　正しい

問 37　KYT（危険予知訓練）の４ラウンド法において，４ラウンド目に
行うのは，目標設定である. [令和５年１級]

（解説）　正しい記述である. 問 35 解説参照.

　答　正しい

第5編
安全衛生

第6編　機械系保全法

《機械の主要構成要素の種類と用途》

問1　クラウニングを大きくつけると，歯当たりの長さが長くなる．
[平成28年1級]

(解説)　誤った記述である．

クラウニングは，図に示すように，片当たりを防ぎ，歯当たりを歯幅中央に集中させることを目的とする，歯車の両側端に向かう歯幅全体にわたる歯厚の漸減である．したがって，クラウニングを大きくつけると，歯当たりの長さは「長く」なるのではなく「短く」なる．

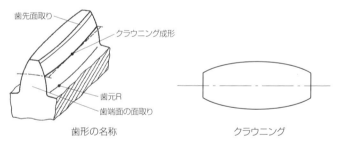

歯先面取り
クラウニング成形
歯元R
歯端面の面取り

歯形の名称　　　　　　　クラウニング

答　誤り

問2　歯車の名称と特徴の組合せとして，適切でないものはどれか.
［平成28年2級］

	名称	特徴
ア	平歯車	歯すじが軸に平行で，直線である
イ	ラックとピニオン	ピッチ円の直径を無限大にした歯車と，軸が平行の小歯車がかみ合ったものである
ウ	やまば歯車	歯すじが軸に平行で，つるまき線状である
エ	内歯車	円筒の内側に歯が切られている.

(解説)　ウが適切でない.

やまば歯車は，左ねじれと右ねじれのはすば歯車を
組み合わせたもので，歯すじはつるまき線状である
が，軸に平行ではない.

2軸の相対位置は平行で，軸方向のスラスト荷重が発
生しないのでスラスト軸受けを必要としない.

答　ウ

やまば歯車

問3　歯車に関する記述のうち，適切でないものはどれか.　［平成29年1級］
ア　減速機の騒音を少なくするために，平歯車をはすば歯車に設計変更した.
イ　平行な2軸に取り付けて使用する，はすば歯車を製作するとき，歯の
ねじれ角度を同一にし，ねじれを逆方向にした.
ウ　すぐばかさ歯車は，まがりばかさ歯車と比較して，歯当たり面積，強度，
耐久性が劣る.
エ　ねじ歯車は，一対の歯車の軸が平行でもなく，また，交わらない場合に
は使用されない.

(解説)　エが適切でない.

ねじ歯車は，円筒歯車（はすば歯車）の対を，食
い違い軸間の運動伝達に利用したときの名称. した
がって，一対の歯車の軸が平行せず，また，交わら
ない場合に使用される. 静かであるが，比較的に軽
負荷でなければ使えない.

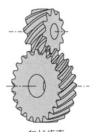

ねじ歯車

　　　答　エ

<補　足>

　すぐばかさ車は，歯すじが直線のかさ歯車で，比較的制作が容易であるため，動力伝達用かさ歯車として最も普及している.

　まがりばかさ車は，歯すじが曲線で，ねじれ角をもったかさ歯車である. すぐばかさ車より製作が難しいが，強く，静かな歯車として広く使われている.

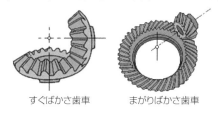

すぐばかさ歯車　　　　まがりばかさ歯車

問4　歯車に関する記述のうち，適切でないものはどれか. ［平成30年1級］
　ア　内歯車は，円筒の内側に歯を刻んだもので，外歯車とかみ合うときの回転方向は同一であり，遊星歯車装置に用いられる.
　イ　やまば歯車は，軸方向の力が発生する.
　ウ　まがりばかさ歯車は，高負荷・高速運転に適するため，自動車や船舶の最終減速装置などに用いられる.
　エ　はすば歯車は，2軸の相対位置が平行な場合に用いられる.

（解説）　イが適切でない.

　　　　　軸推力が互いに打ち消されるため，軸方向の力は発生しない.

　　　答　イ

<補　足>

（1）　**やまば歯車**（ダブルヘリカルギヤ）は，はすば歯車で生じる軸方向のスラストをなくすために，左右の傾きが対象のはすば歯車の一対を組み合わせたものである. したがって，速度比が大きい場合でも，高速かつ円滑な回転ができる. 船舶用タービンや減速機などの大型の強力歯車として使われる.

（2）　**かさ歯車**は，ピッチ面が円すい形の摩擦車の表面に歯を付けたもので，2軸が直角な場合の伝動に用いられる. かさ歯車のひとつ，すぐばかさ歯車は工作機械などに広く用いられる. その他，はすばかさ歯車，マイタ歯車などがある.

(3)　遊星歯車装置は，1組の互いにかみ合う歯車において，両歯車がそれぞれ回転すると同時に一方の歯車が他方の歯車の軸を中心にして公転する装置をいい，中心軸に取付けられた外歯車を太陽歯車，中心軸の周りを公転する歯車を遊星歯車という．一般に，大きい減速比を得る場合に適している．

(4)　**はすば歯車**はヘリカルギアとも呼ばれ，漢字では「斜歯歯車」と書く．2軸は平行だが，歯が軸に対して傾いてらせん状になっている．軸方向にスラストが発生するが，平歯車に比べて衝撃や騒音，振動も少なく，大きな伝動力を必要とする伝動装置，減速機等に使われる．平歯車より強度は大きいが，回転中，軸方向に力がかかるのが欠点である．

はすば歯車

問5　歯車に関する記述のうち，適切でないものはどれか．［令和2・3年1級］

ア　はすば歯車は，2軸の相対位置が平行な場合に用いられる．

イ　まがりばかさ歯車は，高負荷・高速運転に適するため，自動車や船舶の最終減速装置などに用いられる．

ウ　内歯車は，円筒の内側に歯を刻んだもので，かみ合う外歯車との回転方向は同一である．

エ　やまば歯車は，軸方向の力が発生する．

解説　エが適切でない．前問解説参照．

答　エ

問6　下記の歯車に関する文中の（　）内に当てはまる記述として，適切なものはどれか．［令和元年2級］

「バックラッシとは，（　）である．」

ア　歯底から相手歯車の歯先までのすきま

イ　歯車をかみ合わせたときの歯面間のあそび

ウ　歯すじ方向の修正のために，歯面の両端部を適度に逃がす方法

エ　工具の先端が歯車の歯元における歯形曲線を削り取る現象

解説　イが適切である．

　　ア　頂隙（歯先すきま）という．

　　ウ　エンドレリーフ（レリービング）という．歯すじ方向の修正方法

である．歯車の製作誤差や組立て誤差によって歯当たりが歯幅の一方に偏ってしまうことを防ぐため，歯幅両端部を逃がして歯幅中心部に歯当たりを集中させる．

エ　切り下げという現象である．切り下げが生じると，かみ合い長さの減少や歯の曲げ強度が低下する．

答　イ

問7　標準平歯車の全歯たけ(h)をモジュール(m)で表したときの式として，適切なものはどれか．[平成29・30年・令和3年2級]

　ア　$h \geqq 0.25m$
　イ　$h \geqq 1.25m$
　ウ　$h \geqq 2.25m$
　エ　$h \geqq 3.25m$

(解説)　ウが適切である．

全歯たけは，歯末のたけと歯元のたけの和である．平歯車では，歯末のたけ $h_a = m$，歯元のたけ $h_f \geqq 1.25m$ であるから，全歯たけ h は，

$$h = h_a + h_f$$

$$\therefore \quad h \geqq 2.25m$$

正解はウである．

答　ウ

＜補　足①＞

標準平歯車とは，転位のない平歯車のことをいう．

平歯車の全歯たけとは，図に示すように，歯末のたけと歯元のたけを合計したものをいう．

歯末のたけは，歯先円と基準円との半径方向距離，歯元のたけとは，歯底円と基準円との半径方向距離であるから，全歯たけとは，歯先円と歯底円との半径方向距離ということになる．

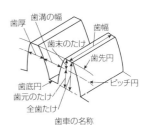

歯車の名称

＜補　足②＞

(1)　**モジュール**とは，基準面でのピッチを円周率で除し，ミリメートル単位で表示した値のことである．すなわち，ピッチ円直径 d と歯数 z により，モジュー

ル（m）$=d/z$ の式で求められる．JIS では，歯の大きさを表すのにモジュールに
よることが原則とされ，モジュールの値が大きければ歯は大きくなる．

（2）**インボリュート歯形**とは，下図のようなインボリュート曲線を歯形に使用
したもので，歯面が同一曲線のため中心距離が多少違っても正しくかみ合う利点
をもち，製作がしやすく互換性も良いので，動力伝達用歯車に広く用いられている．

（3）**サイクロイド歯形**とは，下図のように外転サイクロイドを歯先とし，内転サ
イクロイドを歯元とする歯の形である．歯先と歯元で曲線が違うのでかみ合いに精
度を要し，製作が困難である．ただし，かみ合い時に滑りがないため回転が円滑で
歯面が摩耗しにくい長所があり，精密機械や測定器の小型歯車に用いられている．

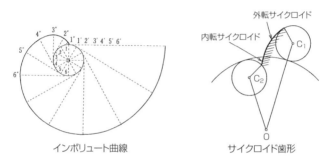

インボリュート曲線　　　　　　　　サイクロイド歯形

問8　1組の平歯車において，モジュール5mm，中心距離160mm，速
度伝達比3の場合，それぞれの歯車の歯数の組合せとして，適切なも
のはどれか．[令和4・5年1級]

ア　12と32

イ　12と36

ウ　16と32

エ　16と48

(解説)　エが適切である．

速度伝達比（減速比）は3なので，イかエになる．

$$歯車中心距離\ a_1 = \frac{m(z_1 + z_2)}{2} = \frac{5(12 + 36)}{2} = 120 \neq 160$$

なのでイではない．

$$歯車中心距離\ a_2 = \frac{m(z_1 + z_2)}{2} = \frac{5(16 + 48)}{2} = 160$$

なのでエが正解.

<補　足>

別解

$z_1 = 3z_2$ より式に代入すると,

$$\frac{m(z_1 + z_2)}{2} = \frac{5(4z)}{2} = 10z = 160$$

よって, $z_2 = 16$, $z_1 = 48$ となる.

答　エ

問 9　標準平歯車の歯末のたけ h をモジュール m で表したときの式として, 適切なものはどれか. [令和元年 2 級]

ア　$h \geqq 1.00m$

イ　$h \geqq 1.25m$

ウ　$h \geqq 2.00m$

エ　$h \geqq 2.25m$

(解説)　アが適切である. 問 7 解説参照.

答　ア

問 10　標準平歯車の歯元のたけ h_f をモジュール m で表したときの式として, 適切なものはどれか. [令和 2 年 2 級]

ア　$h_f \geqq 1.00m$

イ　$h_f \geqq 1.25m$

ウ　$h_f \geqq 2.00m$

エ　$h_f \geqq 2.25m$

(解説)　イが適切である. 問 7 解説参照.

答　イ

第6編
機械系保全法

問11 モジュール6mm，歯数30の歯車の円ピッチとして，もっとも近い数値はどれか. [令和4・5年2級]

ア　5mm

イ　18.8mm

ウ　24.4mm

エ　180mm

(解説)　イが適切である.

円ピッチ p とピッチ円 d は異なる.

$$円ピッチ（p）= \frac{円周（\pi d）}{歯数（z）} = \frac{\pi \times 6 \times 30}{30} = 18.84$$

$$= \pi z = 3.14 \times 6 = 18.84$$

＜補　足＞

ピッチ円（d）$= mz = 6 \times 30 = 180$

答　イ

問12 ねじに関する記述のうち，適切でないものはどれか.

[平成28・30年2級]

ア　ねじのピッチとは，隣り合ったねじ山の中心同士を結んだ距離のことである.

イ　ねじの呼び径とは，ねじ山とねじ溝の幅が等しくなるような仮想的な円筒の直径のことである.

ウ　ねじのリードとは，ねじを1回転したときに，ねじが軸方向に移動する距離のことである.

エ　一条ねじは，ピッチとリードが同じ値である.

(解説)　イが適切でない.

ねじ溝の幅がねじ山の幅に等しくなるような仮想的な円筒（または円錐）の直径は，ねじの有効径のことである.

呼び径とはおねじの外径の基準寸法，

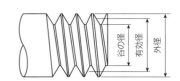

呼び長さといった場合は，おねじ部品の長さを表す代表的寸法のことを

いう．呼び寸法とは基本寸法のことを指す．

　　答　イ

＜補　足＞

ねじの種類を表す記号と呼びの表し方の例（JIS B 0123）

区　分	ねじの種類		ねじの種類を表す記号	ねじの呼びの表し方の例
ピッチを mm で表すねじ	メートル並目ねじ		M	M8
	メートル細目ねじ			M8 × 1
	ミニチュアねじ		S	S0.5
	メートル台形ねじ		Tr	Tr10 × 2
ピッチを山数で表すねじ	管用テーパねじ	テーパおねじ	R	$R^{3/4}$
		テーパめねじ	Rc	$Rc^{3/4}$
		平行めねじ	Rp	$Rp^{3/4}$
	管用平行ねじ		G	$G^{1/2}$
	ユニファイ並目ねじ		UNC	$^{3/8} - 16UNC$
	ユニファイ細目ねじ		UNF	No.8 − 36UNF

問13　ねじの有効径に関する記述のうち，適切でないものはどれか．

［平成29年2級］

ア　同じ呼び寸法の並目ねじと細目ねじでは，有効径は細目ねじの方が大きい．

イ　有効径は，ねじの強度計算を行う場合の基本となる．

ウ　有効径の測定に三針法を用いる．

エ　ねじの呼び寸法とは，有効径のことである．

（解説）エが適切でない．

　　　　呼び寸法とは大きき，機能を代表する寸法のことである．ねじであれば，外径となる．精密な値を示すものではない．

　　　　有効径とは，ねじ山のみぞの幅が，山の幅に等しくなるような仮想的な円筒の半径をいう．

　　答　エ

＜補　足＞

強度計算を行う場合は，通常，三つの荷重を考える（軸方向の引っ張り荷重，ねじ山部のせん断荷重，軸に対して垂直に発生するせん断荷重）．このほか，特殊なものとして軸のねじり荷重がある．

　軸方向の引張り荷重やせん断荷重を求めるには，軸方向の荷重（またはせん断荷重）をねじの有効断面積で割ることで求められるが，有効断面積はねじの有効径を基準とした断面積である．

問14　ねじに関する記述のうち，適切なものはどれか．［令和3年2級］
　ア　おねじは，円筒穴の内面にねじ山がある．
　イ　ねじのリードとは，ねじを1回転したときに，ねじが軸方向に移動する距離のことである．
　ウ　ねじの呼び径とは，ねじ山とねじ溝の幅が等しくなるような仮想的な円筒の直径のことである．
　エ　有効径が16mmのメートルねじは，M16と表す．

（解説）　イが適切ある．問12解説参照．
　　答　イ

問15　ねじに関する記述のうち，適切なものはどれか．［令和4年2級］
　ア　おねじは，円筒の外周にねじ山がある．
　イ　ねじのピッチとは，ねじを1回転したときに，ねじが軸方向に移動する距離のことである．
　ウ　ねじの呼び径とは，ねじ山とねじ溝の幅が等しくなるような仮想的な円筒の直径のことである．
　エ　有効径が16mmのメートルねじは，M16と表す．

（解説）　アが適切ある．問12解説参照．
　　答　ア

問 16　ねじに関する記述のうち，適切でないものはどれか．［令和 2 年 2 級］

ア　めねじは，円筒穴の内面にねじ山がある．

イ　ねじのリードとは，ねじを 1 回転したときに，ねじが軸方向に移動する距離のことである．

ウ　ねじの呼び径とは，ねじ山とねじ溝の幅が等しくなるような仮想的な円筒の直径のことである．

エ　ねじのピッチとは，隣り合ったねじ山の中心同士を結んだ距離のことである．

(解説)　ウが適切でない．ウは有効径の説明である．問 12，13 解説参照．

　答　ウ

問 17　ねじに関する記述のうち，適切でないものはどれか．［令和 5 年 2 級］

ア　ねじのリードとは，ねじを 1 回転したときに，ねじが軸方向に移動する距離のことである．

イ　一条ねじは，ピッチとリードが同じ値である．

ウ　ボールねじは，回転運動を直線運動に変換することができる．

エ　おねじは，円筒穴の内面にねじ山がある．

(解説)　エが適切でない．問 12 解説参照．

　答　エ

問 18　ねじに関する記述のうち，適切でないものはどれか．

［平成 29 年 1 級］

ア　角ねじは，正方形に近い断面をもち，フランク（ねじ面）が直角なので有効径がない．

イ　管用テーパねじの種類には，管用テーパおねじ，管用テーパめねじおよび管用平行めねじがある．

ウ　台形ねじは，角ねじに比べて工作が困難である．

エ　ボールねじは，摩擦係数が小さく，高精度な送りを要する機械に使用される．

(解説)　ウが適切でない．

　　台形ねじは，角ねじに比べて工作が容易で，精度の高いねじを造ることができる．これに対して，角ねじは工作が困難で精度の高いものが工作しにくい．（次表参照）

代表的なねじの種類と特徴

ねじの種類	特　徴
①三角ねじ 	ねじ山が強く，摩擦が大きいので，ねじのゆるみが少なく，締付け用ねじとして適している．半面，効率が悪いために，力の伝達には不適当である． 管用ねじでは，ねじ山の角度は55°でウイット並目の山形が基本であり，管と管の接合をする場合には，平行おねじには平行めねじを用い，テーパーおねじにはテーパーめねじ，または平行めねじを用いるのが原則である．
②台形ねじ 	角ねじに比べて強さもすぐれ，力の伝達や部品の移動に適しており，工作も容易なので，工作機械の親ねじ，弁の開閉用ねじ，ジャッキ，プレスのねじ棒などに用いられる． 欠点は，自然にねじの戻りがあるので，締付け用ねじには適さないことである． メートル台形ねじは，三角ねじよりも摩擦力が小さい．
③角ねじ 	三角ねじに比べて摩擦が小さいので，移動用，伝動用に適しているが，精密に工作することが困難であることから一般的ではない．旋盤の親ねじには用いられない． ねじ角が直角なので有効径がない．

P：ピッチ，H：とがり山の高さ，H_1：谷底（山頂）切り取り高さ．

答　ウ

問 19　機械要素に関する記述のうち，適切なものはどれか．［令和5年1級］

　ア　メートル台形ねじは，三角ねじよりも摩擦力が小さい．

　イ　メカニカルシールは，グランドパッキンと比べ，摺動面の摩擦抵抗が大きい．

　ウ　やまば歯車は，軸方向の力が発生する．

　エ　呼び径が同じ場合，並目ねじは，細目ねじよりもピッチが小さい．

（解説）　アが適切である．

　　一片の長さが三角ねじは60°で台形ねじは30°，台形ねじの方が短いため接触面が少ない．

　　そのため，摩擦部が三角ねじより少ないので摩擦軽減となる．よって

台形ねじは締結には使われず工作機械の送りねじやバイスなどの締付けに使用される.

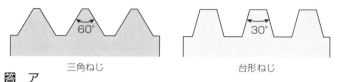

三角ねじ　　　　　　　　台形ねじ

答　ア

問20 旋盤の静的精度検査項目として，適切でないものはどれか.

[令和4年1級]

ア　ベッド滑り面の真直度

イ　主軸の曲げ剛性

ウ　主軸端外面の振れ

エ　親ねじの累積ピッチ誤差

(解説)　イが適切でない.

旋盤の静的精度検査項目には主軸の曲げ剛性はない（イ）. 以下16項目を示す.

① ベッドすべり面の真直度（ア）

② ベッドすべり面の平行度

③ 主軸の振れ

④ 主軸穴の振れ

⑤ 主軸中心と往復台の縦方向の運動と平行度

⑥ 主軸中心線と工具送り台の縦方向の運動と平行度

⑦ 主軸フランジ端面の振れ（ウ）

⑧ センターの振れ

⑨ 往復台の縦方向の運動と心押し軸中心との平行度

⑩ 往復台の縦方向の運動と心押し穴の中心線との平行度

⑪ 主軸台と心押し台との両心高さの差

⑫ 横送り台の運動と主軸中心線との直角度

⑬ 親ねじ両端軸受け中心線と往復台すべり面との平行度

⑭ 親ねじ両端軸受中心線と半割ナット中心線との片寄り程度

⑮ 親ねじ軸方向の動き

⑯ 親ねじのピッチ（エ）

答 イ

問21 ねじに関する記述のうち，適切でないものはどれか．［令和元年2級］

ア 一条ねじは，ピッチとリードが同じ値である．

イ ボールねじは，回転運動を直線運動に，または直線運動を回転運動に変換することができる．

ウ 一般用メートルねじは，ねじ山の角度が90°である．

エ めねじは，円筒穴の内面にある．

（解説） ウが適切でない．

一般用メートルねじの山の角度は60°である．

ただし，イは，ねじ角が軸線に対し45°以下（平行に近い）なら問題文のとおりだが，多くは45°以上なので，軸を押しても回転はしない．したがって，イも厳密には適切であるとはいえない．

答 ウ

問22 ねじに関する記述のうち，適切なものはどれか．［令和3・4年1級］

ア 呼び径が同じ場合，並目ねじは，細目ねじよりもピッチが小さい．

イ ボールねじの機械効率は，約50%である．

ウ 角ねじには，有効径がない．

エ 台形ねじは，三角ねじよりも摩擦力が大きい．

（解説） ウが適切である．

細目ねじとは，一般的な並目ねじに比べてピッチが小さい（ねじ山の数が多い）ねじである．細目ねじの利点として，次のことが挙げられる．

① 同じサイズの並目ねじと比較し，有効径が大きいため耐力が高く，有効断面積が大きいためせん断方向の外力にも強い

② ピッチが小さいため，精密な調整が可能

③ 硬度の高い材料や，薄肉管のような薄い相手材に対してもねじ込みやすい

④ 並目ねじに比べて，より小さなトルクで必要軸力を得ることができる

⑤　ねじのリード角が小さいため緩みが発生しにくく，緩める際のトルクも小さい

答　ウ

問23　ボールねじに関する記述のうち，適切でないものはどれか．

［令和元年・2年1級］

ア　寿命時間が計算できるので，使用可能期間を予測することができる．

イ　機械効率は，20～30％である．

ウ　予圧を与えることにより，バックラッシを低減し，剛性を高めることができる．

エ　静摩擦係数と動摩擦係数の差が小さく，スティックスリップを生じにくい．

（解説）　イが適切でない．

送りねじにボールねじを使うと，滑りねじに比べて次のような利点がある．

①　起動摩擦トルクと運動摩擦トルクの差が小さく，またスティックスリップが起こりにくい．

②　ナットに予圧を与えることで，バックラッシの低減を図り，剛性を高められる．

③　高い送り精度を得られる．

④　ボールねじの摩耗寿命と転がり疲れ寿命により使用期間を予測することができる．

⑤　摩擦が小さく，ねじまたはナットの一方にトルクを加え，それによってもう一方のナットまたはねじに伝えられる軸力が仕事をするときの効率は高く，90％を超える．

答　イ

第6編
機械系保全法

問24 機械要素に関する記述のうち，適切でないものはどれか．

[平成28年1級]

ア　遊星歯車装置は，大きい減速比を得る場合に適している．

イ　平ベルトは，2軸が平行でなければ使用することができない．

ウ　リーマボルトは，穴にはめ込むことにより，ずれ止めの役割をもつ．

エ　斜板カムは，平らな円板が回転軸に斜めに固定されており，回転運動
を上下運動に変換するものである．

(解説)　イが適切でない．

　　平ベルトは，ベルト車の両外周が平行に，
また両中心線が一直線になる位置に取り付け
ることが大切である．また2軸が平行でな
い場合は，ベルトがベルト車から離れる点が
必ず相手側の中心面上に来る位置に取り付け
る．中間車を用いる場合も全く同じである．

　　平ベルトは，リール駆動用プーリなどで使
用されている．

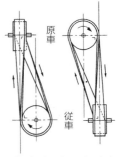

2軸が平行でないベルト車
の取り付け

(答)　**イ**

問25 Vベルト駆動では，ベルトとプーリ溝の底面は密着させたほうがよ
い．[平成28年2級]

(解説)　誤った記述である．

　　Vベルト底面がプーリ溝の底面にあたっている状態では，スリップが
生じ空回りする恐れがある．Vベルト底面には適度なすき間が必要であ
る．

(答)　**誤り**

＜補　足＞

　Vベルト駆動はV型プーリのV溝に巻きかけて伝動するものである．V溝に接
することにより，低いベルト張力でも摩擦が大きくなる．V溝の底面にベルト底
面が当たると側面に隙間ができ，底面に接している部分だけで動力を伝えること
になりかねない．そのため，底面との間には適度なすき間が必要である．

問26 機械の主要構成要素に関する記述のうち，適切なものはどれか．

[令和2年1級]

ア　メカニカルシールは，グランドパッキンと比べ，摺動面の摩擦抵抗が小さい．

イ　転がり軸受の呼び番号でSSの表記があるものは，軸受にグリースを封入し，両側をシールしたタイプである．

ウ　固定軸継手は，オルダム軸継手と比べ，アライメントの許容範囲が大きい．

エ　Vベルト駆動装置において，Vベルトの内側にテンションプーリを設置する場合は，接触角度が増し，亀裂が発生しやすくなる．

(解説)　アが適切である．

　　ア　ポンプに使用するメカニカルシールとグランドパッキンを比較すると，次のような違いがある．

メカニカルシールとグランドパッキンの比較

	メカニカルシール	グランドパッキン
摩擦抵抗	摺動面積が小さいため，摩擦抵抗は小さい	摺動面積が大きいため，摩擦抵抗は大きい
メンテナンス	ポンプの分解が必要	ポンプの分解が不要
交換頻度	1～2年程度使用可能	頻繁な交換が必要
漏れ具合	少ない 漏れ量が少ないため，増し締めが不要	多い（1） 漏れ量が多くなると適度な増し締めが必要
費用	イニシャルコストは高いが，ランニングコストがあまりかからない	安価だがランニングコストが高い

(1)　Glandの和訳は「腺」で，漏れる・漏らすを表しており，グランドパッキンは少量の漏れを生じさせることで軸間の摩擦を低減し，また，冷却作用も施すものである．回転摩擦により，軸とグランドパッキンの隙間が広がって漏れが多くなると隙間を適切に保つため，増し締めをする．ただし，漏れが完全に止まるまで締め過ぎてはならない．

　　イ　軸受の呼び番号は，軸受の形式・主要寸法・回転精度・内部すきまなどの仕様を表すものである．

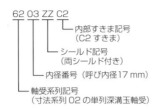

呼び番号の例

ZZ は両シールド，Z は片シールドを表す記号である．

答 ア

問27 機械の主要構成要素に関する記述のうち，適切なものはどれか．

［令和3年1級］

ア くらキーは，打ち込みによる摩擦力のみでトルクを伝達するため，主に軽荷重用として使われる．

イ 固定軸継手は，オルダム軸継手と比べ，アライメントの許容範囲が大きい．

ウ Vベルト駆動装置において，Vベルトの内側にテンションプーリを設置する場合は，接触角度が増し，亀裂が発生しやすくなる．

エ 直動カムは，原動節が回転運動をするものである．

（解説）アが適切である．

ア くらキーとは，軽荷重用に使われるキーで，軸にはキー溝は掘らず，ボスに勾配1/100のキー溝加工をし，軸と「鞍」部分の摩擦で固定する．任意の位置に固定できるが，摩擦力のみなので大きな荷重がかかる場所には使用できず，正転や逆転する変動トルクが加わる装置には不向きである．

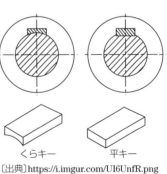

くらキー　　　平キー

〔出典〕https://i.imgur.com/UI6UnfR.png
図1

イ 図2が固定軸継手である．例えば，奥側にポンプの軸を固定し，手前にモータを固定する場合にアライメントである軸のずれや角度

変化がなく，一直線であることが求めら
れる．もし，軸のずれが0.02mm以上，勾
配が1/500以上あった場合には，モータや
ポンプの軸受けを損傷させるか，回らな
いなどの被害がでる．アライメントを正
確に出しづらい場合は，たわみ軸継手や
自在継手を使用する．

〔出典〕https://www.mekasys.jp/
data/material/public/series/WE
BCT-IMG200DPI/NBK_0029_P
01.jpg

図2　フランジ形固定軸継手

　図3（a）がオルダム継手の外観，図3（b）
がその断面図である．軸心がずれていて
も金属継手の間にゴムやウレタンがあり，
駆動を伝えている．図3（b）のように極端に軸心がずれている場合，
高回転では振動が発生する．

（a）　オルダム継手外観　　（b）　オルダム継手断面図
〔出典〕https://blogimg.goo.ne.jp/user_image/2d/32/d6d4fe238
990f65f28e846ebe8a17dd2.jpg

図3

ウ　図4はタイミングベルト（平ベルト
　　の一部）である．一般に，テンション
　　プーリはベルトの張りを強くしたり，
　　プーリに巻く面積を増やしトルクを増
　　大させる役割を担う．アイドラーやテ
　　ンショナーともいわれ，ベルト外側に接
　　する．
　　　Vベルトのテンショナーは図5のよう
　　に内側から張りを与える．Vベルトの場
　　合，テンションプーリを外側に設置する
　　とベルトを逆向きに曲げることとなり，

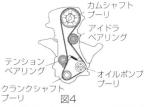

カムシャフト
プーリ
アイドラ
ベアリング
テンション
ベアリング
オイルポンプ
プーリ
クランクシャフト
プーリ

図4

図5

ベルトの寿命を縮めることになる．Ｖベルトのテンションプーリは

通常，図5のように内側に設置
する．

エ　図6 (a) のＣが直道カムの
言動節で，Ｂのように左右に動
くことで従動節ＤがＡのよう
に上下動する．Ｃが回転するこ
とはない．6図 (b) のＣが回
転カムの原動節でＢのように
回転すると従動節であるＤが
Ａのように上下動する．

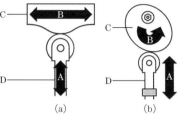

A：往復運動　C：カム（原動節）
B：水平運動　D：従動節
〔出典〕https://www.keyence.co.jp/Images/ss_
machine-elements_c_type_004_1851510.png
図6

答　ア

問28　機械要素に関する記述のうち，適切でないものはどれか．

［令和5年1級］

ア　オルダム軸継手は，固定軸継手と比べ，軸心のずれを許容できる．

イ　電磁クラッチは，機械クラッチに比べ，連結時間が短い．

ウ　タイミングベルトは，平ベルトと比べ，初期張力が小さくてすむ．

エ　ブレーキドラムの直径が大きいほど，ブレーキトルクは小さくなる．

解説　エが適切でない．

ア　オルダム軸継手

前問解説参照

イ　電磁クラッチ

　クラッチは動力を伝える遮断する機械部品で，電磁クラッチとは電磁
作動によって従動側で動力を伝えたり切ったりするための機械要素であ
る．動力を止めずに動力の切り離しや連結ができる．単板式・多板式が
あり図1は単板式を示す．またこの問題文での機械式は人為的を示すも
のと考えられ，そうした場合に電磁（ソレノイド）の方が早く，ストロー
クも人為的機械式の方が長いので，短いほうがなお早く連結時間が短い．

　機械式クラッチであるDSGはマニュアル操作で人間が変速するより
早い機械式（電磁や油圧）がある．

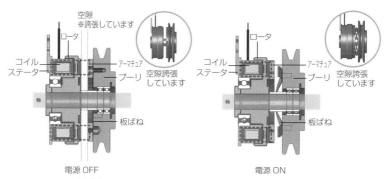

〔出典〕https://www.mikipulley.co.jp/JP/Products/
ElectoromagneticClutchesAndBrakes/about.html

図1

ウ　タイミングベルト

　歯付きベルトともいい，軸間の距離を伸ばし張力を使わずアイドラ
プーリを用いて張りをもたす．伝達効率はほぼ100%であり，エンジン
バルブのタイミングベルトとして使用される．また，平ベルトは二軸間
で巻き掛けて回転を伝えるもので，軸間距離を伸ばしてベルトに張りを
与えてベルトとプーリの摩擦で伝達するので，スリップしやすく伝達効
率は80%程度である．よって初期のベルトの張りはタイミングベルト
のほうが小さくて良い．

エ　ブレーキドラムの径

$$T = F \times L$$

　　T：トルク（回転力），F：力，L：中心からの距離（径）

上記式より径が大きい方がトルクは大きくなる．ブレーキ径が大きい
　方がより止まる．

大型車と軽自動車のブレーキドラムを見てもわかる．

10インチ　　　　　　　16.5インチ

答　エ

問29　軸受に関する記述のうち，適切でないものはどれか．［平成28年1級］
ア　アンギュラ玉軸受は，接触角の大きいものほどスラストの負荷能力は小さくなる．
イ　円すいころ軸受は，ラジアル荷重とスラスト荷重が同時にかかる箇所の軸受に適している．
ウ　スラスト玉軸受は，スラストころ軸受に比べて耐衝撃性が小さい．
エ　転がり軸受は，一般的に内輪の回転によって運転されるが，一方向ラジアル荷重で回転数が同じ場合，外輪回転では内輪回転に比べて寿命は短くなる．

(解説)　アが適切でない．

アンギュラ玉軸受はラジアル荷重（軸受の軸方向に対して直角の荷重）とアキシアル荷重（軸受の回転軸と平行にかかる荷重）の方向で使用することができる．玉と内輪・外輪の接触角が大きくなるほどアキシアル方向の負荷能力は大きくなる．逆に，接触角が小さければ，高速回転には有利である．

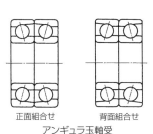

正面組合せ　　　背面組合せ
アンギュラ玉軸受

答　ア

<補　足>

(1)　円すいころ軸受は，円すいころを用いたもので，内輪，外輪の軌道も円すいで，ラジアル荷重とスラスト荷重とが同時にかかる箇所にも大きな負荷能力を有しており，衝撃に対しても強い軸受である．

(2)　スラスト玉軸受は，スラストころ軸受に比べて耐衝撃性が小さい．スラス

ト玉軸受は玉（ボール）で衝撃対応し，スラストころ軸受は，ころ（ローラ）で衝撃対応する．玉（ボール）の方が点で支える分，衝撃に弱くなる．

（3）転がり軸受は，一般に，内輪の回転によって運転されるが，一方向ラジアル荷重で回転速度が同じ場合には，外輪回転の方が移動距離が多くなり，内輪回転の方が移動距離が小さいので，外輪回転の負荷が多いために，内輪回転に比べて寿命は短くなる．

（4）ウォームにはラジアル荷重のみならず大きなアキシアル荷重が発生する．円筒ころ軸受は，負荷能力が大きく，主としてラジアル荷重を受けるもので，転動体と軌道輪のつばとの摩擦が小さいので高速回転に適している．したがって，円筒ころ軸受より，アンギュラ玉軸受の方がウォームの軸受に適している．

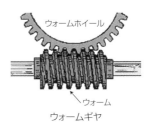

ウォームギヤ

問30 転がり軸受の呼び番号のうち，両側をシールしたタイプはどれか．

［令和2年2級］

ア　6204ZZ

イ　6204

ウ　6204LU

エ　6204V

(解説)　アが両側をシールしたタイプである．

　　ア　ZZは金属の両側シールを示す（シールド形）

　　イ　6は導列保護玉軸受の意味．2は軸受の系列を示し，04は内径20 mmを示す（シールなし）．

　　ウ　LUは片側ゴムシールを示す．LLUなら両面ゴムシールを示す．

　　エ　Vは片側非接触ゴムシールド付きを示す．

答　ア

第6編
機械系保全法

問31 管継手に関する記述のうち，適切でないものはどれか.

[平成28年1級]

ア　ねじ込み式には，一般的に管用テーパねじを使用する.

イ　溶接式には，管径により突合せ溶接式と差込み溶接式がある.

ウ　フランジ式には，ガスケットを使用しない.

エ　くい込み式は，管にねじ加工を施すことなく接続できる.

解説　ウが適切でない.

管フランジ式継手にガスケットが使用されている例を次図に示す.

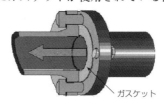

ガスケット

ガスケット継手の例

　　ガスケットは，シール材の一種で，運動している部分の密封に用
いられるパッキンと異なり，静止部分の密封に用いられる. 配管の
継ぎ手や圧力容器のマンホール，バルブボンネットへ挟み込んで圧
縮し，その隙間を防ぐと同時に，流体の漏れまたは，外部からの異
物の侵入を防止する.

ア　ねじ接続による管継手でJIS B 2301に「ねじ込み式可鍛鋳鉄製管
　　継手」として規定されている継手である. おもな材質は黒心可鍛鋳
　　鉄で，ねじ部には管用テーパねじが加工してある.

イ　溶接式管継手の差込み溶接式は水平すみ肉溶接の部分であり，突
　　合せ溶接式は母材の両端を突合せて行う溶接で，溶接作業中，完全
　　に溶け込む部分（V型突合せ溶接など）.

エ　金属製のスリーブを管の端部にくい込
　　ませて接続する接合方式. したがって，
　　ねじ加工を施すことなく使用する. 右図
　　参照.

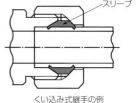

スリーブ

くい込み式継手の例

答　ウ

問32　転がり軸受に関する文中の（　　）内の数字に当てはまる語句の組合せとして，適切なものはどれか．[令和4年2級]

「呼び番号が 6203ZZ の軸受は，（　①　）で，（　②　）である．」

ア　①：円筒ころ軸受　②：両シールド形
イ　①：深溝玉軸受　②：両シールド形
ウ　①：円筒ころ軸受　②：両シール形
エ　①：深溝玉軸受　②：両シール形

(解説)　イが適切である．

　　　　6 は型式番号で深溝玉軸受を示す．2 は直径系列番号で，7，8，9，0，1，2，3 の順に同じ内径に対して外径が大きくなる

　答　**イ**

問33　転がり軸受に関する文中の（　　）内の数字に当てはまるものの組合せとして，適切なものはどれか．[令和5年2級]

「呼び番号が 7210C の軸受は，（　①　）で，接触角度が（　②　）である．」

ア　①：円錐ころ軸受　　②：15°
イ　①：円錐ころ軸受　　②：30°
ウ　①：アンギュラ玉軸受　②：15°
エ　①：アンギュラ玉軸受　②：30°

(解説)　ウが適切である．

　　　　呼び番号が 7210C の数字と記号について．

　　　　7：アンギュラ玉軸受の番号

　　　　2：系列番号で外形 90 mm

　　　10：内径番号で φ 50 mm（＝ 10 × 5）

　　　　C：接触角度が 15°

　答　**ウ**

《主要構成要素の点検》

> **問1**　本尺の 1 目盛が 1 mm，バーニヤの 1 目盛が 19 mm を 20 等分
> してあるノギスでは，0.05 mm まで読み取ることができる.
> ［平成 30 年 2 級］

(解説)　正しい記述である.

ノギスの測定値の読み取り（最小読み
取り寸法）は，バーニヤ（副尺）の目盛
りによって違いがある. 一般に多く使わ
れているのは最小読取り寸法が 0.05 の

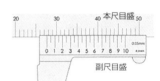

ノギスである. このノギスでは，本尺目盛が 1 目盛 1 mm であり，その
19 目盛（19 mm）を 20 等分にしている. すなわちバーニヤ（副尺）の
1 目盛は $\dfrac{19}{20}$ mm である.

よって，本尺の 1 目盛と副尺の 1 目盛の差は，

$$1 - \frac{19}{20} = 0.05 \text{ mm}$$

である.

答　正しい

> **問2**　本尺の 1 目盛が 1mm，バーニヤの 1 目盛が 19mm を 20 等分し
> てあるノギスでは，0.01mm まで読み取ることができる.
> ［令和 2 年 2 級］

(解説)　誤った記述である. 前問解説参照.

答　誤り

問3 下図に示すノギスにおいて，内側用ジョウと呼ばれる部位として，適切なものはどれか．[令和4年2級]

ア A
イ B
ウ C
エ D

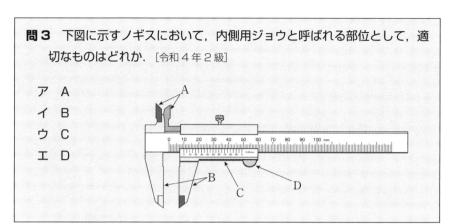

(解説) アが適切である．

　　　Bは外側用ジョウ，Cはバーニャ（副尺），Dは指掛けである．

答　ア

問4 硬さ試験のうち，くぼみ測定をしないものはどれか．

[平成28・29年2級]

ア　ブリネル硬さ試験

イ　ショア硬さ試験

ウ　ロックウェル硬さ試験

エ　ビッカース硬さ試験

(解説) イがくぼみ測定をしない試験である．

　　　ショア硬さ試験は，一定の形状と重さ
のダイヤモンドハンマを一定の高さから
試験面に垂直に落下させたときの跳上が
りの高さを硬さの尺度としたものであ
る．ショア硬さ試験機は，フレームから
主要部分を取り外すことができるので，
試料のある場所で使用できる．また，残
留くぼみが浅く目立たないので，重量の

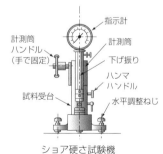

指示計
計測筒
ハンドル
（手で固定）
計測筒
下げ振り
ハンマ
ハンドル
試料受台
水平調整ねじ
ショア硬さ試験機

あるもの，圧延ロールなどの仕上げ面の硬さ測定に用いられる．

答　イ

＜補　足＞

(1)　ロックウェル硬さ試験機（HRc，HRb）は，硬い材料にはダイヤモンドの円錐の圧子を，軟い材料には鋼球の圧子に試験荷重を加えてくぼみの深さにより硬度を測るもので，ダイヤモンド圧子の数値には HRc，鋼球圧子の数値には HRb を付ける.

(2)　ショア硬さ試験機（Hs）は，一定の形状と重さのダイヤモンドハンマを一定の高さから試験面に垂直に落下させ，跳上がり高さを硬さとして数値化したものである．この試験機はフレームから主要部分を取り外すことができるので，大型部品の硬さも簡単に測定できる.

(3)　ビッカース硬さ試験機（HV）は，対面角136°の正四角すいのダイヤモンド圧子を一定の試験荷重で試料の試験面に押込み，生じた永久くぼみの大きさから，資料の硬さを測定するものである.

ロックウェル硬さ試験機

(4)　ブリネル硬さ試験機（HB）は，直径 10 mm の鋼球圧子を用い，荷重 3000 kg で試料に押し込み，生じた永久くぼみの直径を検眼鏡で測定し，決められた計算式により硬さを求める.

問5　くぼみ測定をしない硬さ試験として，適切なものはどれか.

［令和3年1級］

ア　ショア硬さ試験

イ　ビッカース硬さ試験

ウ　ロックウェル硬さ試験

エ　ブリネル硬さ試験

(解説)　アがくぼみ測定をしない試験である．前問解説・補足参照.

答　ア

問6 硬さ試験に関する文中の（　　）内に当てはまる語句として，適切なものはどれか．[令和5年1級]

「（　　）硬さ試験とは，ダイヤモンドハンマを一定の高さから落下させ，その跳ね上がり高さを測定することで，硬さを測定する試験方法である.」

ア　ブリネル

イ　ビッカース

ウ　ロックウェル

エ　ショア

（解説）エが適切である．問4解説参照．

答　エ

問7 硬さ試験に関する記述のうち，適切でないものはどれか．
[平成30年1級]

ア　塑性変形抵抗の大きさを求めるには，剛性圧子の押込圧痕の大きさを測定する方法が一般的であり，球，円錐，角錐などの剛性圧子が用いられる.

イ　衝突時の弾性的変形の際に生じるエネルギー損失を測定して硬さを求める方法として，バーコル硬さ試験などがある.

ウ　押込み硬さ試験は，特定の圧子を規定の荷重で試験片に押し付け，生じたくぼみの大きさによって硬さを決める方法であり，ブリネル硬さ試験などがある.

エ　鋼球あるいはダイヤモンド圧子を用いて基準荷重を加え，更に試験荷重を加えてできるくぼみの深さの差で硬さを求める方法として，ロックウェル硬さ試験などがある.

（解説）イが適切でない．

イの問題の記述はリバウンド法（リーブ硬さ試験）である．バーコル試験は圧子の押し込み深さで硬さを算出する.

答　イ

第6編
機械系保全法

問8　測定器具に関する記述のうち，適切でないものはどれか．

[平成30年2級]

ア　てこ式ダイヤルゲージでは，測定子をできるだけ測定物に対し平行に
当て，測定圧が垂直に働くようにする．

イ　測定範囲が0〜25mmのマイクロメータの0点調整は，ブロック
ゲージを挟んで確認する．

ウ　電磁流量計は電磁誘導の法則を利用したもので，水の流量を測定する
のに適している．

エ　シリンダゲージによる穴径の測定において，指示器（ダイヤルゲージ）
の指針がプラス方向に振れている場合は，穴径が所定の寸法より小さ
いと判断される．

(解説)　イが適切でない．

0〜25 mm のマイクロメータの0点調整は，測定面（アンビル，ス
ピンドル）を直接接触させ，ブロックゲージにより誤差の確認を行う

マイクロスタンダードバー（マイクロゲージ基準棒）は，測定長25
mm 以上の外側マイクロメータの基準調整に使用する．基準棒は，素手
で持つと熱によって伸び誤差が生じるため，綿手袋を使用する，金属部
分に触らないなどの注意が必要である．

答　イ

＜補　足＞

てこ式ダイヤルゲージ（テストインジ
ケータ）は，測定子を部品，材料に接触さ
せ，動作させることにより測定子の振れで
平行度や真円度の状態を測定する高精度な
測定器である．測定範囲は目量により0.2
mm や1.5 mm と小さく，狭い場所の測定
も可能である．

角度A
変位に対し角度はつけない

間違った使い方

プローブは面に対して
平行にする

正しい方法

問9 測定機器に関する記述のうち，適切でないものはどれか．[令和3年2級]

ア　てこ式ダイヤルゲージでは，測定子をできるだけ測定物に対し平行に当て，測定圧が垂直に働くようにする．

イ　シリンダゲージによる穴径の測定において，指示器（ダイヤルゲージ）の指針がプラス方向に振れている場合は，穴径が所定の寸法より大きいと判断される．

ウ　水準器の感度は，底辺1mに対する高さ(mm)または角度(秒)で表す．

エ　電磁流量計は，ファラデーの電磁誘導の法則を利用している．

(解説)　イが適切でない．前問解説参照．

答　イ

問10　測定機器に関する記述のうち，適切でないものはどれか．

[令和4年2級]

ア　てこ式ダイヤルゲージでは，測定子をできるだけ測定物に対し平行に当て，測定圧が垂直に働くようにする．

イ　シリンダゲージによる穴径の測定において，指示器（ダイヤルゲージ）の指針がプラス方向に振れている場合は，穴径が所定の寸法より狭いと判断される．

ウ　水準器の感度は，底辺1mに対する高さ(mm)または角度(秒)で表す．

エ　放射温度計は，温度変化により抵抗が変化する原理を応用している．

(解説)　エが適切でない．問8解説参照．

エの記述は熱電対温度計に関するものであり，接触式である．

放射温度計は非接触式で放射される赤外線の量で温度換算している．

答　エ

第6編
機械系保全法

問11 機械の点検に使用する測定器具に関する記述のうち，適切でないものはどれか．［平成30年1級］

ア ブルドン管圧力計は，正の圧力測定のほかに，負の圧力測定もできる．

イ 差圧式流量計は，絞り機構の前後に直管部を設ける必要がある．

ウ ダイヤルゲージの長針は，スピンドルを押し込むときに反時計方向に動く

エ ストロボスコープは，非接触で回転速度の測定が可能である．

(解説) ウが適切でない．

　　　JIS B 7503（ダイヤルゲージ）において，長針は，プランジャを押し込むときに時計方向に動かなければならないと規定されている．

　　　プランジャのことをスピンドルともいう．

答 ウ

問12 機械の点検に使用する測定器具に関する記述のうち，適切でないものはどれか．［令和元年1級］

ア ストロボスコープは，非接触で回転速度の測定が可能である．

イ ダイヤルゲージの長針は，スピンドルを押し込むときに反時計方向に動く．

ウ ニッケルを用いた抵抗温度計は，白金温度計よりも測定温度範囲が狭い．

エ ブルドン管圧力計は，正の圧力測定のほかに，負の圧力測定もできる．

(解説) イが適切でない．

　　　ブルドン管圧力計は，ゲージ圧（大気圧）以上の圧力を測定する．連成計は，ゲージ圧力以下の負圧を測定することができる．

ブルドン管圧力計

連成計

答 イ

問 13　機械の点検に使用する測定器具に関する記述のうち，適切なものは
どれか．［令和 3 年 1 級］

ア　白金を用いた抵抗温度計は，ニッケルを用いた抵抗温度計よりも測定
温度範囲が広い．

イ　回路計（テスタ）を用いた電圧測定において，測定値が予測できない
ときは，最小の測定レンジから測定を始める．

ウ　容積式流量計は，測定する流体の粘度が低いほど測定精度が良くなる．

エ　ダイヤルゲージの長針は，プランジャ（スピンドル）を押し込むとき
に反時計回りに動く．

(解説)　アが適切である．

　　図 1 のように水道メータに代表される流量計が容積式であり，図 2 に
示す楕円形歯車のように 2 個で一対の構造は，ケーシングと楕円歯車が
水平となったとき，油たまりができる．この部分を枡といい，この枡で
流量を計るように流し，計量する．この方式においては粘度が高いほど
精度が良く，ガスのように粘度が低い場合は精度が低下する．

図1

〔出典〕https://www.oval.co.
jp/techinfo/principle/pd/

図2

(答)　ア

問 14　JIS B 7502:2016 において，外側マイクロメータの測定範囲は，
25mm 単位で最大 500mm まで規格化されている．

［平成 29 年・令和元年 2 級］

(解説)　正しい記述である．

　　JIS B 7502「マイクロメータ」により 25 mm 単位で最大 500 mm と規
格化されている．

第6編
機械系保全法

　　　答　正しい

＜補　足＞

同 JIS 規格において，外側マイクロメータとは，「固定されたアンビルに対して，ねじ機構によって相対的に移動する測定面をもつスピンドルを備え，そのスピンドルの移動量に基づき，測定対象物の外側寸法を測ることができる測定器」と定義されている．

> **問 15**　空気マイクロメータは，空気の流量や圧力の変化を利用して，寸法
> や変位を測定する測定器である．[平成 29 年 2 級]

　　(解説)　正しい記述である．

　　　　　　空気マイクロメータは，細孔から噴出する空気の圧力が，細孔と空気
　　　　が当たる物との隙間の大きさによって変わることを利用した比較測定器
　　　　である．

　　　　答　正しい

＜補　足＞

空気式マイクロメータには，流量式，背圧式（差圧方式）などがあるが，例えば，流量式では，コンプレッサとフィルタで圧縮空気を作り，これをレギュレータにより一定の圧力に保ったままノズルから噴出させる．ノズル部と被測定物のすきまが変化するとノズルから吹き出る流量が変化し，これによりフロートの浮き上がる高さが変化する．この変化を測定することで被測定物の寸法が分かる．

> **問 16**　電気マイクロメータは，測定子の機械的変位量を電気量に変換して
> 表示する測定器である．[平成 30 年 1 級]

　　(解説)　正しい記述である．

　　　　　　電気マイクロメータは，接触式測定子の微小な変位量を電気的量に変
　　　　換して増幅，表示する比較測定器である．

　　　　　　測定子の移動量を電位に変換し指針の振れとして示す電気的コンパ
　　　　レータの一種で，変換方式によって誘導形，抵抗形，容量形などがある．
　　　　測定場所と指示位置が分離でき，倍率が大きいなどの特色があるが，電
　　　　圧変動が生じると精度に影響する．

　　　　答　正しい

<補　足>

電気マイクロメータは，図に示すように
2種類のタイプがある．

特徴は次のとおりである．

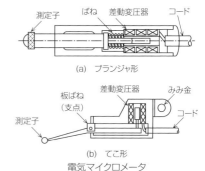

(a)　プランジャ形

(b)　てこ形
電気マイクロメータ

①倍率が高く，最高倍率で目盛が0.2〜
1 µm のものが多い．また，2〜4段の
倍率切換えが自由に行え，測定範囲が
選択できる．

②小型であるから現場で使用でき，遠隔
測定も可能である．

③2個の検出器で測定値の和，差，平均などが容易に出せる．

④品物の自動選別，機械の自動制御における検出器としてオンラインで使用で
きる．

問17　機械の点検，測定に関する記述のうち，適切でないものはどれか．

[平成28年1級]

ア　堰・オリフィスにより，流量を求める方法がある．

イ　サーミスタ温度計は，一般的に温度が上がるとサーミスタの抵抗が小
さくなる性質を応用している．

ウ　潤滑剤の粘度計を使うときは，湿度を一定にする．

エ　放射温度計は，高温域の温度測定に適している．

(解説)　ウが適切でない．

　　　　粘度とは，油のねばり度合のことで，油膜強度，流動抵抗などに関連し，
油種を決定する一番の目安である．粘度は，温度によって変化し，上昇
すると低くなるが，湿度は粘度変化に影響を及ぼさない．

答　ウ

<補　足>

流量測定方法として，最も簡単な方法がオリフィス
を用いる方法である．図のように，管内にオリフィス
板を挿入し，オリフィス板前後の差圧 H をマノメー
タなどで測定し，流量を求めるものである．

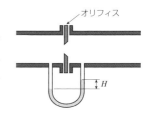

オリフィス

H

サーミスタは，温度の変化により抵抗値が変化する電子部品である．サーミスタ温度計に用いられているサーミスタは，温度の上昇により電気抵抗値が減少する素子で，抵抗温度係数が金属に比べ一桁大きいので，感度が高く，0.01℃程度の温度検出も可能である．

問18 流量計に関する記述のうち，適切でないものはどれか．[令和元年1級]
　ア　差圧式流量計は，水や油だけでなく，ガスや蒸気の流量も測定できる．
　イ　容積式流量計は，測定する流体の粘度が低いほど測定精度が良くなる．
　ウ　面積式流量計は，流量計前後に直管部を設ける必要がない．
　エ　電磁流量計は，測定する流体の圧力や粘度の影響を受けない．

(解説)　イが適切でない．

　　　容積式流量計は，一定容積の流体を移送する構造で，回転速度によって流量の積算量を表す．粘度が高くなると回転子とケーシングの隙間からの漏れが減り，測定精度が良くなり，保証できる流量範囲が広がる．

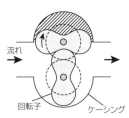

　　(答)　イ

<補　足>

面積式流量計は，流速分布の片寄りによる誤差がないため直管部を設ける必要がない．

電磁式流量計の特徴として，液体の温度・圧力・密度・粘度の影響を受けない，

形式	適応流量			特徴	制約
	液体	気体	蒸気		
差圧式	○	○	○	広い測定範囲に対応	狭い流速範囲に限定
電磁式	○	×	×	耐食性＆耐摩耗性あり	伝導性流体のみ
面積式	○	○	○	構造がシンプルでローコスト	垂直取付けに限定
容積式	○	○	×	高精度で，高粘度に対応	軸受けの寿命があり，高価格

混入物（固体・気泡）を含む液体の検出が可能，圧力損失がない，可動部がないことが挙げられる．

問19 機械の点検に使用する工具・測定器に関する記述のうち，適切なものはどれか．[平成29年2級]

ア　電磁流量計は電磁誘導の法則を利用したもので，水の流量を高精度で測定するのに適している．

イ　テストハンマで，溶接部の亀裂などの異常の有無を確認することはできない．

ウ　水準器の原理は，液体内に作られた気泡の位置がいつも低いところにあることを利用したものである．

エ　放射温度計は300℃以上の温度測定には適さない．

(解説)　アが適切である．

　　イ　テストハンマは，打音によりボルトやナット，リベットなどの締結部や溶接部のき裂を点検するために用いられる．

　　ウ　水準器は水平を確認する道具で，円の一部である気泡管に入れられた気泡は，常に一番高い所にあることを利用したものである．

　　エ　放射温度計は物体から放射される赤外線を測定することで測温するもので，マイナス50℃程度の低温域から3 500℃程度の高温域まで測定することができる．

　　答　ア

問20 機械の点検に使用する工具・測定器に関する記述のうち，適切なものはどれか．[令和元年2級]

ア　テストハンマによる打音検査は，ボルトなどの緩みを確認することはできない．

イ　電磁流量計は，ファラデーの電磁誘導の法則を利用したものである．

ウ　放射温度計は，300℃以上の温度測定には適さない．

エ　測定範囲が0～25 mmの外側用マイクロメータの0点調整は，ブロックゲージを挟んで確認する必要がある．

(解説)　イが適切である．ア・ウ，前問解説参照．

　　エ　0～25 mmのマイクロメータの0点調整は，測定面（アンビル，スピンドル）を直接接触させて行う．ブロックゲージを測定面に挟み込み，誤差の確認を行う

答　イ

問21　機械の点検に関する記述のうち，適切でないものはどれか.
［平成28年2級］

ア　打診法は，打音を聞くことにより，異常の有無を判定する.

イ　浸透探傷法は，表層の欠陥部に着色液を染み込ませ，これを現像液で発色させ欠陥を見出す.

ウ　磁粉探傷法は，磁性体には適用できない.

エ　超音波探傷法は，超音波を試験体の一面から入射させ，その反射波を観察する.

(解説)　ウが適切でない.

　　磁粉探傷法は，おもに溶接部などの試験を行う非破壊検査である. 鉄鋼材料の表面にキズがないかを検出する方法で，磁束が漏洩する状態でなければ行えない. したがって，磁性体でなければ適用できず，非磁性体の材料の場合は適用できない.

答　ウ

問22　機械主要構成要素の点検に関する記述のうち，適切でないものはどれか. ［平成29年1級］

ア　アイボルトは，ボルト頭をリング状にしたボルトで，機械やモータなどにねじ込んで，リングにロープを掛けて釣上げ用として使用する.

イ　リーマボルトは，穴にはめ込み，ずれ止めの役目をするボルトである.

ウ　基礎ボルトは，全てのボルトの種類の基礎となる形状であり，他の種類のボルトと互換性が高い.

エ　控えボルトは，機械部分の間隔を保つために用いられるもので，ボルトに段付き部を設けたり，パイプ状の隔て管を入れたりして，ナットで締め付けて間隔を調整する.

(解説)　ウが適切でない.

　　基礎ボルトとは，機械類をコンクリート基礎などに設置する場合に用いるボルトである. 他の種類のボルトとの互換性は低い.

答　ウ

問 23　機械に生じる現象と，その影響で発生した振動の測定パラメータの組合せとして，適切でないものはどれか．[平成 30 年・令和元年・3 年 1 級]

	現象名	測定パラメータ
ア	ミスアライメント	加速度
イ	キャビテーション	加速度
ウ	アンバランス	変位
エ	軸の曲がり	変位

(解説)　アが適切でない．

　　ミスアライメントは，軸継手でいえば，つながれた回転軸の中心がずれている（心ずれ）のことである．ミスアライメントは異常振動の原因ともなり，測定パラメータは「変位」である．

答　ア

問 24　回転体の振動測定に関する記述のうち，適切なものはどれか．
[平成 30 年 1 級]

ア　日常点検で振動測定を行う場合は，1 方向ごとに数箇所の測定を行い，もっとも大きい値を記録する．

イ　ピックアップを手で固定する場合は，測定面に押し付ける力が強いほど，正確な測定が可能である．

ウ　軸受部の振動測定を行う場合は，軸方向，水平方向，垂直方向の 3 方向で行う．

エ　測定面にくぼみがある場合は，ピックアップをくぼみの 1 番深い部分に押し当てて測定する．

(解説)　ウが適切である．

　　軸受部の振動測定は軸方向，水平方向，垂直方向の 3 方向とも測定する．ピックアップは測定面に垂直に押し当てて測定するが，「くぼんだ面」や「角」に当てると正しい測定ができない．また，安定した測定のためには押し圧をできる限り一定にし，フラットな面で垂直に測定する必要がある．測定箇所の数値の違いにより，異常を生じている場所や原因を推定できることもあるため，すべての値を記録しておかなければならない．

答　ウ

> **問25**　圧電型振動加速度ピックアップの当て方・取付方法のうち，測定可能な最高周波数がもっとも低いものはどれか．[令和元年1級]
> ア　ねじ込みによる固定
> イ　マグネットホルダによる取付け
> ウ　手による押付け
> エ　瞬間接着剤による固定

（解説）　ウがもっとも低い．

ピックアップを被測定物にしっかりと固定することで高い周波数の振動を測定する．固定方法がもっとも不安定な方法が手による押しつけのためであるため，測定可能な周波数がもっとも低い．

答　ウ

> **問26**　手持ち式振動ピックアップを用いて測定する際，測定面が曲面の場合は，平らな面を作りピックアップを密着させる必要がある．
> [令和元年・2年1級]

（解説）　正しい記述である．

手持ち式振動ピックアップとは，手持ちで使用できる振動計のことで，振動を検知し電気信号に変換する機器である．

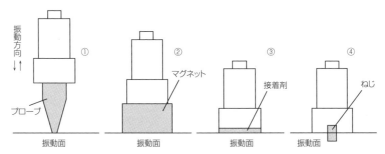

振動ピックアップは右図のように円筒形状で底面が平らにできており，曲面では点接触になるためデータが取れない．そこで面接触させるために問題文にあるように平らな面を作り密着させる．近年では①のような先端が尖ったプローブを持つピックアップもあり，この場合は振動方向に

対し垂直になるように保持する．

答 正しい

問27 振動および振動計に関する記述のうち，適切なものはどれか．

[令和4年1級]

ア 動電型速度センサは，圧電型加速度センサに比べ，高い周波数まで測定可能である．

イ 手持ちの触針式のセンサは，マグネット式と比較して，高域帯の周波数特性に有効である．

ウ 1,200rpm で回転している軸の回転周波数は 1,200Hz である．

エ 1,500rpm で回転する送風機のアンバランスを振動測定で検知するには，速度測定モードが有効である．

[解説] エが適切である．

ア 下表により，圧電型センサのほうが動電型センサに比べて高い周波数が測定できる．

各センサの検出可能の周波数範囲

		周波数 [Hz]				
		10	100	1K	10K	100K
①	圧電型センサ					
②	動電型センサ					
③	渦電流型センサ					

〔出典〕https://www.asahi-kasei.co.jp/aec/pmseries/shindoshindan/3rd.html

イ 問29の解説を参照し，下図も負荷するとよい．

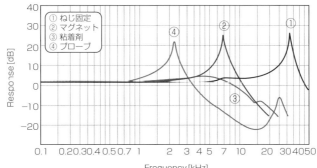

〔出典〕https://www.asahi-kasei.co.jp/aec/pmseries/shindoshindan/4th.html

ここでいうプローブ式とは手持ち式である.

④手持ち式（プローブ）＜②マグネット式なので手持ち式は有効でない.

ウ　回転周波数 $f_r = \dfrac{N}{60} = \dfrac{1200}{60} = 20\,\text{Hz}$

回転周波数とは,アンバランスにおける重心位置が中心とずれがあり,そのずれによりモーメントが発生する.そのモーメントの周期を回転周波数という.

エ　振動センサのモードは以下に示す.

速度（V）モード：$0.1 \sim 200.0\,\text{mm/s}$（$10 \sim 1\,\text{kHz}$）

加速度（A）モード：$0.01 \sim 50.00\,\text{G}$（$1\text{k} \sim 20\,\text{kHz}$）

ベアリング加速度（Br）モード：$0.01 \sim 50.00\,\text{G}$（$10\,\text{k} \sim 20\,\text{kHz}$）

異常現象の周波数と人間の五感

	周波数 [Hz]				
	10	100	1K	10K	100K
触手（手）触覚（耳）					
アンバランス					
ミスアライメント					
軸曲がり					
オイルホワール・ウィップ					
ギア-異常					
ベアリング異常　初期　末期					

〔出典〕https://www.asahi-kasei.co.jp/aec/pmseries/shindoshindan/second.html

アンバランスの周波数帯は $10 \sim 100\,\text{Hz}$ なので,モードは速度モードを選択する.

答　エ

問28　回路計（テスタ）の使用方法に関する記述のうち,適切なものはどれか.［令和2年1級］

ア　デジタル信号は,短時間に電圧が変動するため測定に適さない.

イ　抵抗値を測定する際は,2本のプローブの両端共,指で触れながら行う.

ウ　測定レンジは,プローブを測定回路に接続して切り換える.

エ　測定レンジの小さい方から測定するのが望ましい.

解説　アが適切である.

イ　抵抗レンジで測定を行う場合は,2本のプローブの先端を接触させ,0Ωになることを確認する.

次に，測定物に 2 本のプローブを接触させ測定する．このとき，
測定物を指で触れながら測定すると正しい値が表示されないため，
測定物を固定するか，ワニ口クリップなどを使用してプローブと測
定物をしっかり接触させ，測定する．

ウ　電圧・電流レンジを使用する場合は，測定前にレンジを切り換
える．測定中にレンジを切り換えると，回路計が破損するおそれが
ある．

エ　測定値が不明な場合は，最大測定レンジから順に下位のレンジに
切り換えて使用する．最小測定レンジから測定すると指針が振り切
れ，破損するおそれがある．

答　ア

問 29　測定機器に関する記述のうち，適切なものはどれか．[令和 5 年 1 級]

ア　容積式流量計は，測定する流体の粘度が低いほど測定精度が良くなる．

イ　回路計（テスタ）を用いた電圧測定において，測定値が予測できない
ときは，最大の測定レンジから測定を始める．

ウ　ダイヤルゲージの長針は，プランジャ（スピンドル）を押し込むとき
に反時計回りに動く．

エ　手持ちの触針式の振動センサは，マグネット式と比較して，高域帯の
周波数を測定できる．

(解説)　イが適切である．前問解説参照．

答　イ

問30 測定機器に関する記述のうち，適切でないものはどれか．

[令和２年２級]

ア　シリンダゲージによる穴径の測定において，指示器（ダイヤルゲージ）の指針がプラス方向に振れている場合は，穴径が所定の寸法より小さいと判断される．

イ　アナログ式回路計（テスタ）で電圧・電流を測定する際，適正なレンジが不明だったので最小測定レンジから順次上位に切り替えた．

ウ　電磁流量計は，ファラデーの電磁誘導の法則を利用している．

エ　水準器の感度は，底辺１ｍに対する高さ（mm）または角度(秒)で表す．

(解説)　イが適切でない．

　　　回路計を使用して電気回路の電圧・電流・抵抗を測定することができる．アナログ式回路計では電圧・電流を測定する際，およその測定値が不明な場合，最大レンジから順に下位に切り替えながら，適正なレンジで測定する．最小レンジから測定すると，指針が振り切れ，破損するおそれがある．

答　イ

問31 温度の測定器具に関する記述のうち，適切でないものはどれか．

[平成30年・令和元年２級]

ア　一般用ガラス製温度計は，封入された液体が温度変化により膨張・収縮する原理を応用している．

イ　ニッケル抵抗温度計は，K熱電温度計に比べて，高温まで測定可能である．

ウ　熱電温度計は，小さな測定対象や狭い場所の温度を測定することが可能である．

エ　放射温度計は，非接触で被検査体の温度を測定することが可能で，高温域の測定に適する．

(解説)　イが適切でない．

　　　ニッケル抵抗温度計は，一般工業用では300℃まで測定できるが，K

熱電温度計（熱電対温度計）は，1 200 ℃程度まで測定できるものが多く，比較的高温の温度測定用としては K 熱電温度計（K 熱電対温度計）の方が多く用いられている．

K 熱電温度計（K 熱電対温度計）とは，正極にニッケルおよびクロムを主とした合金，負極にニッケルを主とした合金を用いたものである．

答　イ

問32 機械の点検に使用する測定器具に関する記述のうち，適切でないものはどれか．[令和 2 年 1 級]

ア　ニッケルを用いた抵抗温度計は，白金を用いた抵抗温度計よりも測定温度範囲が広い．

イ　ブルドン管圧力計は，正の圧力測定のほかに，負の圧力測定もできる．

ウ　電磁流量計は，測定する流体の圧力や粘度の影響を受けない．

エ　ダイヤルゲージの長針は，プランジャ（スピンドル）を押し込むときに右回りに動く．

(解説)　アが適切でない．前問解説参照．

答　ア

問33 ニッケルを用いた抵抗温度計は，K 型熱電温度計に比べて，高温まで測定可能である．[令和 2 年 1 級]

(解説)　誤った記述である．問 31 解説参照．

答　誤り

問34 温度計に関する記述のうち，適切なものはどれか．[令和 2・3 年 2 級]

ア　熱電温度計は，小さな測定対象や狭い場所の温度測定が可能である．

イ　放射温度計は，300 ℃以上の温度測定には適さない．

ウ　抵抗温度計は，封入された液体が温度変化により膨張・収縮する原理を応用している．

エ　放射温度計は，温度変化により抵抗が変化する原理を応用している．

(解説)　アが適切である．

イ　放射温度計は高温域の測定に適する．

ウ　抵抗式温度計（電気抵抗温度計）は，金属や半導体の電気抵抗が
温度によって変化する現象を利用した温度計である．

エ　放射温度計は物体から放射される赤外線の量を温度に換算し測定
している．

答 ア

問35 物体の放射率は，重量・大きさの影響を受けるため，放射温度計で
測定する際は放射率の考慮が必要である．［平成29年1級］

(解説) 誤った記述である．

同じ温度の物体と黒体面との放射するエネルギーの比を放射率とい
う．鏡面体の放射率は「0」，完全黒体の放射率は「1」となる．放射率
は材質や表面状態（あらさ，よごれ）の影響を受けるが，重量・大きさ
には無関係である．

答 誤り

問36 放射温度計を用いる際は，測定対象物の放射率が物体の材質や表面
の状態などにより変化するため，放射率を考慮する必要がある．
［平成30年1級］

(解説) 正しい記述である．

放射温度計は物体から放射される赤外線の量を温度に換算し測定して
いるが，その換算式は，完全黒体をベースにしている．

しかし，赤外線の一部は表面で反射されたり，赤外線を透過してしま
う物体もあるため，実際には同温度の黒体よりも少ない赤外線しか放射
されない．

したがって，放射温度計に入ってくる赤外線も完全黒体よりも少なく
なり温度表示は低くなる．

そこで，同温度の黒体と比較して，どの程度放射エネルギーが少ない
のか知り，それを放射温度計に設定する必要がある．

答 正しい

問37 ある場所で測定したときに，いずれも 70 dB の音圧レベルが計測
される 2 つの音源が同時に作動すると合成されて 100 dB になる.

[平成 29 年 2 級]

(解説)　誤った記述である.

二つの音源の音圧レベルを A［dB］，B［dB］とすると，これらの和は，

$$L = 10 \log_{10}\left(10^{\frac{A}{10}} + 10^{\frac{B}{10}}\right) = 10 \log_{10} \ 10^{\frac{A}{10}}\left(1 + 10^{\frac{B-A}{10}}\right)$$

$$= 10 \log_{10} 10^{\frac{A}{10}} + 10 \log_{10}\left(1 + 10^{\frac{B-A}{10}}\right)$$

$$= 10 \times \frac{A}{10} + 10 \log_{10}\left(1 + 10^{\frac{B-A}{10}}\right)$$

$$= A + 10 \log_{10}\left(1 + 10^{\frac{B-A}{10}}\right)[\text{dB}]$$

本問では両音源とも等しい音圧レベルであるから，$A = B = 70$ dB となるので，

$$L = A + 10 \log_{10}\left(1 + 10^{\frac{A-A}{10}}\right) = 70 + 10 \log_{10}\left(1 + 10^{\frac{70-70}{10}}\right)$$

$$= 70 + 10 \log_{10} 2 \fallingdotseq 70 + 3$$

$$= 73 \text{ dB}$$

となる.

答　誤り

<補　足>

音圧レベルや音の強さのレベルは対数で計算されるため，音圧が倍になったからといって単純に倍にはならない.

《主要構成要素の異常時における対応》

問１　機械の主要構成要素に生じる欠陥に関する記述のうち，適切でないものはどれか．[平成 28 年 2 級]

ア　転がり軸受に生じるフレーキングとは，転動体表面が繰り返し荷重を受け，ある期間回転した後，表層部がうろこ状にはがれる現象をいう．

イ　回転軸の段付部での折損は，段付部の R が小さいことによる応力集中も原因の１つとして考えられる．

ウ　歯車の歯面に生じるピッチングに対して，歯当たりを修正したり，潤滑油の粘度を上げても効果はない．

エ　オーステナイト系ステンレス鋼の貯槽の内側に発生した多数の割れの原因として，内容物中の塩素イオンによる応力腐食割れが考えられる．

(解説)　ウが適切でない．

　歯車のピッチングは，潤滑剤の劣化や材料の不適合，歯車の取り付け位置および歯車の軸平行度の誤差などによって起こる．粘度の高い潤滑油の採用，歯車への潤滑状態の改善，歯当たりの修正などで防止できる．

　答　**ウ**

問２　機械の主要構成要素に生じる異常現象の種類に関する記述のうち，適切なものはどれか．[平成 28 年 1 級]

ア　転がり軸受の故障で，スミアリングとは疲労摩耗のことである．

イ　スコーリングは，歯面に過大荷重が繰り返し加わり，歯面表面下の組織に疲労破壊を生じたものである．

ウ　フレッチングとは，接触する２面間が，相対的な繰り返し微小滑りを生じて摩耗する現象をいう．

エ　スポーリングは，水分に起因する著しい錆が，摺動面などに発生する現象をいう．

(解説)　ウが適切である．

ア　転がり軸受けに生じるスミアリングとは，二つの金属が大きな荷

重を受けてこすれ，潤滑油膜が破れて直接接触し接触面に肌荒れを
起こす現象のことである．ガジリともいう．

イ　スコーリングは，金属同士が接触の結果，融着した微細接触粒子
が引き裂かれることによって生じ，歯面より金属が急速に取り除か
れる現象である．

エ　スポーリングは，歯面の過大荷重によって表面下組織に過大応力
を発生させ，ピッチングの隣接小孔が連結して大きな孔となり，か
なりの厚みで金属片がはく離・脱落することをいう．

答　ウ

問3 転がり軸受に生じる異常現象の種類に関する記述のうち，適切でない
ものはどれか．［平成29年1級］

ア　フレーキングとは，軸受が荷重を受けて回転したときに，軌道輪や転動
体の表面が転がり疲れによって，うろこ状に剥がれる現象である．

イ　電食とは，軌道輪と転動体との間の非常に薄い油膜を通して，微弱電流
が断続して流れた場合のスパークによって発生する現象である．

ウ　スミアリングとは，錆が転がり軸受の内輪全面に広がる現象である．

エ　フレッチングとは，接触する2面間が，相対的な繰り返し微小滑りを
生じて摩耗する現象である．

(解説)　ウが適切でない．

スミアリング（Smearing）とは，軸受けの軌道面，転動面，ころ端面，
つばのころ案内面などに生じた微小焼付き部が群がっている現象．摩擦
による高い温度によって表面が局部的に溶け，面がかなり荒れているも
のが多い．

答　ウ

＜補　足＞

フレークとは"薄片"または"薄片になる"という意味．軌道面，転動体の早
期フレーキングは，すきま過小，過大荷重，潤滑不良，錆などの原因が考えられ，
適当なはめ合い，軸受すきまを選ぶことや潤滑剤を選定し直すことが防止対策と
なる．

電食は，電気分解の一種で異種金属間で起こる腐食現象．軸受においては軌道

輪と転動体との接触部分に電流が流れた場合，薄い潤滑油膜を通して放電し，その表面が局部的に溶融し凹凸となる現象．騒音の発生源にもなる．

　フレッチングとは，軸受が回転しない状態で振動を受けたり，小さい振動を受けたときに生じる一種の摩耗現象であり，さび色の摩耗粉を生じるのが特徴である．

　しめしろが小さい場合にはしめしろを大きくする，はめあい部に潤滑油を塗布するなどの対策がとられる．

問4　転がり軸受に生じる異常現象の名称と内容の組合せとして，適切でないものはどれか．[令和3年2級]

ア　名称：フレーキング　　内容：軌道面がうろこ状に剥がれる．
イ　名称：クリープ　　　　内容：表面がなし地状になる．
ウ　名称：スミアリング　　内容：表面が荒れ，微小な溶着を伴う．
エ　名称：フレッチング　　内容：接触する2面が摩耗し，くぼみを作る．

(解説)　イが適切でない．前問解説・補足参照

　　答 イ

問5　転がり軸受に関する文中の（　　）内の数字に当てはまる語句の組合せとして，適切なものはどれか．[令和3年2級]

　「円筒ころ軸受は，主に（　①　）荷重を負荷するのに適しており，N型は保持器と（　②　）が分離する．」

ア　①：アキシアル　②：外輪
イ　①：アキシアル　②：内輪
ウ　①：ラジアル　　②：外輪
エ　①：ラジアル　　②：内輪

(解説)　ウが適切である．
　　　　N型は切り欠き内輪上部にあり，NU型は切り欠き外輪内部にある．
　　　　軌道輪のつばの有無によって，NU，NJ，NUP，N，NF形などに分類される．

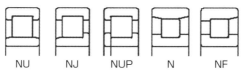

NU　　NJ　　NUP　　N　　NF

〔出典〕https://www.nsk.com/jp/products/rollerbearing/
cylindrical/index.html

答 ウ

問6 転がり軸受で，内輪のはめあい面にクリープが発生したので，しめし
ろを少なくした．[平成30年2級]

(解説) 誤った記述である．

転がり軸受で，はめあい面にクリープが発生するのは，はめあい面に
すきまが生じたときでる．

内輪回転荷重では，内輪のしめしろ不足，外輪回転荷重では外輪のし
めしろ不足が原因でクリープが発生する．

クリープを防止するには，回転荷重を受ける軌道輪に必要なしめしろ
を与える．

答 誤り

問7 工作機械に用いられている主軸の回転周波数の2倍程度の異常振動
が発生していた．考えられる原因として，適切なものはどれか．

[令和元年2級]

ア　ミスアライメント
イ　アンバランス
ウ　オイルホワール
エ　主軸の摩耗

(解説) アが適切である．

ミスアライメントは，軸継ぎ手で結ばれた2本の回転軸の中心線がず
れている場合に発生する振動現象で，主軸周波数の2倍程度の異常振動
が発生する．

ゆるみは，基礎ボルトのゆるみや，軸受の摩耗などによって発生する
振動で，主軸周波数の3倍程度の異常振動が発生する．

　　　　アンバランスは，回転軸まわりのロータの質量が一様に分布していな
　　いことによって，回転時の各質量に働く遠心力が全体としてつりあわず
　　に発生する振動現象で，主軸周波数の同じ周波数の異常振動が発生する．
　　答　ア

＜補　足＞

異常振動の種類には，(1)強制振動と(2)自励振動の2種類ある．

　(1)　強制振動は，振動系に外部から周期的に変動する強制外力が作用する場合，
この強制外力によって発生する異常振動で，強制力の周波数と振動系の固有振動
数が一致して激しく振動する現象を共振といっている．その事例として回転機械
のアンバランス，ミスアライメントなどがある．

　(2)　自励振動は，強制外力の周波数に関係なく，振動系自身の固有振動数によっ
て著しい振動が発生する現象である．

　特に，軸受部の振動測定位置および方向はISO 3945に従い，軸方向（A），水
平方向（H），垂直方向（V）の3方向を測定するように規定されている．いま振
動速度100～1000Hzで，軸方向（A），水平方向（H），垂直方向（V）の測定結
果を判定すると，

　(a)　V ≫ H，Aの場合はボルトのゆるみ

　(b)　V ≒ Hで，かつA ≪ H，Vの場合はアンバランス

　(c)　A ≫ V，Hの場合はミスアライメント

と考えられている．さらに，おもな振動として，低周波ではアンバランス，ミス
アライメント，ガタがある．また，中間周波では歯車のかみ合い振動，高周波で
はころがり軸受の振動を加味する必要がある．

問8 異常振動に関する文中の（　）内の数字に当てはまる数値と語句の組合せとして，適切なものはどれか. [令和3年2級]
　「工作機械において，主軸の回転周波数の（　①　）倍程度の（　②　）方向の異常振動が発生していたので，ミスアライメントが発生している可能性があると考えた.」
ア　①：1/2　②：ラジアル
イ　①：1/2　②：アキシアル
ウ　①：2　②：ラジアル
エ　①：2　②：アキシアル

(解説) エが適切である.

　ミスアライメント（心ずれ）が生じている場合，アキシアル（軸）方向にベアリングへ高い負荷がかかり，故障を引き起こす原因となり，また，角度がずれている場合，軸方向の振動が大きいという特徴がある．騒音を見ると，1x，2x（回転周波数の2倍）の振幅が大きくなり，3xの振幅もしばしば大きくなる．オフセットが生じている場合，半径方向の振動が大きくなり，2x成分が1xよりも大きくなることがしばしば生じる.

答　エ

問9 工作機械に主軸の回転周波数の2倍程度の異常振動が発生していた．考えられる原因として，適切なものはどれか. [令和2年2級]
ア　オイルホイップ
イ　オイルホワール
ウ　アンバランス
エ　ミスアライメント

(解説) エが適切である．問7解説参照.

答　エ

> **問10**　軸継手に関する記述のうち，適切なものはどれか．[令和元年1級]
> ア　固定軸継手は，オルダム軸継手と比べ，アライメントの許容範囲が小さい．
> イ　オルダム軸継手は，大きな動力伝達や高速回転に適している．
> ウ　かみ合いクラッチは，軸方向に押し付ける力によって生じる摩擦力を利用して動力を伝達する．
> エ　自在軸継手は，2軸が同心である場合のみ使用ができる．

解説　アが適切である．

ア　固定軸継手は結合する2軸が一直線をなす場合に使用する軸継手であるため，ミスアライメント（軸ずれ）の許容範囲が極めて小さい．※ダイヤルゲージで0.02以下にしなければ回転しない．

イ　オルダム軸継手は，軸心がずれている場合に使用する．ほかと比較してミスアライメントの許容範囲が大きい．振動が発生しやすいため，高速回転の用途には不向きである．

ウ　かみ合いクラッチは，2軸の連結を必要に応じて断続することができる軸継手である．互いにかみ合うつめをもったフランジを軸の端に取り付け，軸と軸との連結を断つことや接続することができる．

かみ合いクラッチ

※同一軸線上で使用する．ミスアライメントはなし．

エ　自在継手は，ある角度（固定された角度ではない）をもって2軸を連結される場合に使用する軸継手である．

答　ア

問11 軸受に生じる欠陥の原因・対策に関する記述のうち，適切でないものはどれか．[平成29年1級]

ア 転がり軸受の傷による振動は高周波領域に発生し，もっとも信頼性が高いのは，加速度センサによる測定である．

イ 深溝玉軸受で転動体のピッチで圧こんが見られたので，取付作業を見直した．

ウ 転がり軸受の摩耗による振動で高調波が発生している場合，軸受は著しく損傷している．

エ 滑り軸受にオイルホイップ現象が生じたので，強制振動対策を行った．

[解説] エが適切でない．

　　　オイルホイップ振動は自励振動であるため，強制振動対策を行っても意味がない．

　　答　エ

＜補　足①＞

オイルホイップは，すべり軸受の油膜の作用により発生する軸系の自励振動で，系全体の減衰が負になるために発生する発散型の振動であり，外力が作用しなくても振動振幅が増大する．

＜補　足②＞

(1) 回転や往復運動する軸を支える機械要素を総称して軸受けといい，薄い油膜を介して荷重を支持する構造のものを**滑り軸受**という．負荷能力や高速性能，耐衝撃性にすぐれており，潤滑が良好であれば寿命は半永久的である．

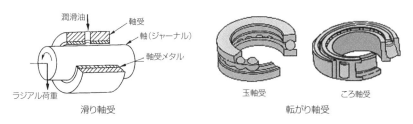

潤滑油　軸受
軸（ジャーナル）
軸受メタル
ラジアル荷重
滑り軸受

玉軸受　ころ軸受
転がり軸受

(2) **転がり軸受**とは，玉あるいはころなどの転動体を介して支持する軸受けをいう．転がり軸受は，起動摩擦が小さく，潤滑・保守が容易であり，高温・低温特性が良い．種々の形式のものが市販されており，互換性に優れている．

第**6**編
機械系保全法

> **問12**　ポンプの吸込配管内径を大きくすることは，キャビテーションの防止対策として有効である．［令和元年2級］

（解説）　正しい記述である．

　　　　管内流速が速いとキャビテーションが発生しやすくなるため，吸込配管の内径を大きく，長さを短くするとよい．

　　　　ポンプのキャビテーションの防止対策として，ポンプの吸込み高さを小さくしたり，吸い込み側の弁で水量調節をしない，などがある．

　　　答　正しい

＜補　足＞

キャビテーションとは，高速で流れる流体において，圧力の低い部分に気泡が生じ，非常に短時間で消滅する現象をいう．油圧ポンプは，ポンプ吸込側での負圧が大きくなると吐出し量が減少する．この負圧がある値を超えると，油の中に溶解している空気が気泡となり，この気泡が消滅するときに大きな騒音を発生したり，激しい侵食や部品振動を誘発したりして，寿命を著しく縮める．

> **問13**　ポンプや配管に生じる異常に関する記述のうち，適切でないものはどれか．［令和5年2級］
> ア　うず巻きポンプから流体が規定量吐出されない原因の1つとして，空気の吸込みが挙げられる．
> イ　うず巻きポンプから流体が規定量吐出されない原因の1つとして，インペラへの異物付着が挙げられる．
> ウ　ポンプに発生したキャビテーション対策の1つとして，吸込配管の内径を大きくすることが挙げられる．
> エ　ポンプに発生したキャビテーション対策の1つとして，ポンプの回転数を上げることが挙げられる．

（解説）　エが適切でない．

　　　　キャビテーションの対策として，吸い込み配管の内径を大きく，長さを短くする，ポンプの回転数を下げる（流速を下げる）ことなどがある．

　　　答　エ

問 14　ポンプ運転中に異常が発生した場合の対応として，適切でないもの
はどれか．[平成29年2級]

ア　吐出量が減少したのでポンプの回転数を測定した．

イ　初めに水が出たがすぐ出なくなったので，吸込み側の配管を調べた．

ウ　スタフィングボックス部から異音が発生したので，軸受オイルを交換
した．

エ　ポンプにキャビテーションによる異常振動が発生したので，サクショ
ンフィルタを清掃した．

(解説)　ウが適切でない．

スタフィングボックス部での異音の原因には，グランドパッキンの締
めすぎか劣化，軸の損傷，偏心，異物のかみこみなどが考えられる．軸
受けオイルは軸受の潤滑剤であるから，交換してもスタフィングボック
スの異音は解消しない．

答　ウ

＜補　足＞

グランドパッキンは，JIS B 0116 で「一
般に断面が角形で，スタフィングボックス
に詰め込んで用いられるパッキンの総称」
と定義されている．スタフィングボックス
内のパッキンをパッキン押さえで締め付け
ることによって軸表面に押し付け，その接
触圧力で内部の流体をシールしている．ポ
ンプなどの軸封部では，パッキンの冷却と
潤滑のために軸表面を伝わる若干の漏れ
（ポタポタと漏れるくらい）が必要である．

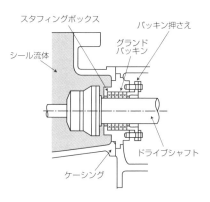

締めすぎると，ポンプが過負荷になるばかりか煙が出て大変なことになる．

サクションフィルタはポンプ吸入口側に取り付ける濾過器で，ポンプ内部への
ゴミの進入や噛み込みを防止する．清掃することにより，キャビテーションの振
動を抑えることができる．

第6編
機械系保全法

問15　タービンポンプの振動，騒音の原因に関する記述のうち，適切でないものはどれか．[平成28年2級]

ア　羽根車がケーシングに接触している．

イ　キャビテーションが発生している．

ウ　軸受部の潤滑油が多すぎる．

エ　羽根車に異物が付着している．

(解説)　ウが適切でない．

　　　軸受に潤滑剤が不足している場合は，振動・騒音の原因となり，フレーキング，かじりおよび損傷の発生につながるが，潤滑剤が多すぎても振動・騒音の原因とはならない．

　　答　ウ

問16　油圧ポンプが異常音を発生している場合の点検項目に関する記述のうち，適切でないものはどれか．[平成29年1級]

ア　吸込配管径が小さすぎないか．

イ　タンク内に設置されている，油圧ポンプの吸込配管のサクションフィルタが目詰りしていないか．

ウ　吐出側管路用フィルタが目詰りしていないか．

エ　ポンプのシャフトシールから，空気が吸い込まれていないか．

(解説)　ウが適切でない．

　　　油圧ポンプが異常音を発生する原因として，次の項目があげられる．

①　吸い込み配管から空気が吸い込まれているかまたは配管径が小さいとき．

②　タンク用フィルタの目詰まり，または容量不足，目の細かすぎ．

③　作動油の粘度が高い，または油温が低い．

④　ポンプのヘッドが高すぎる．

⑤　ポンプの回転速度が速すぎる．

⑥　ポンプ軸継手の心出し不良．

⑦　ポンプ軸ベアリング不良．

⑧　ポンプのオイルシールまたはシャフトシールから，空気が吸い込

まれている．

したがって，ウが適切でない．

答　ウ

問17　配管などに関する記述のうち，適切なものはどれか．[平成29年1級]

ア　ポンプ内の流れに局部的な真空を生じ，水が気化して気泡が発生することをサージングという．

イ　水圧管内水量を急に遮断したときに，水流の慣性で管内に衝撃・振動水圧が発生する現象をウォータハンマという．

ウ　管内の圧力が，時間の変化と共に変動する現象をキャビテーションという．

エ　粒子の衝突により，配管内面などが，徐々に剥離する現象をコロージョンという．

(解説)　イが適切である．

　　ア　サージングとは，ポンプ内で自励振動を起こし，特有の定まった周期で吐出圧力および吐出量が変動する現象．

　　ウ　キャビテーションとは，流体の流れの中で圧力差により短時間に泡の発生と消滅が起きる物理現象．空洞現象ともいわれる．

　　エ　エロージョンという．コロージョンは腐食のことである．

答　イ

問18　機械の異常時における対策に関する記述のうち，適切でないものはどれか．[令和5年2級]

ア　ポンプに異常な振動が発生したので，ストレーナを点検した．

イ　転がり軸受の振動や軸の変位を小さくするため，6220の軸受を6220C2に変更した．

ウ　ボルトの緩みを発見したので，ダブルナットを使用することとし，先に薄いナットを締め，その上に厚いナットを締め付けた．

エ　ウォータハンマの発生を防止する方法の1つとして，弁をできるだけ急速に閉めることが挙げられる．

(解説)　エが適切でない．

弁を急速に閉めると大きな圧力変動を生じるので，ウォータハンマを発生する原因になる．水栓はゆっくり締めるようにする．また，十分な配管径を確保し，流速を大きくしないことが重要である．

答　エ

問19　ポンプや配管に生じる異常に関する記述のうち，適切でないものはどれか．［令和4年1級］

ア　サージングは，ポンプ内で自励振動を起こし，特有の定まった周期で吐出圧力および吐出量が変動する現象である．

イ　ウォータハンマは，水圧管内の水量を急に遮断したときに，水流の慣性で管内に衝撃や振動が発生する現象である．

ウ　キャビテーションは，流体の流れの中で，短時間に泡の発生と消滅が起きる現象である．

エ　コロージョンは，粒子の衝突により，配管内面などが，徐々に剥離する現象である．

(解説)　エが適切でない．問17解説参照．エの記述はエロージョンに関するものである．

答　エ

問20　ポンプや配管に生じる異常に関する記述のうち，適切でないものはどれか．［令和3年1級］

ア　サージングは，ポンプ内の流れに局部的な真空を生じ，水が気化して気泡が発生する現象である．

イ　ウォータハンマは，水圧管内の水量を急に遮断したときに，水流の慣性で管内に衝撃や振動が発生する現象である．

ウ　キャビテーションは，流体の流れの中で，短時間に泡の発生と消滅が起きる現象である．

エ　エロージョンは，粒子の衝突により，配管内面などが，徐々に剥離する現象である．

(解説)　アが適切でない．問17解説参照．

答　ア

問21 ウォータハンマとは，流体の流れの中で，短時間に泡の発生と消滅が起きる現象のことである．[令和4年2級]

(解説) 誤った記述である．問17解説参照．

設問の記述はキャビテーションに関するものである．

答 誤り

問22 サージングとは，液体の圧力が下がり，局部的な高い真空が生じて気泡が発生する現象である．[令和5年2級]

(解説) 誤った記述である．

設問の記述はキャビテーションに関するものである．

サージングとは，渦巻ポンプ，遠心ポンプなど軸流送風機，圧縮機などを管路につないで，流量を絞って正規量より少ない吐出し量で運転するときに起こる管内圧力，吐出し量などの周期的な振動現象をいう．また機械的な追従不足でレシプロエンジンのOHCなどでの高回転時にバルブがバタつき高出力が得られなくなる振動現象もその一つである．

答 誤り

問23 サージングとは，流動している液体の圧力が局部的に低下し，気泡が発生する現象である．[令和2年2級]

(解説) 誤った記述である．前問解説参照．

答 誤り

問24 機械の異常時における対応に関する記述のうち，適切でないものはどれか．[令和3年2級]

ア ポンプに異常な振動が発生したので，ストレーナを点検した．

イ 送風機に異常な振動が発生したので，羽根車の腐食を点検した．

ウ 3本掛けのVベルトのうち，1本に亀裂が見つかったので，3本とも交換した．

エ 遠心送風機にサージング現象が発生したので，吐出弁を絞った．

(解説) エが適切でない．問17解説参照．

サージングへの対応として，回転速度を下げて吐出し量を調節する，
吸込み弁を絞るなどの方法がある.

答 エ

問25　機械の異常時における対応に関する記述のうち，適切でないものは
どれか. ［令和4年2級］

ア　ポンプに異常な振動が発生したので，ストレーナを点検した.

イ　送風機に異常な振動が発生したので，羽根車の腐食を点検した.

ウ　3本掛けのVベルトのうち，1本に亀裂が見つかったので，亀裂の入っ
た1本を交換した.

エ　遠心送風機にサージング現象が発生したので，吸込弁を絞った.

(解説)　ウが適切でない. 問17解説参照.

答 ウ

問26　機械の異常発見を目的として設置する機器のうち，非接触式のセン
サの例として，リミットスイッチが挙げられる. ［令和4年1級］

(解説)　誤った記述である.

リミットスイッチは接触式である.

リミットスイッチとは内蔵マイクロス
イッチを外力，水，油，ガス，塵埃などか
ら保護する目的で封入ケースに組み込んだ
ものであり，特に機械的強度や耐環境性を
要求されるところに適用できるように作ら
れたスイッチをいう.

非接触式センサには，検出物（人体）からのエネルギーを受け取って
検知する焦電センサ，光を出力し，反射してくるものを受け取って検知
するタイプの光学式測距センサ，静電容量の変化を検知する静電容量式
センサなどがある.

答　誤り

> **問27** 機械設備の異常における対応処置に関する記述のうち，適切なもの
> はどれか．[平成28年1級]
> ア 転がり軸受「6313」を使用していたが，軸受振動を小さくするため
>   に，同じ寸法の「6313C2」に取り替えた．
> イ はめあい部にフレッチングコロージョンが発生していたので，対策と
>   してはめあいをゆるくした．
> ウ 高温環境下で使用しシール部が変形していたので，ふっ素ゴム製シー
>   ルをニトリルゴム製シールに変更した．
> エ 滑り軸受にオイルホイップ現象が生じたため，強制振動対策を実施す
>   ることにした．

(解説) アが適切である．

　　C2は，内部すきま記号といわれ，ころがり軸受の軸受すきまは，ア
ンギュラ玉軸受とスラスト玉軸受を除き，C2，(CN)，C3，C4，C5（こ
の順にすきまが大きくなる）の群に分けられて製造される．CNが普通
すきまである．C2は普通すきまよりすきまが小さいので，振動を小さ
くできる．なお，6で始まる記号は深溝玉軸受けを表している．

　　イ フレッチングコロージョンは，2面の接触により起こる，酸化を
　　　伴う摩耗である．潤滑不良や振動，軸のたわみ，取付誤差，しめし
　　　ろ不足が原因であるから，軸，ハウジングの固定やしめしろの見直
　　　しを行う．はめあいをゆるくすると，しめしろ不足を助長すること
　　　になる．
　　ウ ニトリルゴム製シート(230℃)の方がフッ素ゴム製シート(230℃)
　　　より耐熱限界温度が低い．
　　エ オイルホイップ現象は，自励振動である．強制振動対策をしても
　　　意味はない．

　　答 ア

> **問28** 転がり軸受の振動や軸の変位を小さくするため，呼び番号6220
> の軸受を6220C2に変更した．[令和2年1級]

(解説) 正しい記述である．前問解説参照．

答　正しい

問29　機械の主要構成要素の異常時における対応に関する記述のうち，適切なものはどれか．[平成29・30年2級]

ア　軸受の変位や振動を小さくするため，転がり軸受の6220を，6220C2に変更した．

イ　駆動軸の締結に接線キーが用いられていたが，ショック荷重により緩みが生じたため，平行キーに改造した．

ウ　歯車の伝達トルクに脈動があり，騒音が大きくなったのでバックラッシを大きくした．

エ　転がり軸受の内輪はめあい面にクリープが発生したので，軸とのしめしろを小さくした．

解説　アが適切である．問27解説参照．

イ　平キーは，キーが接触する軸の面を平面に切削加工し，ボス側の溝に勾配を付ける．大きな荷重の作用する箇所での使用や正転逆転には適さず，軽荷重用に使用される．接線キーは，互いに反対の勾配を持つキーを2個組み合わせて，軸の接線方向に打ち込んで使うもので，重荷重用である．接線キーでゆるみが生じた箇所を平キーに改造しても，かえって悪化するだけで効果はない．

ウ　バックラッシとは歯車をかみ合わせたときの歯面間の「遊び」のことをいう．バックラッシが小さすぎると，潤滑が不十分になりやすく歯面同士の摩擦が大きくなる．また，バックラッシが大きすぎると，歯のかみ合いが悪くなり歯車が破損しやすくなる．伝達トルクの脈動による騒音を抑えるためにはバックラッシを小さくするが，小さくしすぎると騒音が増加することがある．

エ　クリープは，しめしろ不足が原因である．しめしろは大きくしなければならない．

答　ア

問30 機械の主要構成要素の異常時における対応に関する記述のうち，適切なものはどれか．[令和2年2級]

ア　歯車の伝達トルクに脈動があり，騒音が大きくなったのでバックラッシを大きくした．

イ　転がり軸受の内輪はめあい面にクリープが発生したので，軸とのしめしろを小さくした．

ウ　転がり軸受に圧痕が発生したので，軸受すきまを大きくした．

エ　歯車にスポーリングが発生したので，歯面層の硬化処理を行った．

(解説)　エが適切である．ア，イ前問解説参照．

ウ　圧痕は固形物の噛み込みや衝撃によって生じるため，対策として軸受すきまを小さくする．

エ　スポーリングとは，歯車の歯面で金属片がはく離・脱落する現象である．そのため，歯当たり修正，歯面の硬化，材料強度アップなどにより対策を図る．

答　エ

問31 機械要素の異常における対応処置に関する記述のうち，適切でないものはどれか．[令和2年1級]

ア　歯車にピッチングが発生したので，歯当たりの確認および修正を行った．

イ　転がり軸受のはめあい部にフレッチングコロージョンが発生したので，外輪のはめあい部の面粗度を大きいものに変更した．

ウ　高温環境下での使用により，ニトリルブタジエンゴム製シールが変形したので，ふっ素ゴム製シールに変更した．

エ　滑り軸受を用いた主軸にオイルホイップが発生したので，軸受幅を小さくした．

第6編
機械系保全法

(解説)　イが適切でない．

フレッチングコロージョンは，2面の接触により起こる，酸化を伴う摩耗である．潤滑不良や振動，軸のたわみ，取付誤差，しめしろ不足が原因であるから，軸，ハウジングの固定やしめしろの見直しを行う．は

めあいをゆるくすると，しめしろ不足を助長することになる．

答　イ

問32　機械の主要構成要素の異常時における対応に関する記述のうち，適切なものはどれか．[令和元年2級]

ア　駆動軸の締結に接線キーが用いられていたが，ショック荷重により緩みが生じたため，平行キーに改造した．

イ　ファンを駆動する五条のVベルト伝動において，ベルトの1本が切れたため，恒久対策として切れた1本だけを強化タイプにした．

ウ　転がり軸受の振動や軸の変位を小さくするため，6220の軸受を6220C2に変更した．

エ　転がり軸受の内輪はめあい面にクリープが発生したので，軸とのしめしろを小さくした．

(解説)　ウが適切である．問27解説参照．

イ　複数本使用しているベルトの1本が切れた場合の恒久的対策としては，すべてを交換するのが普通である．該当ベルトのみを交換することは応急処置である．

答　ウ

問33　機械設備の異常における対応処置に関する記述のうち，適切なものはどれか．[令和元年1級]

ア　滑り軸受を用いた主軸にオイルホイップ現象が発生したので，強制振動を抑えることにした．

イ　高温環境下での使用によりシール部が変形したので，ふっ素ゴム製シールをニトリルブタジエンゴム製シールに変更した．

ウ　転がり軸受のはめあい部にフレッチングコロージョンが発生したので，外輪のはめあい部の面粗度を大きいものに変更した．

エ　転がり軸受の振動や軸の変位を小さくするため，6220の軸受を6220C2に変更した．

(解説)　エが適切である．問27解説参照．

答　エ

問34 深溝玉軸受に発生する損傷に関する記述のうち，適切でないものは
どれか．［平成30年2級］
ア アキシアル方向の過大荷重により，フレーキングが発生したので，は
めあいを中間ばめからすきまばめに変更した．
イ 転動体の滑り量が大きいことにより，スミアリングが発生したので，
予圧の設定を見直した．
ウ しめしろの大きさが適切でないことにより，フレッチングコロージョ
ンが発生したので，しめしろを小さくした．
エ 潤滑不良により，なし地が発生したので，潤滑剤を見直した．

(解説) ウが適切でない．
　　　フレッチングコロージョンは，小さな振動を受けたときなどに生じる
　一種の摩擦現象で，原因はしめしろ不足である．対策としては，しめし
　ろを大きくすることが必要である．
　答 ウ

問35 深溝玉軸受に発生する損傷に関する記述のうち，適切でないものは
どれか．［令和2年2級］
ア なし地が発生する原因の1つとして，潤滑不良が挙げられる．
イ フレッチングコロージョンが発生する原因の1つとして，しめしろ
が大きすぎることが挙げられる．
ウ フレーキングが発生する原因の1つとして，過大荷重が挙げられる．
エ スミアリングが発生する原因の1つとして，転動体の滑りが挙げら
れる．

(解説) イが適切でない．前問解説参照．
　答 イ

問36　機械の主要構成要素の異常における対応処置に関する記述のうち，適切なものはどれか．[平成28年2級]

	異常内容	対応処置
ア	歯車伝動において，伝動トルクに脈動があり騒音も高い	バックラッシを大きくする
イ	転がり軸受の内輪はめあい面にクリープが発生した	軸とのはめあいをきつくする
ウ	ポンプのグランドパッキン部より多量に水漏れが発生した	水漏れが完全に止まるまでグランドパッキンを締める
エ	歯面にスコーリングが発生した	潤滑油を極圧剤無しのものに替える

(解説)　イが適切である

　　転がり軸受におけるクリープの発生は，はめ合い面の乱れや摩耗が生じたということであり，しめしろ不足が原因である．軸受部にはめ合う加工部分の精度確認としめしろ対策が必要となるが，クリープ対策としては，しめしろは大きく（はめあいをきつく）しなければならない．

　　ア　バックラッシとは，一対の歯車をかみ合わせたときの歯面間の遊びのことである．伝動トルクに脈動があるときは，バックラッシは小さくするのが効果的だが，バックラッシを小さくしすぎると騒音を増大させることがある．

　　ウ　ポンプやバルブなど流体機器は，軸を回転させつつ圧力の加わった流体が機器の外部へ流出するのを防がなければならない．この部品を軸封部品といい，グランドパッキンはその代表格である．軸封部であるスタフィングボックスにグランドパッキンを挿入し，さらにパッキン押さえで締め付けることにより内部流体をシールする．ポンプ用のグランドパッキンは，漏れを制限するもので，潤滑と冷却のため，若干の漏れが必要である．水漏れが完全に止まるまで締め付けてはならない．

　　エ　スコーリングは，高荷重を受ける滑り摩擦面の潤滑膜が破れ，両面が接触，融着し，再び引きはがされた結果生ずる．スコーリングを防止するためには，摩擦面の直接接触を防ぐ必要があり，潤滑剤は耐荷重性に優れる潤滑被膜を形成するものがよい．極圧剤は，金

属の二面の間の摩擦，摩耗の減少や，焼付の防止のために潤滑油に
加えられる添加剤であり，極圧剤なしのものに変えることは，スコー
リング対策としては逆効果である.

答 **イ**

問37 機械の主要構成要素の異常時における対応に関する記述のうち，適
切なものはどれか. ［平成30年2級］

ア ボルトの緩みを発見したので，ダブルナットを使用することとし，先
に厚いナットを締め，その上に薄いナットを締め付けた.

イ うず巻ポンプに異常振動が発生したので，キャビテーションと判断し，
応急対策として，吸込側に制水弁を取り付けて絞った.

ウ 油潤滑の軸受に電流が流れ，火花放電による電食が発生したので，軸
受を交換し，アースを十分にとった.

エ 遠心送風機にサージング現象が発生したので，吐出弁を絞った.

[解説] ウが適切である.

ア ダブルナットとは，ナットを二重に締めることでボルトを緩みに
くくする方法である. 同じ厚みのものを使用するか，上のナットに
厚いものを使用する.

イ キャビテーションであれば，気体自体を発生させない対策が必要

である. 吸い込み不良はキャビ
テーション発生原因の一つであ
るから，吸込側を絞ることは
キャビテーションを助長するこ
とになる.

エ サージングは図に示す圧力曲
線の右上がりの部分で発生す
る. サージングを防止するには，

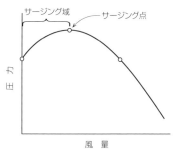

一定量以上の風量で運転する. 吐出弁を絞るのは逆効果である.

答 **ウ**

問38　機械の主要構成要素の異常時における対応に関する記述のうち，適切でないものはどれか．［令和元年2級］

ア　油潤滑の軸受に電流が流れ，火花放電による電食が発生したので，軸受を交換し，アースを十分にとった．

イ　遠心送風機にサージング現象が発生したので，吸込弁を絞った．

ウ　ボルトの緩みを発見したので，ダブルナットを使用することとし，先に薄いナットを締め，その上に厚いナットを締め付けた．

エ　うず巻ポンプに異常振動が発生したので，キャビテーションと判断し，応急対策として，吸込側に制水弁を取り付けて絞った．

(解説)　エが適切でない．前問解説参照．

　　答　エ

問39　設備不具合に関する記述のうち，適切でないものはどれか．

　　［平成28年1級］

ア　回転機器に異常振動が発生したので振動周波数を測定したところ，1kHz以上の周波数が測定されたので，転がり軸受に傷が発生していることが考えられた．

イ　回転機器の軸受部の振動測定で，アキシアル方向とラジアル方向の2方向の測定で問題が発見されなかったので，良好であると判定した．

ウ　ポンプの軸受を振動測定したところ，前回の測定値と比較すると異常に高い値であったので，軸受を点検することにした．

エ　歯車減速機の振動を測定したところ，かみ合い周波数の2倍の周波数成分が発見されたので，歯車に損傷があると考えた．

(解説)　イが適切でない．

　　振動は異常の種類によって発生する方向に特徴がある．例えば，アンバランスであれば水平方向に振動しやすく，アライメント狂いであれば軸方向にも振動は発生する．そのため，垂直，水平，軸の3方向について測定する．JIS B 0906においても，「振動挙動を明らかにするためには直交3方向で測定する必要がある．」としている．

　　答　イ

問 40　ベルトのトラブル処置に関する記述のうち, 適切なものはどれか.

　　［平成 28 年 2 級］

ア　平ベルトにばたつきが発生したが, プーリおよび軸間距離が変えられ
　　ないので, 平ベルトをより厚いものに取り替えた.

イ　点検の結果, V ベルトの亀裂やプーリの摩耗などは見当たらなかった
　　が, プーリ溝の中に V ベルトの上面が沈んでいたので, ベルトを取り
　　替えた.

ウ　ファンを駆動する五条の V ベルト伝動において, ベルトの 1 本が切
　　れたため, 恒久対策として切れた 1 本だけを強化タイプにした.

エ　点検の結果, プーリ溝の片面に 1.0 mm の摩耗があり, V ベルトの
　　み交換し, そのまま使用を継続した.

[解説]　イが適切である.

　　プーリ溝に V ベルト上面が沈んでいる状態は, ベルトが摩耗し底あ
たりの状態になっている. この状態では, スリップし空回りになる恐れ
がある. よって, 新しいものに取り換える.

　　ア　平ベルトのばたつきは, ベルトの張力の不均衡が原因である. 厚
　　　　いものに変えても効果はない. 軸間距離やプーリを変えられない場
　　　　合は, テンションプーリを用いて張力を調整する.

　　ウ　複数条によるベルト伝動の場合, 1 本が切れた場合は残りのベル
　　　　トも切れる可能性が大きい. したがって, すべてを交換する. 必ず
　　　　しも強化タイプである必要はない. 頻繁に切れる場合は, すべて強
　　　　化タイプに取り換える.

　　エ　プーリ溝の片面に摩耗がある場合は, ベルトに不均一な荷重がか
　　　　かってる. この原因を取り除かなければ対処とはならない. ベルト
　　　　のみの交換では対処できていない.

　　答　イ

問41　伝動装置のベルトに関する記述のうち，適切でないものはどれか.

［平成30年1級］

ア　同じ箇所に複数本使用しているVベルトは，1本でも劣化が認められたら全数交換したほうがよい.

イ　タイミングベルトは，平ベルトと比べ，大きな初期張力を必要とせず，軸荷重が小さい.

ウ　Vベルト駆動装置において，Vベルトの内側にテンションプーリを設置する場合は，接触角度が増し，亀裂が発生しやすくなる.

エ　ウレタン製の丸ベルトは，加熱することで加工が可能である.

(解説)　ウが適切でない.

ウ　テンションプーリを内側に設置すると，接触角度は小さくなる.

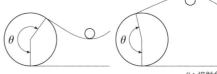

θ：接触角

答　ウ

問42　伝動装置のベルトに関する記述のうち，適切でないものはどれか.

［令和元年1級］

ア　平ベルトは，従動側と駆動側の2軸が平行でなければ使用できない.

イ　Vベルト駆動装置において，Vベルトの外側にテンションプーリを設置する場合は，接触角度が増し，亀裂が発生しやすくなる.

ウ　タイミングベルトは，平ベルトと比べ，大きな初期張力を必要とせず，軸荷重が小さい.

エ　同じ箇所に複数本使用しているVベルトは，1本でも劣化が認められたら全数交換したほうがよい.

(解説)　アが適切でない.

平ベルトは，ベルト車の両外周が平行に，また両中心線が一直線になる位置に取り付けることが大切である. また2軸が平行でない場合は，ベルトがベルト車から離れる点が必ず相手側の中心面上に来る位置に取り付ける. 中間車を用いる場合も全く同じである.

イ　テンションプーリを外側に設置すると，ベルトを逆向きに曲げる

ことになり，ベルトの寿命を縮めることになる．テンションプーリ
は，通常内側に設置する．

ウ　平ベルトは摩擦を利用した伝動ベルトの一つである．タイミング
ベルトはかみ合いを利用した伝動ベルトの一つである．そのため，
タイミングベルトは，摩擦を利用して軸動力を伝導しないため，初
期張力を必要とせず，また，軸にかかる荷重が小さい．

エ　同じ箇所に複数本使用している場合，1本でも劣化が認められる
と，他のベルトも劣化している可能性があるため全数交換したほう
がよい．

問43　アブレシブ摩耗は，潤滑油の油種や給油量などをチェックし，油の
補給を行うことによって，防止することができる．[平成29年・令和元年1級]

(解説)　誤った記述である．

　　アブレシブ摩擦は，摩擦面の一方が岩や砂などのように硬い物質であ
る場合や，摩擦面間に硬い粒子が入り込んだ場合に生ずる微小な切削作
用による摩擦である．摩擦する二面の硬さが大きく，硬い方の表面に粗
い突起が存在する場合や，摩擦面間に硬い固形物が介存した場合に生じ
る．潤滑油の交換をするのならともかく，油種や給油量のチェック，補
給をしても防止できない．

答　誤り

問44　アブレシブ摩耗の対策の1つとして，防塵性の向上が挙げられる．
[令和2年1級]

(解説)　正しい記述である．

　　アグレッシブ摩耗の対策として，次のような方法がある．

・表面粗さを小さくすることで，摩耗粉が接触部に長くとどまらない
ようにする

・表面硬度を上げるため，熱処理などを行う．

・摩耗の原因となる粉塵などの侵入を防ぐ．

答　正しい

問45　歯車の歯面に発生する損傷に関する記述のうち，適切なものはどれか．[平成30年・令和元年・4年2級]

ア　スコーリングとは，歯面に過大荷重が繰り返し加わり，歯面表面下の組織に過大応力が生じ，かなりの厚さで金属剥離（はく）が発生する現象である．

イ　ピッチングとは，歯面の凹凸の高い部分に荷重が集中し，この荷重によって細かい亀裂が生じ，その亀裂が進展してピンホールが発生する現象である．

ウ　スクラッチングとは境界潤滑膜が切れて直接歯面同士が接触し，温度上昇を起こして溶着が発生する現象である．

エ　ポリッシングとは，潤滑油中の不純物や異物などがかみ込み，歯面の滑り方向に擦り傷が発生する現象である．

[解説]　イが適切である．

ア　スコーリングとは歯車の熱的損失の一つである．歯面の溶着と引き裂きが交互に起こることで生じる劣化．JISではスカッフィングとされている．

ウ　スクラッチングはアブレシブ摩耗の初期段階．線状の溝が走り，歯面をすきで掘り起こしたような状態になる．歯面のバリ，突起，異物のかみ込みが原因で生じる．

エ　ポリッシングとは，接触面の微細な凹凸がとれ，鏡面のように滑らかになってゆく，ゆっくりと進行する摩耗である．

[答]　イ

＜補足＞

（1）　**ピッチング**は，表面疲れによって起こるもので，歯車の使用初期にも発生し，歯面の凹凸の高い部分に荷重が集中し，接触応力によって表面からある深さに最大せん断応力が発生し，この応力によって細いき裂が生じ，そのき裂の進展によって歯面の一部が欠落することがある．ピッチングはピッチ線のやや下側（歯元側（かいがら））にピンホール（微視的な貝殻状）となって現れるが，初期的なピッチングが発生してもそれ以上進行しない場合もある．

（2）　**スポーリング**は，歯面の過大荷重によって表面下組織に過大応力がかかり，ピッチングが発生した隣接部の小孔が連結して大きな孔となり，かなりの厚さで

金属片がはく離・脱落する現象をいう．この現象はずぶ焼入れ，特に浸炭焼入れした鋼製品に多く見られ，歯車においては，歯元の面に起こりやすい．

問46　歯車の歯面に発生する損傷に関する記述のうち，適切でないものはどれか．[令和2年2級]

ア　アブレシブ摩耗とは，潤滑油中の不純物や異物などがかみ込み，歯面の滑り方向に擦り傷が発生する現象である．

イ　ローリングとは，境界潤滑膜が切れて直接歯面同士が接触し，温度上昇を起こして溶着が発生する現象である．

ウ　ピッチングとは，歯面の凹凸の高い部分に荷重が集中し，この荷重によって細かい亀裂が生じ，その亀裂が進展してピンホールが発生する現象である．

エ　スポーリングとは，歯面に過大荷重が繰り返し加わり，歯面表面下の組織に過大応力が生じ，かなりの厚さで金属剥離が発生する現象である．

(解説)　イが適切でない．

　　　イはスコーリングの説明である．ローリングとは塑性流れであり，歯面の一部分が流動し，ピッチ線付近にへこんだ筋や隆起を生じる損傷である．

　　(答)　イ

問47　歯車の歯面にスコーリングが発生したので，潤滑油を低粘度のものに変えた．[平成29年2級]

(解説)　誤った記述である．

　　　スコーリングは，歯車の熱的損傷の一つである．原因として，局部的な接触面に負荷が集中して潤滑油膜が破れ，完全な金属接触面となることがあげられる．スコーリング防止のためには，高粘度の潤滑油を用いて油膜を維持することが大切である．

　　(答)　誤り

<補　足>

スコーリングの防止対策として，次のものがあげられる．

第6編
機械系保全法

① 歯面温度を下げる.

② 歯面の曲率半径を大きくする.

③ 高粘度の潤滑油を用いて油膜を維持する.

④ 給油量を増やす.

⑤ 歯面粗度を小さくする.

⑥ 耐カジリ性の大きな表面処理を行う.

問48 歯車のスコーリングの対策に関する記述のうち，適切でないものは
どれか. ［令和3年2級］

ア　極圧添加剤入りの潤滑油に変える.

イ　歯面温度を下げるために，冷却効果の大きい潤滑方法を採用する.

ウ　歯面粗度を細かくする.

エ　低粘度の潤滑油を用いる.

(解説)　エが適切でない. 前問解説・補足参照.

　　　　答　エ

問49 歯面のピッチングに関する次の記述のうち，適切なものはどれか.
　　　　　［平成29年2級］

ア　潤滑油に混入したかなり細かい異物によって，歯面がすり減っていく
損傷である.

イ　繰り返し荷重による応力が材料の疲れ限度を超えたとき，微細な剥離
が発生する損傷である.

ウ　高荷重のため表面下で材料の疲労が起こり，大きな金属片が表面から
脱落する損傷である.

エ　油膜が切れて金属同士の接触が起こり，歯面が融着しては再び引きは
がされるために起こる損傷である.

(解説)　イが適切である.

　　　ピッチングとは，歯面の凹凸の高い部分に荷重が集中し，接触圧力に
よって表面からある深さの部分に最大せん断応力が発生し，この応力に
よって細かい亀裂が生じ，その亀裂が進展することで歯面の一部が欠落
する現象である.

　ア　異物の混入による損傷をアブレシブ摩耗という.

　ウ　高荷重のため表面下で発生する材料の疲れによる損傷は, スポー
　　　リングという.

　エ　金属同士の接触での損傷は, スコーリングという.

答　イ

問 50　歯車のトラブル処置に関する記述のうち, 適切でないものはどれか.

[平成 28 年 1 級]

　ア　破損した歯車の破断面にビーチマークが観察されたので, 疲労破壊と
　　　推定し, 歯車にかかる荷重を軽減することにした.

　イ　歯車の歯面にバーニングが見つかったが, 歯形形状が正常であったの
　　　で, 潤滑油を高粘度のものに変更し再使用した.

　ウ　潤滑が正常であるにもかかわらず歯車にピッチングが発生したので,
　　　歯面浸炭した予備品と交換した.

　エ　異音がするので分解し, 歯面を観察すると歯面にスコーリングが発生
　　　していたので, 歯車を取り替えると共に潤滑剤を高粘度のものに変更
　　　した.

(解説)　イが適切でない.

　　バーニングとは歯面が高温となって変色する損傷現象で, 対策として
　は潤滑油の油量を増加させたり, 潤滑油を高粘度のものにする. バーニ
　ングの見つかった歯車は, 歯形形状が正常であっても歯面硬度が低下し
　ているので再使用しない.

答　イ

問51　破面解析に関する記述のうち，適切でないものはどれか．

　　[令和4年1級]

ア　ストライエーションは，繰り返し荷重の1サイクルごとに形成される縞模様のことをいう．

イ　フラクトグラフィとは，破断面の破壊の状態を観察・解析することをいう．

ウ　延性ストライエーションは，へき開面に沿って形成され，腐食性雰囲気での疲労破面や亀裂進展速度が速い場合などに観察される．

エ　シェブロンパターンは，山形の模様があり脆性破壊が推定される．

（解説）　ウが適切でない．

　破面解析（フラクトグラフィ）とは，金属材料や樹脂材料が外力などによって破壊された際に，その破断面に残されたマクロ・ミクロの模様を解析することで，亀裂の発生部位や破壊の進展，破壊モードなどを知る分析手法である．破壊様式は材料の性質をはじめ，応力の大きさ，応力の加わり具合など，さまざまな要因によって異なる．どのようにして破壊に至ったのか，その痕跡は破断面に残されている．

　ウの文言は「脆性ストライエーション」をいう．

　延性ストライエーションとは，繰返し負荷応力の引張側が作用する際，亀裂の先端が塑性変形によって鋭化もしくは開口することで進展する．続いて圧縮の過程で再鋭化することによって生じる．したがって，1サイクルごとの間隔が亀裂進展速度を示す．これから，負荷応力の大きさ（間隔の幅が広いと応力が大きい），亀裂進展の長さ（間隔の幅は1回の繰返しサイクルで進んだ亀裂の長さ），材料の強度（負荷応力に対して材料の機械特性が弱いほど間隔が広くなる）などが推定される．

　脆性破壊とは，破壊に至るまでにほとんど塑性変形を伴わず，急激な破壊を起こすことという．亀裂は高速に伝搬し，破面は平滑なのが特徴である．脆性破壊を起こした破面は非常に平滑なシェブロンパターンと呼ばれる模様が観察される．

答　ウ

問52 破面解析に関する記述のうち，適切でないものはどれか．

[令和5年1級]

ア ストライエーションは，繰り返し荷重の1サイクルごとに形成される縞模様のことをいう．

イ 延性ストライエーションは，へき開面に沿って形成され，腐食性雰囲気での疲労破面や亀裂進展速度が速い場合などに観察される．

ウ ディンプル模様の破面は，延性破壊が起きたと推定される．

エ フラクトグラフィとは，破断面の破壊の状態を観察・解析することをいう．

(解説) イが適切でない．前問解説参照．

答 イ

問53 疲労破壊に関する記述のうち，適切なものはどれか．[平成30年1級]

ア 疲労破壊は，静的応力に対して発生しない．

イ 疲労破壊は，作用する繰返し応力が弾性限度以下では発生しない．

ウ 疲労破壊した破断面をミクロ的に観察すると，ビーチマークと呼ばれる縞模様が生じている．

エ 疲労限度は，材質が同じならば形状にかかわらず同じ値になる．

(解説) アが適切である．

イ 材料に繰返し荷重が連続して働くとき，材料の内部に生じる応力が弾性限度を超えなくても破断する．

ウ ビーチマークは，繰り返し荷重の大きさが変化するために生じ，応力腐食割れの際にも現れることがあり，肉眼で観察できる．疲労破壊であっても繰り返し荷重大きさが変化しなければ，ビーチマークは形成されない．電子顕微鏡で観察されるミクロの縞模様は，ストライエーションと呼ばれている．

エ 材質が同じで，断面積が同じであっても，材料の形状に影響を受けるので同一値となることはない．

答 ア

第6編
機械系保全法

問54　疲労破壊に関する記述のうち，適切なものはどれか．［令和元年1級］

ア　繰り返し荷重によって発生する．

イ　変動する応力が弾性限度以下では，発生しない．

ウ　ストライエーションとは，疲労破壊した破断面に観察される貝がら模様である．

エ　疲労限度は，材質が同じならば形状にかかわらず同じ値である．

(解説)　アが適切である．前問解説参照．

答　ア

問55　疲労破壊に関する記述のうち，適切でないものはどれか．

［令和2年1級］

ア　疲労限度は，材質が同じならば形状にかかわらず同じ値である．

イ　ストライエーションとは，疲労破壊した破断面に観察される縞模様である．

ウ　変動する応力が弾性限度以下でも発生する．

エ　繰り返し荷重などによって発生する．

(解説)　アが適切でない．問53解説参照．

答　ア

問56　延性破壊の特徴は，破壊が起きるまでに著しい塑性流動が発生することであり，その結果，破断した部材には伸びや変形が認められる．

［平成30年1級］

(解説)　正しい記述である．

延性破壊の特徴は激しい塑性変形を伴う破壊である．引張り変形の場合①くびれ発生→②中心部に小さな空洞→③クラックと進み，延性に富んだ材料のときは細かく絞られて切れる．

答　正しい

> **問 57**　オイルホイップに関する記述のうち，適切でないものはどれか.
> ［令和 4 年 1 級］
> ア　強制振動の一種である.
> イ　発生する周波数は，回転軸の一次危険速度の周波数と一致する.
> ウ　振回りの方向は，軸の回転方向と同じである.
> エ　軸の回転数が，回転軸の一次危険速度の 2 倍以上となったときに発生する.

（解説）　アが適切である.

　　　　回転速度を上げても振動が収まらないのは，スチームホワール（オイルホイップ）である.

　　答　ア

＜補　足＞

　発電用タービン軸のオイルホイップ現象は，すべり軸受の油膜特性によって引き起こされ，特徴として以下の点があげられる.

・振動数はロータの危険速度に等しい.

・ロータ一次危険速度 2 倍以上の回転速度で発生する.

・発生・消滅は突発的である.

・振動が発生すると回転速度を上昇させても減少しない.

・軸の振れ回り方向は回転と同一方向である.

　なお，オイルホイップ，スチームホワールは，JIS では次のように定義されている.

・オイルホイップ

　滑り軸受で支えられた弾性回転速度が油膜力の特性，回転軸の自重および曲げ剛性により定まる限界速度を超すと不安定になり，軸の最低曲げ振動数で大振幅の旋回運動する現象.（JIS B 0162）

　蒸気タービンのロータが回転と同じ方向に大きく振れ回る一種の自励振動の現象. 旋回速度はロータの一次危険速度にほぼ等しく，一次危険速度の 2 倍以上の回転速度において発生する特徴がある.（JIS B 0127）

・スチームホワール

　蒸気タービンのロータの円周方向の変動を励振力とする不安定自励現象の一種

で，その周波数はロータの回転速度とは無関係にほぼ一定で，ロータの固有振動数に等しくなる現象．（JIS B 0127）

問58　オイルホワールに関する記述のうち，適切なものはどれか．

［令和2・3年1級］

ア　発生する周波数は，回転周波数の約 1/2 である．

イ　発生する周波数は，回転軸の一次危険速度の周波数と一致する．

ウ　振回りの方向は，軸の回転方向と逆である．

エ　軸の回転数が，回転軸の一次危険速度の2倍以上となったときに発生する．

(解説)　アが適切である．前問解説参照．

　　答　ア

《潤滑および給油》

> **問 1** 潤滑に関する記述のうち，適切なものはどれか．［平成29年2級］
> ア 潤滑は，その状態により，不完全潤滑，境界潤滑，完全潤滑に分類される．
> イ 粘度は接触面の圧力や摩擦抵抗に影響する．
> ウ SAEの粘度分類では，高温の粘度のみを規定する．
> エ 潤滑油膜は，温度上昇により厚くなる．

（解説） イが適切である．

ア 2面間がこすれている境界潤滑，潤滑油膜が形成されている流体潤滑に分類される．

ウ SAE（米国自動車技術者協会）では0W～60までの11段階に分類．
低温粘度 ← 0W，10W，10W，15W，20W，25W，20，30，40，50，60 →
高温粘度（Wは冬季用）

エ 温度上昇とともに潤滑油の粘度が低下し，潤滑油膜は薄くなる．

答 イ

＜補 足①＞

流体潤滑とは，金属同士が擦れ合う接触面間に潤滑油が存在する状態をいい，接触圧力がそれほどない．

潤滑油がほとんど存在しない状態が境界潤滑であり，この状態では潤滑油の粘度は全く意味をなさず，局部的に金属同士が直接接触し，最悪の場合は

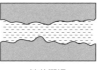
流体潤滑

境界潤滑

焼付きを起こす．境界潤滑において摩耗や焼付きを減少させるものが極圧添加剤，油性剤と呼ばれるものである．

＜補 足＞

物体同士が接触している際に，片方を動かそうとすると摩擦力が発生し，摩擦力以上の力を加えなければ動かすことができない．この摩擦力は，一般に接触面圧の大きさに比例する．このとき，「物体を動かそうとする力」を「摩擦力」で割っ

た数値が「摩擦係数」である．この摩擦係数は，接触面の条件（材質や表面粗さ
など）が同一であれば，「接触面積に加えられる力」に比例するが，接触面積の大小，
荷重の大小，速度の大小に対して無関係である．

問2　給油方式に関する記述のうち，適切でないものはどれか．
[平成29年2級]

ア　油浴潤滑は軸受，歯車部分を油の中に没して給油する方式で，オイル
レベル管理が重要である．

イ　滴下潤滑は，びん形給油器で一定油量を細孔から常時給油する方式で，
手差しに比べ人手が省ける．

ウ　集中潤滑は，グリースも使用することができ，遠隔給油も可能である．

エ　循環潤滑は，強制循環方式で油は絶えず循環給油されるが，冷却効果
は小さい．

解説　エが適切でない．

油タンク，ポンプ，ろ過器冷却器，配管系をもつ強制循環方式による
給油法は，内燃機関，高速・高温・高荷重の設備機械に使用される．

給油量，給油温度，給油圧力の調整がきめ細かくでき，多数の循環箇
所に適時適正に給油することができ，冷却効果も大きい．

答　エ

問3　潤滑方式に関する記述のうち，適切なものはどれか．[平成28年1級]

ア　油浴潤滑では，温度上昇や酸化防止のためにできるだけ多く給油する．

イ　集中潤滑では，グリースは使用できない．

ウ　滴下潤滑で灯心を使用したものは，微量のゴミが混入しても潤滑不良
となる．

エ　強制潤滑とは，圧力によって潤滑剤を潤滑部へ供給する方式である．

解説　エが適切である．

強制潤滑は，一般的にはオイルポンプで強制的に潤滑油を軸受に供給
する方法をいう．噴射式，噴霧式などがあるが，滴下式も強制潤滑に分
類することもある．

ア　給油量が多すぎると，温度上昇や酸化促進，漏洩を起こす．

　　イ　潤滑剤として，オイル類，グリース等が用いられる．

　　ウ　潤滑油は毛細管現象により灯心を通ることによりろ過されるた

　　　め，多少のごみであれば混入しても支障はない．

　　🈁　エ

＜補　足＞

　集中潤滑装置は，設備機械装置の軸受けに潤滑剤を自動的に供給する装置で，

すべての給油ポンプを一括設定して自動的に供給するものである．

問4 軸受の油潤滑法に関する記述のうち，適切なものはどれか．

　　［令和元年2級］

　ア　油浴潤滑は，転動体全体を油に浸す方法である．

　イ　滴下潤滑は，注油器から油を滴下する方法である．

　ウ　噴霧潤滑は，回転体につけたはねかけ装置で，油だめの油をはねかけ
　　　る方法である．

　エ　灯心潤滑は，1台のポンプで複数の給油管から分配弁を通して複数の
　　　箇所へ潤滑油を送り込む方法である．

　（解説）　イが適切である．

　　　　滴下潤滑は，注油器で一定油量を細孔から常時給油する．低，中荷重

　　　の軸受に使用され，手差しに比べ人手が省け信頼性が高く，油量調整可

　　　能，温度，油面高さにより給油量が変わる．

　　🈁　イ

＜補　足＞

・噴霧潤滑

　オイルミスト発生器でオイルをミスト化し空気とともに配管を通して給油す

る．高速転がり軸受に使用し，集中，自動給油が可能で常時新しい油を必要量供

給可能である．

・油浴潤滑

　軸受，歯車部分を油の中に浸して給油する．低，中，高速軸受に使用され，油

面の変動により給油量や冷却効果に与える影響が大きく，オイルレベル管理をす

る必要がある．

・灯心潤滑

オイルカップから灯心の毛細管作用を利用して常時給油する．低，中荷重の軸受に使用され，給油量は灯心の数で調整を行い，温度，油面高さ，油の粘度により給油量が変化する．

問5 給油方式に関する文中の（　）内に当てはまる語句として，適切なものはどれか．[令和4・5年1級]

「（　）潤滑は，高速回転の転がり軸受に適用可能であり，油を反復式で給油する方式である．」

　ア　滴下
　イ　油浴
　ウ　灯心
　エ　噴霧

(解説)　イが適切である．前問補足参照．

　　🖙　イ

問6 給油方式に関する文中の（　）内に当てはまる語句として，適切なものはどれか．[令和3年1級]

「（　）潤滑は，高速回転の転がり軸受に適用可能であり，常に新しい油が供給される給油方式である．」

　ア　飛沫
　イ　油浴
　ウ　灯心
　エ　噴霧

(解説)　エが適切である．問4補足参照．

　　🖙　エ

問7 軸受の油潤滑法に関する文中の（　　）内に当てはまる語句として，適切なものはどれか. ［令和5年2級］

「（　　）は，軸受部分を油中に浸す潤滑方法である.」

ア　灯心潤滑

イ　油浴潤滑

ウ　滴下潤滑

エ　強制潤滑

(解説)　イが適切である. 問4補足参照.

答　イ

問8 軸受の油潤滑法に関する記述のうち，適切でないものはどれか.
［令和2年2級］

ア　集中潤滑は，1台のポンプで複数の給油管から分配弁を通して複数の箇所へ潤滑油を送り込む方法である.

イ　はねかけ潤滑は，回転体につけたはねかけ装置で，油だめの油をはねかける方法である.

ウ　滴下潤滑は，注油器から油を滴下する方法である.

エ　油浴潤滑は，転動体全体を油に浸す方法である.

(解説)　エが適切でない. 問4解説参照.

答　エ

問9 軸受の潤滑法に関する文中の（　　）内に当てはまる語句として，適切なものはどれか. ［令和4年2級］

「（　　）は，1台のポンプで複数の給油管から分配弁を通して複数の箇所へ潤滑油を送り込む方法である.」

ア　集中潤滑

イ　はねかけ潤滑

ウ　滴下潤滑

エ　油浴潤滑

(解説)　アが適切である. 問4解説参照.

　　　　答　ア

> **問10**　潤滑方式の１つである噴霧給油の特徴として，適切でないものは
> 　　どれか．[令和元年・2年1級]
> 　ア　軸受箱内のオイルミストの内圧が保持される．
> 　イ　油温度が上昇しやすい．
> 　ウ　消費量と同量の油が供給される．
> 　エ　常に新しい油が供給される．

(解説)　イが適切でない．問4補足参照

　　　　答　イ

＜補　足＞

　噴霧潤滑はオイルミスト発生器でオイルをミスト化し，空気とともに配管を通
して給油する．霧吹きの原理により，噴霧給油器は潤滑面に潤滑油と空気が混在
した霧状の潤滑油（オイルエア）を供給する．潤滑油の温度が上昇しにくいこと
から，高速転がり軸受に使用される．集中，自動供給が可能で，常に新鮮な油を
必要量供給可能（消費した量を供給する）である．潤滑油は霧状に供給されるので，
潤滑油消費量が節約できる．霧状のオイルは蒸散時に熱を奪い温度低下を促す．

> **問11**　潤滑に関する記述のうち，適切なものはどれか．[平成30年1級]
> 　ア　重荷重を受けている軸受を点検したところ，フレーキングを発見した
> 　　ため，軸受のグリースを，極圧剤を配合したリチウムグリースから，
> 　　極圧剤を配合していないシリコングリースへ変更した．
> 　イ　水－グリコール系の油を浄油するために，5μm以下の酸化生成物，
> 　　固形微粒子なども吸着除去できる静電浄化法を実施した．
> 　ウ　油膜のくさびを形成させるため，滑り軸受の給油口を，負荷側の軸受
> 　　内すきまの狭いところに設置した．
> 　エ　油浴潤滑式の減速機を点検したところ，油面が深溝玉軸受の最低位置
> 　　にある転動体の中心より高かったため，油面を下げた．

(解説)　エが適切である．
　　　　ア　フレーキングは，軸受内部のすきまが小さすぎる，潤滑剤の不適・
　　　　　不足，課題荷重などが原因で生じる．極圧剤を配合したグリースは

高い圧力下でも潤滑性が維持されフレーキング防止に効果がある.
逆の記述である.

イ　静電浄化法は，高水分油には適用困難であり，フィルタを用いる
方法が適用される.

ウ　滑り軸受の軸が回転すると，潤滑油が狭いすきまに引き込まれ,
圧力が発生することで軸を浮かせる（流体潤滑）. 引き込まれる油
の形状からくさびと呼ばれているが, くさびを形成させるためには,
すきまの広い所（受圧面に対し 60 〜 120°の位置といわれている）
に給油口を設置する.

　答　エ

問12　潤滑に関する記述のうち，適切なものはどれか. ［令和2年1級］

ア　油浴潤滑式の減速機を点検したところ，油面が横軸支持の深溝玉軸受
の最低位置にある転動体の中心より高かったため，油面を下げた.

イ　滑り軸受の給油口を，負荷側の軸受内すきまの狭いところに設置した.

ウ　水−グリコール系の油を浄油するために，静電浄化法を実施した.

エ　重荷重を受けている軸受を点検したところ，フレーキングを発見した
ため，軸受のグリースを，極圧剤を配合したリチウムグリースから，
極圧剤を配合していないシリコングリースへ変更した.

(解説)　アが適切である. 前問解説参照.

　答　ア

> **問13**　潤滑剤に関する記述のうち，適切でないものはどれか.
>
> ［平成29年1級］
>
> ア　潤滑剤の劣化には，潤滑剤そのものの化学的および物理的劣化と異物の混入，添加剤の消耗などがある.
>
> イ　黒鉛などの固体潤滑剤を，グリースや油に混入して使用することは可能である.
>
> ウ　粘度指数が小さい潤滑油は，粘度指数が大きい潤滑油よりも温度による粘度変化が大きい.
>
> エ　循環式給油装置のタンクの油温は，設備運転中は約20℃に保持することが望ましい.

（解説）　エが適切でない.

　　　　潤滑油の油温は，設備運転中では30 ～ 55℃くらいが望ましいとされ，20℃ではポンプの負担が大きくなることもある.　使用する潤滑油の性質および季節を配慮して，使用適正温度以下に保持する必要はある.

　　　　答　エ

＜補　足＞

・粘　度

　粘度は油膜強度，流動抵抗などに関連し，油種を決定する第一の目安となる.粘度が高いと流体の粘りの度合いが上がるので，流動性は悪くなる.

・粘度指数

　粘度指数とは，潤滑油の温度による粘度変化を表す指数で，値が大きいほど温度による変化を受けにくいことを示している.　すなわち，粘度指数の大きい潤滑油は，粘度指数の小さい潤滑油より温度に対する粘度変化が小さい.　したがって，粘度指数の高い油ほど良質ということができる.

> **問14**　潤滑油は，熱，日光，空気中の酸素，水分などの影響を受けることによって，物理的・化学的性質の変化を生じる.　［平成28年2級］

（解説）　正しい記述である.

　　　　潤滑油の変化（劣化）を促進させる主なものに，金属摩耗粉，微粒子の塵埃，水の混入や温度上昇などがある.　それらによって物理的・化学

的性質の変化を生じる.

答 正しい

＜補 足＞

⑴ 広く用いられている鉱物性潤滑油は,原油から作られる石油製品の一種で,アスファルトに近い溜分から精製・加工され,無色または澄黄色の潤滑油（基油またはベースオイルともいう）が製造される.

一般に,精製・加工した潤滑油は使用目的に応じた粘度の低いものから粘度の高いものまで10種類以上に分類されている.

潤滑油は,原料および製造法により以下のとおり分類され,使用される条件によりそれぞれ最適な選定がなされている.

① 石油系：鉱物系潤滑油（工業用等,並級潤滑油）
② 石油系水素化特性：鉱物系高度精製潤滑油（自動車用,高級潤滑油）
③ 石油系ナフサ合成：化学合成潤滑油（ポリアルファオレフィン等）
④ 動・植物油：牛脂,鯨油,なたね油
⑤ 天然鉱物：個体潤滑剤（モリブデン・グラファイト等）

⑵ 潤滑油中の摩耗粒子の金属元素は摩耗箇所を現しているので,その摩耗粒子を分析することで,その箇所がどのような摩耗状況になっているかを推測することができる.

問 15 潤滑油の劣化に関する記述のうち,適切なものはどれか.

［平成28年2級］

ア 潤滑油中に金属摩耗粉が混入すると,激しく酸化が進行する.

イ 潤滑油中に水分が混入しても,分離するので問題ない.

ウ 潤滑油は,温度が上昇すると酸化が促進されるが,日光にさらされても影響はない.

エ 潤滑油中に塵埃（じんあい）が混入しても,1～2μm程度の微粒子であればそのまま使用してもよい.

解説 アが適切である.

金属摩耗粉などの混入は酸化活性要因である.そのため発生した金属摩耗粉などに触れることを制限し触媒作用により酸化を遅らせる.酸化劣化速度を遅らせるためには,適切な材料,内面処理,フィルタでゴミ

を除去することが大きな有効手段である.

　　イ　潤滑油中に含まれる水分が多くなると，油は濁り，添加剤の加水
　　　分解や分離など劣化の原因となる．また，稼働部分やタンク内のさ
　　　びの発生，油膜破断による稼働部分のかじりや焼き付き，バルブで
　　　の急激な圧力変化によるキャビテーションの発生などを生じる.

　　ウ　太陽光線，蛍光灯などの光も酸化を促進する大きな要因である.
　　　紫外線のように，波長が短い光ほどエネルギーが大きく，強く酸化
　　　を促進するが，可視光線も光量が大きければ酸化を促進する．した
　　　がって,紫外線だけを遮断しても,可視光線が通れば酸化は進行する.

　　エ　潤滑油に混入する塵埃の影響は，粒子の大きさにより直ちに部品
　　　を損傷させて事故となる場合と小さな粒子が長時間にわたり部品を
　　　すり減らして故障を誘発させる両面がある．塵埃の影響は、大きさ
　　　もさることながら，量も大きく関係する．汚染度の管理に用いられ
　　　ている NAS 等級は，塵埃の大きさと 100 mL 中の粒子の数によりラ
　　　ンク分けされている．大きさだけで判断はできない.

答　ア

問 16　潤滑油の劣化，汚染に関する記述のうち，適切でないものはどれか.
　　　　[平成 30 年 2 級]

　ア　潤滑油中に銅や鉄などの金属およびその酸化物が含まれる場合，これ
　　　らが触媒として作用し，劣化が促進される.

　イ　潤滑油に塵埃（じんあい）が混入すると，油の劣化を促進し軸受などの摩擦面の摩
　　　耗を助長する.

　ウ　一般的に，潤滑油は，温度が 20℃上昇するごとに酸化速度は約 2 倍
　　　になる.

　エ　SOAP 法は，潤滑油中の微細固形物を分光分析することにより，元
　　　素ごとに含有量を計測できる.

解説　ウが適切でない.

　　　一般的に，潤滑油は，温度が 8 ～ 10℃上昇するごとに酸化速度は約 2
　　倍になる.

　　　一般的に，液体の粘度は，温度によって大きく変化する．特に潤滑油

の粘度は，温度が変化すると著しく変化する．このため粘度を表記する
ときには，その温度を同時に表記する必要がある．

SOAP（Spectrmetric Oil Analysis Program）法は，潤滑油中の摩耗粉
を分光分析して得られた金属元素の組み合わせから摩耗粉の材質を，そ
してこの摩耗粉が発生した機械の部位を推定する．さらに金属元素の濃
度から摩耗量をつかみ，機械の摩耗による故障を予知する手法である．

答　ウ

問17 潤滑油に関する記述のうち，適切でないものはどれか．

［平成28年2級］

ア　タービン油は，無添加タービン油と添加タービン油があり，使用用途
により使い分ける．

イ　マシン油は，手差し給油や滴下給油をする一般機械に用いられる．

ウ　軸受油は，主に循環式，油浴式，はねかけ式給油方法による各種機械
の軸受部の潤滑油として用いられる．

エ　油圧作動油は，添加タービン油を使うことはない．

（解説）エが適切でない．

タービン油（JIS K 2213）の種類として無添加タービン油と添加ター
ビン油がある．その特徴として，無添加タービン油は水分離性が良いこ
と，添加タービン油は酸化安定性，防せい性，水分離性，消泡性がある
ことがあげられる．添加タービン油は，油圧作動油で使用できる特徴を
兼ね備えている．

答　エ

問18　潤滑油に関する記述のうち，適切でないものはどれか．

[平成29年1級]

ア　潤滑油は主に密封，防塵および防食を目的に使用されるものである．

イ　潤滑部分の損傷状態を検出する方法にはSOAP法やフェログラフィ法がある．

ウ　一般的に，鉱物系油を主とした合成潤滑油は，油膜構成力が増し，温度上昇による粘度低下が防げる．

エ　潤滑油の汚染の測定法には計数法と質量法とがある．質量法には汚染物の量または不溶解分の量を測定する方法がある．

（解説）　アが適切でない．

　　　　潤滑油の使用目的は焼付き防止，摩擦防止，摩擦防止の低減，冷却作用，応力分散，洗浄作用，さび止め・防食作用，密閉作用などである．

　　答　**ア**

問19　作動油の粘度に関する文中の（　　）内の数字に当てはまる語句の組合せとして，適切なものはどれか．[令和3・5年2級]

　　「粘度指数とは，（　①　）による油の粘度変化の割合を表すものであり，（　①　）による粘度の変化が大きいほど，粘度指数が（　②　）といえる．」

ア　①：温度　　②：高い

イ　①：温度　　②：低い

ウ　①：水分含有　②：高い

エ　①：水分含有　②：低い

（解説）　イが適切である．

　　　　粘度指数とは，潤滑油の温度による粘度変化を表す指数で，値が大きいほど温度による変化を受けにくいことを示している．すなわち，粘度指数の大きい潤滑油は，粘度指数の小さい潤滑油より温度に対する粘度変化が小さい．したがって，粘度指数の高い油ほど良質ということができる．

　　答　**イ**

問20　JIS において，潤滑油の試験項目に関する記述のうち，適切でない
ものはどれか．[平成30年・令和2年1級]

ア　酸価とは，試料1g中に含まれる酸性成分を中和するのに要する水
　酸化カリウムのmg数のことである．

イ　流動点とは，試料を45℃に加熱した後，かき混ぜないで規定の方
　法で冷却したとき，試料が流動する最低温度のことである．

ウ　引火点とは，規定条件下で引火源を試料蒸気に近づけたとき，試料
　蒸気が閃光を発して瞬間的に燃焼し，かつその炎が液面上を伝播する
　試料の最低温度を101.3kPaの値に気圧補正した温度のことであ
　る．

エ　動粘度とは，同一圧力において，その液体が0℃のときの粘度と，
　20℃のときの粘度の比のことである．

（解説）　エが適切でない．

　　　粘度は油膜強度，流動抵抗などに関連し，油種を決定する第一の目安
　となる．粘度が高いと流体の粘りの度合いが上がるので，流動性は悪く
　なる．粘度は流体中の物体の動きにくさを表すものである．一方，動粘
　度は流体そのものの動きにくさを表すもので，粘度を密度で割ることで
　得られる．

　答　エ

問21　潤滑油の試験項目に関する記述のうち，適切でないものはどれか．

[令和4年1級]

ア　動粘度は，粘度をその液体の同一状態（温度，圧力）における密度で除した商である．

イ　引火点は，規定条件下で引火源を試料蒸気に近づけたとき，試料蒸気が閃光を発して瞬間的に燃焼し，かつその炎が液面上を伝播する試料の最低温度を 101.3 kPa の値に気圧補正した温度のことである．

ウ　流動点は，試料を 45℃に加熱した後，試料をかき混ぜないで規定の方法で冷却したとき，試料が流動する最低温度である．

エ　酸価は，試料 1g 中に含まれる塩基性成分を中和するのに要する塩酸の mg 数である．

(解説)　エが適切でない．前問解説参照．

答　エ

問22　潤滑油の試験項目に関する記述のうち，適切なものはどれか．

[令和3年1級]

ア　動粘度は，同一圧力において，その液体が 0℃のときの粘度と，20℃のときの粘度の比である．

イ　引火点は，酸素中で可燃性物質を加熱したとき，火源を近づけなくても発火し，燃焼を開始する最低の温度である．

ウ　流動点は，試料を 45℃に加熱した後，かき混ぜないで冷却したとき，試料が流動する最低温度である．

エ　酸価は，試料 1g 中に含まれる塩基性成分を中和するのに要する塩酸の mg 数である．

(解説)　ウが適切である．問 20 解説参照．

答　ウ

問23 潤滑油の試験項目に関する文中の（　　）内に当てはまる語句として，適切なものはどれか．[令和2年2級]

「（　　）とは，試料1g中に含まれる酸性成分を中和するのに要する水酸化カリウムのmg数のことである．」

ア　塩基価
イ　酸価
ウ　カリウム価
エ　中性価

(解説)　イが適切である．

　　潤滑油の試験項目に関する問題である．潤滑油は時間とともに，酸化や熱的劣化，機械的せん断，ごみ，水分，金属粉などの異物の混入による劣化が進行し，異常摩耗，焼付き，作動不良など種々のトラブルを誘発する．

　　この設問は中和価に関するものである．中和価には酸価・強酸価（酸性），塩基価および強塩基価（アルカリ性）がある．試料1gに含まれる酸性および塩基性成分の量に相当する水酸化カリウムのmg数で表される．

答　イ

問24 潤滑油の試験項目に関する文中の（　　）内の数字に当てはまる数値の組合せとして，適切なものはどれか．[令和3年2級]

「ASTMカラーは，油の色を淡い色の（　①　）から，濃い色の（　②　）に数値化して，分類したものである．」

ア　①：0　　　②：5.0
イ　①：0.5　　②：8.0
ウ　①：1.0　　②：10.0
エ　①：6.0　　②：12.0

(解説)　イが適切である．

　　下図のカラーゲージを参照する．透明を0とし，限界は8.0の黒茶色（色見本 # 362519）である．劣化により変色が進み，2.5の橙色（色見

本 #EF810F）が交換時期とする．また添加剤などにより使い始めが有
色の場合，例えば 2.5 と同じ色なら +2.5 で 5.0 のマッローネ・ヴェロー
ナ色（色見本 #7F3620）が交換時期とする．よって選択肢から限界は 8.0，
透明でなく淡い色とあるので 0.5 を考え，イを選択する．

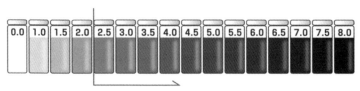

答 イ

問25　油の汚染管理に関する記述のうち，適切なものはどれか．[平成28年1級]

ア　サーボ弁に使用する油の NAS 等級は，9 級以下が好ましい．

イ　SOAP 法やフェログラフィ法を用いて潤滑油を分析することで，潤
　　滑部の損傷状態を判定することができる．

ウ　水分の含有率が 1% 以下であれば，潤滑油の劣化に影響しない．

エ　ISO 粘度分類は，20℃における流動速度から潤滑油の粘度グレード
　　を付けて表示するものである．

[解説]　イが適切である．

　　ア　サーボ弁に使用する油には NAS 等級の 4 もしくは 5 が使われる．
　　　　7～9 が交換の目安である．

　　ウ　水分量が 0.2% を超えると急速に劣化するというデータがある．
　　　　歯車用潤滑油で 0.2%，軸受用潤滑油で 0.1% が限界値とされている．

　　エ　ISO 粘度分類は，潤滑油の 40℃における動粘度範囲の中点粘度
　　　　である．

答 イ

問26 潤滑油の汚染度分析法に関する記述のうち，適切でないものはどれか．

[令和5年1級]

ア　分析フェログラフィ法は，フェロスコープで摩耗粒子の大きさや形状，色などを観察し，機械の損傷原因と程度を判定するものである．

イ　SOAP法は，潤滑油中の摩耗粉を分光分析し，金属元素成分とその濃度を測定して損傷箇所を推定する方法である．

ウ　定量フェログラフィ法は，総摩耗粒子量と異常摩耗粒子量の値を傾向管理することで，機械の潤滑状態や損傷状態を診断するものである．

エ　フェログラフィ法は，$10\,\mu\mathrm{m}$以上の摩耗粒子は，分析できない．

(解説)　エが適切でない．

　　フェログラフィ法は使用油に含まれる大きな粒子（$5\,\mu\mathrm{m}$以上）と小さな粒子（$2\,\mu\mathrm{m}$以下）の各濃度を調べることによって機械の診断を行う分析法である．

　　答　エ

問27 潤滑剤に関する記述のうち，適切なものはどれか．　[平成30年2級]

ア　粘度が低い潤滑油ほど，放熱力は小さい．

イ　粘度変化の大きいものほど，粘度指数は高い．

ウ　ちょう度が大きいほど，グリースは軟らかい．

エ　更油するとき，劣化した油の混入が10%程度であれば，油の寿命に影響はない．

(解説)　ウが適切である．

　　ア　粘度が低い潤滑油ほど熱は伝わりやすい．したがって，放熱力は大きくなる．

　　イ　粘度指数は，温度に対する粘度変化の度合いを表すもので，粘度指数が大きいほうが粘度変化が小さい．

　　エ　更油の際は，全量交換する．

　　答　ウ

問28　潤滑剤に関する記述のうち，適切なものはどれか．[令和4年2級]

ア　グリースは，ちょう度が大きいほど軟らかい．

イ　粘度が低い潤滑油ほど，放熱力は小さい．

ウ　粘度変化の大きいものほど，粘度指数は高い．

エ　配管内を圧送するグリースは，見かけ粘度の高いものが使用される．

(解説)　アが適切である．前問解説参照．

答　ア

問29　グリースに関する記述のうち，適切でないものはどれか．

[平成30年2級]

ア　二硫化モリブデン系グリースを摩擦面に塗布することで，かじりを防ぐことができる．

イ　耐熱グリースには，高温になるにつれて硬化するものと軟化するものがある．

ウ　配管内を圧送するグリースは，見かけ粘度の高いものが使用される．

エ　滴点は，グリースの耐熱性を示す重要な指標である．

(解説)　ウが適切でない．

粘度の高いグリースは粘りが強く，流れや動きが悪くなるため，配管内部で使用する際には粘度の低いグリースを使用する．粘度の高いグリースは，摩耗をできるだけ防ぐためギアなどに使用される．

答　ウ

問30　グリースに関する記述のうち，適切なものはどれか．[令和5年1級]

ア　グラファイト系グリースは，耐摩耗性に優れている．

イ　ナトリウムグリースは，耐水性がよいが，極圧性，潤滑性が悪い．

ウ　リチウムグリースは，耐水性はよいが，耐熱性が悪い．

エ　シリコングリースは，耐熱性，耐圧性が優れている．

(解説)　アが適切である．

ナトリウムグリースは最高使用温度は130℃程度と耐熱性は高いが，耐水性が低い（ナトリウム塩は水に溶けやすい）．

リチウムグリースは耐熱性，耐水性が良く，万能グリースとして最も
使用されている．

シリコーングリースは耐熱性，耐寒性，化学的安定性に優れる．

答　ア

問 31　グリースに関する記述のうち，適切なものはどれか．[令和元年 1 級]

ア　ウレアグリースは，耐水性が悪く，組成が乳化するが，極圧性，潤滑
　　性はよい．

イ　グラファイト系グリースは，耐水性，耐圧性ともに優れた万能型グリー
　　スである．

ウ　カップグリースは，耐焼付性に優れ，主な用途は，滑り軸受で摺合わ
　　せが困難な部分の焼付防止用である．

エ　シリコングリースは，耐熱グリースとして高温部に使用できるが，耐
　　圧性が劣るため軽荷重用である．

(解説) エが適切である．

シリコングリースは，耐熱性，耐寒性，化学的安定性に優れている．
プラスチックやゴム部品の潤滑に私用される一方，耐圧性に劣る．

答　エ

問 32　潤滑剤に関する記述のうち，適切なものはどれか．[令和 5 年 2 級]

ア　耐熱グリースには，高温になるにつれて硬化するものと軟化するもの
　　の両方がある．

イ　グリースは，ちょう度番号が大きいほど軟らかい．

ウ　グリースは，粘度変化の大きいものほど，粘度指数は高い．

エ　配管内を圧送するグリースは，見かけ粘度の高いものが使用される．

(解説) アが適切である．問 27 解説参照．

ちょう度の範囲によりちょう度番号が決められており，ちょう度が大
きいほど，ちょう度番号が小さい．そのため，ちょう度が小さいほどグ
リースが硬いことを示し，ちょうど番号は大きくなる．

答　ア

問33　グリースの特徴に関する記述のうち，適切なものはどれか．

　　［平成29年2級］

　ア　ペースト状の二硫化モリブデン系グリースは，あらかじめ摩擦面に塗布してはいけない．

　イ　カルシウム石鹸基のグリースに酸化鉛を添加したものは，極圧グリースとして使われる．

　ウ　耐熱グリースには，高温になるにつれて硬化するものと軟化するものの両方がある．

　エ　リチウム基極圧グリースは，リチウム石鹸にセラミックス粉を添加しているため耐圧・耐熱性に優れる．

解説　ウが適切である．

　　　ア　ペースト状の二酸化モリブデン系グリースは，あらかじめ摩擦面に塗布する場合と，給油が困難な摩擦面に充てん給油する場合がある．

　　　イ　カルシウム石鹸基のグリースは耐熱性に劣る．極圧剤を添加してもこの性質が失われるわけではない．したがって，高温となる箇所では使用されない．

　　　エ　リチウム基極圧グリースは，リチウム石鹸に酸価鉛を加えたものである．

　答　ウ

問34　グリースに関する記述のうち，適切でないものはどれか．

　　［令和元年2級］

　ア　ちょう度が大きいほど軟らかい．

　イ　カルシウム石鹸けん基のグリースに酸化鉛を添加したものは，極圧グリースとして使われる．

　ウ　耐熱グリースには，高温になるにつれて硬化するものと軟化するものの両方がある．

　エ　作動油に比べ冷却効果が小さい．

解説　イが適切でない．

　ア　ちょう度は，グリースの硬さを表す数値である．規定時間に規定
　　　の測定がグリースに沈む深さにより値が決まる．そのため，ちょう
　　　度が大きいほど軟らかい．
　エ　グリースは油と比較して冷却効果が悪く，摩擦抵抗が大きいなど
　　　の欠点がある．

　　答　イ

問35　グリースに関する記述のうち，適切なものはどれか．［平成30年1級］
　ア　ウレアグリースは，耐熱グリースとして高温部に使用できるが，耐圧
　　　性が劣るため軽荷重用である．
　イ　カップグリースは，耐焼付性に優れ，主な用途は，滑り軸受で摺合わ
　　　せが困難な部分の焼付防止用である．
　ウ　耐熱グリースは，高温になるにつれて，油分蒸発などにより硬化する
　　　ものと軟化するものとがある．
　エ　リチウムグリースは，耐水性が悪く，組成が乳化するが，極圧性，潤
　　　滑性はよい．

（解説）　ウが適切である．
　　ア　ウレアグリースは耐荷重性，耐水性，防錆性，耐摩耗性に優れて
　　　いる．
　　イ　カップグリースは耐水性に優れていが，熱に弱く，滴点が低い．
　　エ　リチウムグリースは潤滑性，耐水性，酸化安定性，機械安定に優
　　　れている．

　　答　ウ

問36　潤滑剤に関する記述のうち，適切なものはどれか．令和3年2級
　ア　グリースは，潤滑油より高速回転に適している．
　イ　グリースは，潤滑油より冷却効果が大きい．
　ウ　潤滑油は異物のろ過が容易であるが，グリースは困難である．
　エ　潤滑油は，グリースより洗浄効果は小さい．

（解説）　ウが適切である．グリースは，粘度が高いためろ過は容易ではない．
　　一般に，グリースは油と比較して冷却効果が悪く，摩擦抵抗が大きい

などの欠点はあるが，多くの利点もあり多用されている．

　グリースのおもな特徴を次にあげる．

・比較的低速度・大荷重に適する．

・密封性が良い．

・飛散，漏えいが少ない．

・抵抗が大きい．

・温度や速度の条件が変わると，ちょう度が大きく変化する．

・放熱性，冷却性が悪い．

答　ウ

問37　潤滑剤に関する記述のうち，適切なものはどれか．［令和4年2級］

ア　潤滑油は，グリースより衝撃荷重に強い．

イ　グリースは，潤滑油より冷却効果が大きい．

ウ　グリースは異物のろ過が容易であるが，潤滑油は困難である．

エ　潤滑油は，グリースより洗浄効果が大きい．

（解説）　エが適切である．前問解説参照．

答　エ

問38　潤滑剤に関する記述のうち，適切でないものはどれか．［令和5年2級］

ア　グリースは，潤滑油より異物の濾過が困難である．

イ　グリースは，潤滑油より油膜が切れやすい．

ウ　グリースは，潤滑油より漏れによる汚染が少ない．

エ　グリースは，潤滑油より冷却効果が大きい．

（解説）　エが適切でない．問36解説参照．

答　エ

> **問39** グリースの増ちょう剤に関する記述のうち，適切でないものはどれか．［平成29年1級］
>
> ア グリースは，増ちょう剤の微小粒子が集合してスポンジ状となり，そこに基油が含浸されてゲル構造を形成している．
>
> イ Ca石鹸基, Na石鹸基, Al石鹸基, Li石鹸基およびCa複合石鹸基は，増ちょう剤として用いる石鹸基である．
>
> ウ シリコングリースは，増ちょう剤としてLi石鹸基を，基油としてシリコン油を用いており，耐熱用など用途が幅広い．
>
> エ 増ちょう剤として用いる非石鹸基には，石英，雲母，黒鉛およびセラミックスがある

(解説) エが適切でない

増ちょう剤として用いる非石けん基には，ベントナイト，ウレアのほか，ファインシリカ（石英），テフロン（PTFE），マイカ（雲母），カーボン（黒鉛）などがあるが，セラミックは含まれない．

(答) エ

＜補 足＞

石英は，二酸化ケイ素（SiO_2）が結晶してできた鉱物．結晶しやすく，六角柱状のきれいな自然結晶をなすことが多い．石英は，主要な造岩鉱物であり，花こう岩に多く含まれ，結晶度が高い石英は水晶と呼ばれる．

雲母の主成分はSiO_2で，SiO_4正四面体が板状に連なった2枚の層が向かい合っている．マイカと呼ばれることも多い．雲母は火成岩中に存在し，最も薄片となり，高アスペクト比が得られるために，弾力性，耐熱性，電気絶縁性，耐薬品性に優れている．誘電率が大きい，熱膨張係数が小さいなど，非常に魅力のある材料である．

黒鉛（グラファイト）は，正式には，石墨といい，炭素（C）の仲間である．黒鉛は，4大特性といわれる潤滑性，導電性，耐熱性，耐酸耐アルカリにすぐれ，各種工業製品に広く利用されている．

第6編
機械系保全法

《機械工作法の種類と特徴》

> **問1**　ワイヤカット放電加工機は，導電性の工作物と走行するワイヤ電極間
> の放電現象を利用して加工を行う．［平成30年2級］

(解説)　正しい記述である．

　　ワイヤカット放電加工は，細いワイヤを巻き取りながら，ワイヤ電極を用いて，金属材料をワイヤで放電切削を行う加工法である．ワイヤ放電加工条件については十分な注意が必要である．

　　ワイヤ放電加工条件とは，無負荷電圧，オン時間，オフ時間，サーボ電圧，ワイヤ張力，ワイヤ送り，加工水量等である．

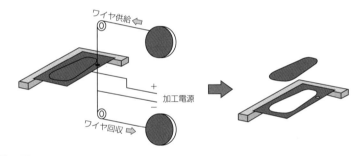

　　答　正しい

> **問2**　ワイヤ放電加工機では，超硬合金のような硬い材質は導電性があって
> も，加工できない．［令和元年2級］

(解説)　誤った記述である．

　　ワイヤ放電加工機は，導電性のある金属材料であれば，硬さに関係なく加工できる．したがって，超硬合金でも加工できる．

　　答　誤り

＜補　足＞

　　超硬合金を用いた切削工具は金属加工用であり，旋盤超硬バイトや，フライス盤超硬エンドミル等がある．超硬合金材料を削るには，超硬合金より硬いダイヤモンドを使用したり放電加工機を用いているが，近年，超硬合金を切削できる工

具も開発されている.

問3 ワイヤ放電加工機では，加工物に導電性があれば，超硬合金のように硬い材質でも加工できる．[平成29年2級]

(解説) 正しい記述である．

　ワイヤ放電加工機は，導電性のある材料であれば，どんな硬い材料でも加工可能．

　切削が困難な硬い材料や粘り材料，焼入鋼なども容易に加工できる．ただし，熱で溶かす加工のため，耐熱材など，溶融点の高い材料では加工速度が遅い．

　答 正しい

問4 放電加工は，超硬金属のような非常に硬い金属や導電性のある硬い材料は加工できない．[平成28年1級]

(解説) 誤った記述である．

　被加工物が導体であれば，強度・硬度に関係なく加工ができる．鉄の約2倍の硬さを持つ超硬合金も加工することができる．

　答 誤り

問5 電解加工機は，工具を陰極，工作物を陽極として，電解液中で電極間に電流を流すことで加工する工作機械である．[令和5年2級]

(解説) 正しい記述である．

　電解加工 (electrochemical machining, ECM) とは，工具を陰（−）極，被加工物を陽（＋）極として間隙を隔ててセットし，間隙に電解液を流しながら直流電圧をかけることにより加工する，電解作用を用いた金属の特殊加工法である．特徴として難切削材や通常の方法では機械加工が困難な加工箇所に複雑な輪郭や空洞を形成することができ，通常の機械加工に比べ非常に速い速度での加工が可能であり，被加工物に熱応力や機械応力がかからず加工表面の鏡面仕上げが可能である．従来の機械加工では加工の困難な硬脆材料の加工が可能である．

　用途として，航空エンジン部品などのタービン羽根のような一体成型

第6編
機械系保全法

を必要とし，機械加工が困難な材質で複雑な形状と滑らかな表面を有する部品の製造に適する.

答 正しい

問6 研削盤加工における仕上げ面精度は，砥石の砥粒の硬さや形状の影響を受ける. ［令和元年2級］

(解説) 正しい記述である.

標準は46 H を使用する. ＃46 は砥石の粒度で，H は結合度を意味する. さらに仕上げ面を細かくするには＃200，結合度 J などにする.

答 正しい

問7 生産システムとそれらを構成する機器において，オートローダとは，加工，組立などに供する部品を整列して所定の場所まで自動的に送り出す装置のことである. ［令和2年1級］

(解説) 誤った記述である.

設問はパーツフィーダの説明である.

オートローダとは，工作機械などに工作物を所定の加工位置に自動的に取り付け，取り外しをする装置である.

また，オートローダは自動装填装置を意味し，重量物（ロード）を機械で確実にその位置に運び入れる装置である. 大砲の弾頭・弾薬の装填も含む.

答 誤り

問8 生産システムにおけるパーツフィーダとは，加工，組立などに供する部品を整列して所定の場所まで自動的に送り出す装置である. ［令和4年1級］

(解説) 正しい記述である. 前問解説参照.

答 正しい

問9 オートローダは，工作機械などに，工作物を自動的に取付け，取外しをする装置である．[令和3年1級]

(解説) 正しい記述である．前問解説参照．

答 正しい

問10 被覆アーク溶接棒に塗布された被覆材の機能に関する記述のうち，適切でないものはどれか．[令和元年1級]
ア　安定した集中性のよいアークを作る．
イ　溶接部を急冷させる．
ウ　スラグの融点，粘性，比重などを調整する．
エ　溶接速度を向上させる．

(解説) イが適切でない．

発生したスラグにより冷却速度を遅くするとともに，ビード外観を良好にする．

答 イ

問11 被覆アーク溶接棒に塗布された被覆材の機能に関する記述のうち，適切でないものはどれか．[令和2年2級]
ア　ガスを発生させ，大気中から酸素や窒素が溶融金属に侵入するのを防ぐ．
イ　スラグの融点，粘性，比重などを調整する．
ウ　溶接部を冷やす．
エ　安定した集中性のよいアークを作る．

(解説) ウが適切でない．

フラックス（被覆剤）には冷やす目的はない．被覆アーク溶接棒のフラックス（被覆剤）が溶融してガスを発生し，大気から溶融池や溶接金属を保護し，酸化，窒化などを防ぐ．また，溶接ビードの表面をスラグがカバーし，急冷，酸化，窒化による溶接欠陥を防ぐ役割を果たす．

答 ウ

第6編 機械系保全法

問12 フライス盤において，下図に示す削り方を，上向き削りという．

［令和3年2級］

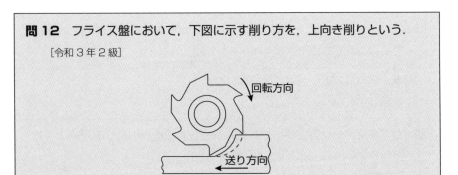

(解説)　誤った記述である．

　　　　設問の図は下向き削りである．

答　誤り

＜補　足＞

　上向き削り（アップカット），下向き削り（ダウンカット）の二とおりの言い方があるので，憶えること．

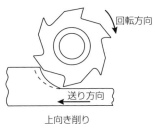

上向き削り

問13 フライス盤において，下図に示す削り方を，下向き削りという．

［令和4年2級］

(解説)　正しい記述である．前問解説参照．

答　正しい

問 14 機械工作法に関する記述のうち，適切でないものはどれか.

[令和 5 年 1 級]

ア　レーザ加工は，ワイヤ放電加工に比べ，加工速度が速い.

イ　電解研磨は，化学研磨に比べ，小物を大量に処理することが困難である.

ウ　湿式ラッピングは，乾式ラッピングに比べ，表面が光沢のある鏡面に仕
上がる.

エ　フライス加工における下向き削りは，上向き削りに比べ，刃先が摩耗し
にくい.

(解説)　ウが適切でない.

ア　レーザ加工機は，レーザ光の熱エネルギーで板材を溶融し，切断
する．そのため，板材を速いスピードで自由な形状に切断すること
ができる.

イ　電解研磨は酸性の液体にワークを浸漬し，ワーク表面がエッチン
グされることで表面を研磨する．化学研磨は化学薬品に浸漬し，化
学反応を促進することによって被研磨品を平滑化する．電解研磨は
液を繰り返して利用することができるため，大きな品物においても
比較的コストを抑えて対処できる.

ウ　ラッピングとは，数 μm 以上の粗い砥粒と，金属やセラミックス
などの硬質工具を使用して，速く，高能率に所定の形状・寸法に近
づける研磨方法である.

エ　工具寿命でみると，下向き削り切削量は最大から最小に切り進む
ので，刃が被削材に始めから喰い込む．そのため，擦り摩耗の進行
が比較的遅く，工具寿命が上向き削りに比べて長い.

答　ウ

第6編
機械系保全法

問 15　機械工作法に関する記述のうち，適切でないものはどれか．

[平成 29 年 2 級]

ア　放電加工機では，工作物の導電性が必要条件である．

イ　点溶接（スポット溶接）は，電気抵抗熱を利用した金属接合法である．

ウ　マシニングセンタは，1 台の機械で自動的に高い精度でフライス加工，
　　ドリル加工，中ぐり加工などができる．

エ　万能フライス盤は，一般に，立型フライス盤よりも重切削に適してい
　　る．

(解説)　エが適切でない．

　　　　万能フライス盤は，工作物を取り付けるテーブルを旋回，または切削
　　工具を回転する主軸のヘッドに設け，ヘッドを傾けることで角度切削な
　　どができる機能を持つフライス盤であり，重切削を行うと切削の力によ
　　り，旋回，角度設定の精度が崩れる可能性がある．よって，立てフライ
　　ス盤のほうが重切削に適している．

　　(答)　エ

問 16　機械工作法に関する記述のうち，適切でないものはどれか．

[平成 30 年 2 級]

ア　直立ボール盤における振りとは，取り付けることができる工作物の最
　　大直径のことである．

イ　フライス盤加工における下向き削りは，フライスの回転運動の向きと
　　工作物の送りの向きが同じである．

ウ　研削盤加工における仕上げ面精度は，砥石の砥粒の硬さや形状の影響
　　を受ける．

エ　タレット旋盤は，多種の刃具を設置できるため，多品種少量生産に適
　　している．

(解説)　エが適切でない．

　　　　タレット旋盤は，普通旋盤の心押し台の代わりにタレットと呼ばれる
　　旋回式の刃物台が付いているので，工具交換にかかる手間を短縮でき，
　　同一製品の大量生産に適している．

答　エ

問 17　溶接の不具合と対策に関する記述のうち，適切でないものはどれか．
[令和4・5年1級]

ア　ピットの対策の1つとして，アーク長を短くすることが挙げられる．

イ　ブローホールの対策の1つとして，母材の水分を除去することが挙げられる．

ウ　オーバーラップの対策の1つとして，溶接電流の増大が挙げられる．

エ　アンダーカットの対策の1つとして，溶接速度の低減が挙げられる．

（解説）　ウが適切でない．

　　　オーバーラップとは溶接金属が止端で母材に融合しないで重なった部分をいう．過剰な溶融金属が重力のために垂れ下がることが原因のため，溶接条件の変更（電流の低減，速度の増加）が必要となる．その他に，アークの狙い位置を下板側にずらすこと，トーチ（溶接棒）角度を立板から35°〜55°の範囲にすることなどで改善できる．

答　ウ

問 18　溶接において，アンダーカットに関する記述として，適切なものはどれか．[令和3年1級]

ア　溶接金属中に発生した気泡が，浮かび上がるときに作るくぼみ孔である．

イ　母材または既溶接の上に溶接して生じた止端の溝である．

ウ　溶接金属が，母材に融合しないで重なる現象である．

エ　母材の上に瞬間的にアークを飛ばし，直ちに切ることである．

（解説）　イが適切である．

　　　JIS定義では，母材または既溶接の上に溶接して生じた上端の溝，とある．溶接電流や溶接速度が過剰に高いことが発生原因となり，また，ウィービングの幅が大きすぎても起こる現象である．

第6編
機械系保全法

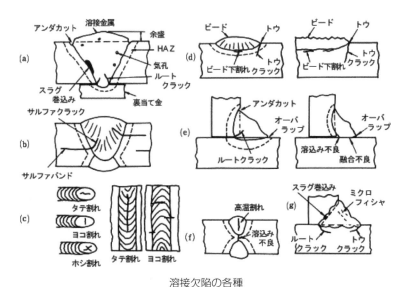

溶接欠陥の各種

〔出典〕https://www.it.jwes.or.jp/qa/details.jsp?pg_no=0050010070

答 イ

問19 機械工作法に関する記述のうち，適切でないものはどれか．

［令和元年・2年1級］

ア　電子ビーム加工は，ステンレス鋼や銅などの溶接が可能である．

イ　化学研磨とは，被加工物に電流を流し，表面の突起部分を溶解する方法である．

ウ　ラッピング加工には，乾式ラッピングと湿式ラッピングがある．

エ　きさげ作業は，工作機械などの摺動面の仕上げとして行う．

（解説）　イが適切でない．

　　化学研磨は，酸またはアルカリ溶液中で化学的に表面を研磨する方法である．この研磨により，素地表面およびその表面の酸化物は除去され，化学反応によって生じた可溶性塩は凸部に薄く付着する．このため，凹部の溶解が制御され凸部の溶解が選択的に起こり平滑化される．JISでは「金属表面の平滑さを改善するため，種々の組成の溶液中に浸漬し，平滑な光沢面とする方法」と定義されている．

答 イ

問20　機械工作法に関する記述のうち，適切でないものはどれか．

［令3年1級］

ア　電子ビーム加工は，ステンレス鋼や銅などの溶接が可能である．

イ　電解研磨とは，被加工物に電流を流し，表面の突起部分を溶解する方法である．

ウ　湿式ラッピングは，乾式ラッピングに比べ，仕上がりに光沢が出る．

エ　きさげ作業は，工作機械などの摺動面の仕上げとして行う．

（解説）　ウが適切でない．

　　　ラッピングとは，数μm以上の粗い砥粒と，金属やセラミックスなどの硬質工具を使用して，速く，高能率に所定の形状・寸法に近づける研磨方法である．湿式ラップでは梨地面になり，乾式ラップでは光沢のある鏡面になる．

　　答　ウ

問21　機械工作法に関する記述のうち，適切でないものはどれか．

［平成28年1級］

ア　化学研磨は，リン酸・硝酸などを組み合わせた溶液に材料を浸漬することで，材料表面を光沢面や梨地面にする加工法である．

イ　レーザ加工は，光エネルギーを熱エネルギーに変換して工作物を局部的に加熱し，微細な加工をする．

ウ　電子ビーム加工は，電子ビームを切削刃物に当てて振動させ，振動する切削刃物によって被加工物を切断する加工である．

エ　ウォータジェット加工は，高圧ポンプにより水を細いノズルから噴出させて切断加工するもので，金属，非金属の区別なく加工が可能である．

（解説）　ウが適切でない．

　　　電子ビーム加工とは，収束した電子ビームを工作物にあて，その部分を溶融・蒸発して除去する加工である．

　　答　ウ

第6編
機械系保全法

問22　鍛造に関する記述のうち，適切なものはどれか．[令和4年1級]

ア　自由鍛造は，上下で一対になる型を用いて材料を圧縮成形する方法である．

イ　ねじは，線材を転造したのちに，圧造してつくられる．

ウ　変形を加えた金属を加熱した時に，再結晶が起こる温度を鍛造温度という．

エ　熱間鍛造では，鍛造されることで結晶が変形し硬化するが，すぐに再結晶化して軟化する．

(解説)　エが適切である．

　　　鍛造の管理温度によって，熱間鍛造（1 000 ～ 1 200 ℃程度），温間鍛造（300 ～ 800 ℃程度），冷間鍛造（常温）の3種類に分けらる．再結晶が起こる温度を再結晶温度という．

　　ア　自由鍛造とは金型を必要とせずハンマーやプレスで金属材料を叩いて成形すること．刀鍛冶がそうである．

　　イ　ねじは頭を圧造してから螺旋部を転造する．

　　ウ　変形が先なら冷間鍛造であって，冷間鍛造品で熱処理以外に加熱はしない．

　　答　エ

問23　機械工作法に関する記述のうち，適切でないものはどれか．

[令和5年1級]

ア　ダイカスト鋳造法は，精密に仕上げた金型に溶湯を圧入して鋳物を生成する方法である．

イ　ロストワックス鋳造法は，ろうなどの高温で溶ける素材で原型を作り，その周りに流動状の鋳型材を流し，素材を溶かすことで鋳型を製作する方法である．

ウ　ねじは，線材を転造したのちに，圧造してつくられる．

エ　冷間鍛造は熱間鍛造と比べ，成形に大きな力が必要となる．

(解説)　ウが適切でない．前問解説参照．

　　答　ウ

問 24 機械工作法に関する記述のうち, 適切なものはどれか.

　　[平成 28 年 2 級]

ア　ろう付けは, ろうを用いて母材をできるだけ溶融しないで行う溶接方法である.

イ　鍛造, 鋳造および転造は塑性加工とよばれる.

ウ　切削油剤は, バイト刃先と工作物の冷却に有効であるが, すくい面の摩耗を減少させることはできない.

エ　スローアウェイバイトの刃先には, チップブレーカを設けない.

(解説)　アが適切である.

　　ろう付けは, 母材を溶かしながら接合する溶接とは違い, 母材をほとんど溶かさない. 溶けたろう (融点の低い金属) が部材に入り込んだり母材上を広がることで, 母材同士を接合する方法である.

　イ　塑性加工は材料に圧力を加えて成形する加工法である. 鋳造は鋳型に溶かした材料を流し込んで成形するもので, 塑性加工ではない.

　ウ　切削油剤の目的は, 冷却と潤滑である. 摩耗減少も油剤を用いることの大きな目的の一つである.

　エ　チップブレーカーは, 旋削加工で発生する切りくずを処理するために, 工具先端に設けられる. 刃先 (スローアウェイチップ) とシャンクが別の部品になっているスローアウェイバイトであっても切りくずは発生するので, チップブレーカーが設けられている.

　答　ア

問25　溶接法の1つであるろう接の説明として，適切なものはどれか．

［令和5年2級］

ア　母材同士を密着させ，母材とほぼ同じ組成の溶加材を加え通電し，抵抗による発熱を熱源として接合する方法である．

イ　母材よりも低い融点を持った金属の溶加材を溶融状態にさせて，母材を溶かさない状態で接合する方法である．

ウ　母材同士を密着させ，母材とほぼ同じ組成の溶加材を加え，ガスで加熱して接合する方法である．

エ　母材の溶接部を加熱して母材同士を融合させて溶融金属を作り，冷却とともに凝固させて接合する方法である．

(解説)　イが適切である．前問解説参照．

　　　答　イ

問26　機械工作法に関する記述のうち，適切でないものはどれか．

［令和元年2級］

ア　ショットピーニングは，電流が流れるときに発生する抵抗熱を利用した金属接合法である．

イ　フライス削りは，フライスを回転させながら削る加工法である．

ウ　ホーニング加工は，内径などを精密に研磨する加工法である．

エ　レーザ加工は，切削加工のような工具の摩耗はない．

(解説)　アが適切でない．

　　　ショットピーニングとは，無数の粒子を高速で金属表面に衝突させることで表面を硬化させるとともに疲れ強さ，耐摩耗性，耐応力腐食割れ特性の向上を図ることである．

　　　答　ア

＜補　足＞

　ホーニング加工とは，ホーニングヘッドに取り付けた砥石を工作物の穴内面に押しつけ回転させながら往復運動をすることにより，精密に仕上げる加工方法である。真円度、円筒度、表面粗さの高い仕上げができる。ホーニング加工の加工面には細かな網状の筋（クロスハッチ）ができる。

問27 溶接に関する記述のうち，適切でないものはどれか．

[平成28・30年2級]

ア　被覆アーク溶接における溶接棒の被覆剤（フラックス）は，心金の溶融を容易にする作用がある．

イ　スポット溶接やシーム溶接などの電気抵抗溶接は，圧接である．

ウ　チタン材料の溶接は，不純物による汚染劣化を防止するため，アルゴンなどの不活性ガス雰囲気または高真空中で行う．

エ　電子ビーム溶接は，異種金属の溶接ができる．

（解説）アが適切でない．

被覆アーク溶接における溶接棒の被覆剤（フラックス）は，アークの安定，溶融金属の精錬作用，急冷を防ぐ効果がある．心金を溶けやすくする作用はない．

答　ア

＜補　足＞

電子ビーム溶接は，加熱フィラ

メントから放出される熱電子を高電圧で加速し収束レンズで絞って加工物に衝突させると，加工物が局部的に加熱され溶融・蒸発を起こす性質を利用したものである．

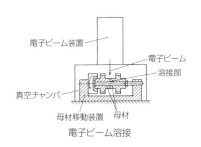

電子ビーム装置
電子ビーム
溶接部
真空チャンバ
母材移動装置　母材
電子ビーム溶接

電子ビーム溶接のおもな特徴は，以下のとおり．

・薄板から厚板まで広範囲の突合わせ溶接が可能．

・非鉄金属，異種金属の溶接が可能（例えば，銅とステンレス鋼など）

・歪みが少なく熱影響部の狭い高品質溶接ができる．

・複雑な溶接も可能．

問28　溶接に関する記述のうち，適切でないものはどれか．

[平成28・30年1級]

ア　被覆アーク溶接における被覆剤の効用には，溶融金属の精錬作用，アークの安定性の向上などがある．

イ　被覆アーク溶接では，溶接電流が高すぎるとアークの保持が困難となり溶込不良を生じる．

ウ　ガス溶接は，温度調整によりひずみを少なく仕上げることができるので，薄板の鋼溶接に適する．

エ　溶接におけるブローホールの原因には，溶接棒または材料の湿気，および溶接電流の過大などがあげられる．

(解説)　イが適切でない．

　　　　溶接電流の高低は熱量の大小に関係し溶込みの深さにも影響する．電流が高いと熱量は大きくなる．そのため，電流が高くなると，溶込みが深くなりすぎることはあっても溶込み不良が生じることはない．

答　イ

<補　足>

アーク溶接においては，溶接電流とアーク電圧の関係も重要で，適正でないとアークが安定しない．

問29　溶接に関する記述のうち，適切でないものはどれか．

[令和2・3年1級]

ア　ガス溶接は，温度調整によりひずみを少なく仕上げることができる．

イ　チタン材料の溶接は，アルゴンなどの不活性ガス雰囲気または高真空中で行う．

ウ　被覆アーク溶接において，溶接電流が大きいとアークの保持が困難となり溶込不良を生じる．

エ　スポット溶接やシーム溶接などの電気抵抗溶接は，圧接に分類される．

(解説)　ウが適切でない．前問解説参照．

答　ウ

問30 溶接に関する記述のうち，適切なものはどれか．[令和4年1級]

ア　スラグは，溶接部に生じる金属物質である．

イ　スパッタは，溶接中に飛散する金属粒などのことである．

ウ　フラックスは，被覆アーク溶接に用いる溶接棒の金属線である．

エ　突合せ継手は，溶接をする2つの母材のそれぞれの端部を重ねて溶接する溶接継手である．

(解説)　イが適切である．

ア　スラグとはフラックスの燃えかすなどの異物をいい，鉄ではない．

イ　スパッタは溶接温度が高すぎて溶融金属が沸騰し飛び散って少量の母材に固まった金属粒をいう．母材に飛散し残るので美観を損ねる．

ウ　フラックスは溶接棒の金属を覆った鉄以外の金属成分をいい，溶融金属を空気と遮断し酸化防止する．冷え固まるとスラグとなり，溶接後スラグを取り除く．

エ　文言は重ね溶接である．突合せ継手などは以下に示す．

溶接継手の種類

〔出典〕https://www-it.jwes.or.jp/qa/details.jsp?pg_no=0010020080

答　イ

問31　溶接に関する記述のうち，適切なものはどれか．〔令和5年1級〕
ア　フラックスは，被覆アーク溶接に用いる溶接棒の金属線である．
イ　溶接ヒュームは，溶接金属の酸化や窒化を防ぐ効果がある．
ウ　スラグは，アークの熱によって溶けた金属が蒸気となったものである．
エ　スパッタは，溶接中に飛散する金属粒などのことである．

解説　エが適切である．

　　溶接ヒュームとは，特定化学物質（第2類物質）で，アーク溶接の際にアークから発生する熱で金属が溶けたあと，蒸気に変わって大気中に放出され，蒸気が空気中で急激に冷やされて酸化し，金属のとても小さな粒子に変化したもの．

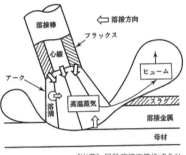

〔出典〕日鉄溶接工業株式会社

答　エ

問32　融接に分類される溶接方法として，適切でないものはどれか．
　　〔令和3・4年2級〕
ア　被覆アーク溶接
イ　TIG溶接
ウ　プラズマ溶接
エ　スポット溶接

解説　エが適切でない．

　　溶接は融接，圧接，ろう接の3種に分類される．

　　スポット溶接とは，溶接する金属母材の上下から電極を当て，大電流を流して加熱し，冷却することにより母材を再凝固して二つの母材を溶接する圧接法である．スポット溶接の特徴は，金属の電力抵抗を利用していることである．

答　エ

> **問33** ガス溶接に関する記述のうち，適切でないものはどれか．
>
> ［平成29年1級］
>
> ア　酸素－アセチレン溶接の炎の温度は，溶接トーチの火口の白心先端から2～3 mmのところがもっとも高い．
>
> イ　ガス溶接は，炭素鋼以外のものは溶接できない．
>
> ウ　酸素ガスは，アセチレンガスより比重が大きい．
>
> エ　酸素容器の色は黒色で，溶解アセチレンの容器の色は褐色である．

（解説）　イが適切でない．

　　　ガス溶接では，炭素鋼のみならず，チタン，ステンレスや銅，銅合金の溶接も可能であり，フラックス等を使用したろう付けを含めると，さまざまな金属や異種金属の溶接が可能である．

　　答 イ

＜補　足＞

溶解アセチレン容器は立てて置くという関係法令がある．

　溶解アセチレンとは，アセチレンを有機溶剤（アセトン，DMF）に溶け込ませたもので，容器内の多孔質物質に浸みこませている．容器を横にするとこれが流出し，わずかなエネルギーでも爆発する恐れがある．

> **問34** 鋳造に関する記述のうち，適切でないものはどれか．
>
> ［令和元年2級］
>
> ア　金型鋳造法は，アルミニウム合金などの鋳造に用いられる．
>
> イ　砂型鋳造法は，鋳造物を取り出すため，鋳造が終わる度に砂型を壊す必要がある．
>
> ウ　低圧鋳造法は，重力を利用して金型に溶湯を注ぐ鋳造法である．
>
> エ　ダイカスト法は，精密に仕上げた金型に溶湯を圧入する鋳造法である．

（解説）　ウが適切でない．

　　　低圧鋳造法は，金型鋳造とは異なり，重力ではなく空気圧などを使用して溶融金属で圧入して製造する工法である．

　　　ア　金型鋳造法は，砂よりも耐久性のある金型に溶融金属を重力（自

然の重み）で流し込んで製造する工法である．
　イ　砂型鋳造法は，砂でつくった鋳型に溶融金属を流し込んで製造す
　　　る工法である．
　エ　ダイカスト法は，精密に仕上げた金型にアルミニウム合金などを
　　　高速かつ高圧で注入し，鋳物を成形する工法である．
　　答　ウ

問35　鋳造法の１つであるダイカスト法の説明として，適切なものはど
　れか．[令和3・4年2級]
　ア　精密な金型に溶かした合金などを，高速，高圧で注入して，瞬時に
　　　鋳物を成形する．
　イ　吸引力によって減圧して鋳物砂を造形し，鋳造，冷却後，鋳物砂を
　　　大気圧に戻すことによって型ばらしを行う．
　ウ　精密な金型に溶かした合金などを，低速，低圧で注入して，鋳物を
　　　成形する．
　エ　発泡スチロール型を砂に埋め込み，そこに溶かした合金などを注い
　　　で固めていく．

解説　アが適切である．前問解説参照．
　　答　ア

問36　鋳造に関する文中の（　　）内に当てはまる語句として，もっとも
　適切なものはどれか．[令和2・5年2級]
　　「（　　）鋳造法は，溶湯を重力と反対方向に押し上げて，低速で金型
　に流し込み，高気密な鋳物が作れる．」
　ア　ダイカスト
　イ　砂型
　ウ　低圧
　エ　重力

解説　ウが適切である．
　　　　低圧鋳造法とは，金型に溶融金属を低圧で注入する方法で，気密性
　の高さから機械部品の製造に用いられている鋳造方法である．0.01 〜

0.03 MPa 程度の低い圧力で，空気圧やガス圧で溶融金属を下から上（重力と反対方向）へ比較的低速で注入する．

答　ウ

《非破壊検査》

問1 非破壊検査に関する記述のうち，適切なものはどれか．［平成28年2級］
ア　被検査物の材質や形状寸法に変化を与えずに被検査物の健全性を調べる方法である．
イ　品物の内部欠陥を調べることができない．
ウ　橋梁やビルなどの構造物には適用できない．
エ　機械設備で製造された製品の寸法・形状などの品質管理のために行う．

［解説］　アが適切である．

　　　非破壊検査とは，素材や製品を破壊せずに，傷の有無・その存在位置・大きさ・形状・分布状態などを調べる試験方法である．材質試験などに応用されることもあり，放射線透過試験，超音波探傷試験，磁粉探傷試験，浸透探傷試験，渦流探傷試験，などがある．（JIS Z 2300）
　　　部品だけでなく，鉄骨・鉄筋，配管，コンクリート躯体などの検査にも用いられている．

　　答　ア

問2 非破壊検査に関する記述のうち，適切なものはどれか．［令和3年2級］
ア　浸透探傷試験は，容器などを液体で満たした上で圧力をかけて，漏れの有無を調べる方法である．
イ　渦流探傷試験は，配管などを流れる液体の流速を観測することで，内面の欠陥により乱流が発生している箇所を特定する方法である．
ウ　磁粉探傷試験は，被検査物を磁化した状態で，傷によって生じる漏洩磁束を磁粉もしくは検査コイルを用いて検出する方法である．
エ　超音波探傷試験は，稼働中の測定物から放出される超音波をセンサでキャッチして，破壊が発生する前にその予兆を調べる方法である．

［解説］　ウが適切である．

　　　磁粉探傷試験は，鉄鋼など磁性体材料の表面欠陥検出に有効な方法で，磁力線が欠陥によって遮られると漏れ磁束が生ずることを利用したもの

である．この方法は，磁力線に直交する欠陥に最も効果的で，平行な欠陥に対する感度はほとんどないので，欠陥の方向が予測できない場合には磁力線の方向を90°変えて探傷を行う．欠陥がある場合には，油と鉄粉を混ぜたものを

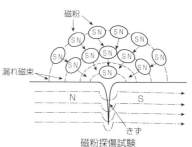

磁粉探傷試験

かけるとその部分に鉄粉が付着するために，肉眼で観察できる．

答 ウ

<補 足>

浸透探傷試験は，構造物，機械部品などの表面に存在する欠陥を検出する方法である．欠陥のある表面に浸透剤を浸透させ，これを現像剤による毛細管現象によって拡大した指

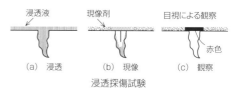

(a) 浸透　　(b) 現像　　(c) 観察

浸透探傷試験

示模様に現し，これを図のように目視によって探傷する方法である．

　交流を流したコイルを試験体に近づけると，試験体に渦電流が流れる．その部分に欠陥があると渦電流に変化が生じ，コイルのインピーダンスが変化する．**渦電流探傷法**（eddy current testing）は，これを欠陥の探傷に用いたものである．この方法は，金属の表面あるいは表面に近い内部の欠陥検査はもとより，非磁性体の検査に適している．

渦電流探傷検査の原理

問3 非破壊検査に関する記述のうち，適切なものはどれか．[令和5年2級]
　ア　磁粉探傷試験は，表面の欠陥検出に用いられる．
　イ　渦流探傷試験は，絶縁体を対象に診断を行う．
　ウ　放射線透過試験は，表面欠陥の検出に適している．
　エ　浸透探傷試験は，内部の欠陥検出に用いられる．

(解説) アが適切である．前問解説参照．

答 ア

問4 非破壊検査に関する記述のうち，適切でないものはどれか．

［令和 2 年 2 級］

ア　浸透探傷試験は，内部の欠陥検出に用いられる．

イ　渦流探傷試験は，表面の欠陥検出に用いられる．

ウ　超音波探傷試験は，内部の欠陥検出に用いられる．

エ　磁粉探傷試験は，表面の欠陥検出に用いられる．

(解説)　アが適切でない．

　　　染色浸透探傷試験は，浸透液，現像液，洗浄液（除去液）の 3 液を用いて，目に見えない表面の欠陥や貫通欠陥を極めて容易に発見できる試験方法である．試験を行うと，欠陥箇所が白地に赤い指示模様（レッドマーク）として現れる．非磁性体を対象とすることからあらゆる材質の表面欠陥に適用できる．

　　(答)　ア

＜補　足＞

　渦流探傷試験は，コイルのインピーダンスを測定することで渦電流の状況を知り，傷の有無や材質などを判定しようとする方法である．

　超音波探傷試験は，材料の不連続部で超音波が反射される性質を利用したもので，欠陥から反射された波が戻ってくるまでの時間により欠陥までの位置を知ることができる．配管の減肉検査にも有効である．（図参照）

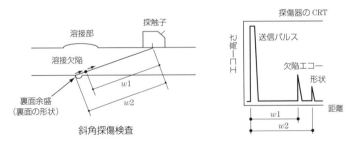

　磁粉探傷試験は，磁力線が欠陥によって遮られると漏れ磁束が生ずることを利用したもので，磁性体材料の表面欠陥検出に有効な方法である．

問5 非破壊検査に関する記述のうち，適切でないものはどれか.

[令和4年2級]

ア 浸透探傷試験は，赤色や蛍光の浸透性のよい検査液を用いて，表面の欠陥を検出する方法である.

イ 渦電流探傷試験は，導電性のある試験体の近くに交流を通じたコイルを接近させ，電磁誘導現象によって試験体に発生した渦電流の変化を検出して探傷試験を行う方法である.

ウ 磁粉探傷試験は，被検査物を磁化した状態で，傷によって生じる漏洩磁束を磁粉もしくは検査コイルを用いて検出する方法である.

エ 超音波探傷試験は，稼働中の測定物から放出される超音波をセンサで検出して，破壊が発生する前にその予兆を調べる方法である.

(解説) エが適切でない. 問4補足参照.

答 エ

問6 ブローホール，溶込不良，融合不良などの溶接線の内部欠陥を検出できる非破壊試験の方法として，もっとも適切なものはどれか.

[令和2年1級]

ア 放射線透過試験法

イ 渦流探傷試験法

ウ 磁粉探傷試験法

エ 浸透探傷試験法

(解説) アがもっとも適切である.

放射線透過試験法は，被験体を放射線が透過するとき，欠陥があると放射線の減衰が少ないことを利用したもので，被験体の内部の欠陥を検出することができる. ただし，①密着した面状欠陥と，②面状欠陥の面が放射線の透過方向と角度をもつ場合などの検査は苦手である. また，検出は，透過厚さの約1/100の欠陥までであり，位置の測定は困難である.

答 ア

＜補　足＞

　浸透深傷検査は，コイルのインピーダンスを非検査体の表面に着色液を染み込ませ，これを現象液で発光させ欠陥を見つけ出す方法で，おもに表面の傷を見つけ出すのに用いられる．鋳物の内部傷を発見するには放射線検査が適切である．

問7　オーステナイト系ステンレス鋼製の製品の表面と内部に生じた欠陥に適用可能な非破壊試験の組合せとして，適切なものはどれか．

　　　［令和3年1級］

　ア　表面：磁粉探傷試験　　内部：超音波探傷試験

　イ　表面：浸透探傷試験　　内部：放射線透過試験

　ウ　表面：浸透探傷試験　　内部：磁粉探傷試験

　エ　表面：磁粉探傷試験　　内部：放射線透過試験

(解説)　イが適切である．問6解説・補足参照．

　　答　イ

問8　鉄鋼製の製品の表面と内部に生じた欠陥に適用可能な非破壊試験の組合せとして，適切なものはどれか．［令和4年1級］

　ア　表面：磁粉探傷試験　　　内部：浸透探傷試験

　イ　表面：放射線透過試験　　内部：超音波探傷試験

　ウ　表面：放射線透過試験　　内部：磁粉探傷試験

　エ　表面：磁粉探傷試験　　　内部：放射線透過試験

(解説)　エが適切である．問6解説・補足参照．

　　答　エ

問9 非破壊試験に関する記述のうち，適切なものはどれか．[令和元年1級]

ア 溶剤除去性浸透探傷試験において，浸透処理後に探傷面へ洗浄液を直にかけて洗浄する必要がある．

イ 超音波探傷試験の斜角探傷法は，垂直探傷法に比べて探傷面に平行な広がりのある傷に有効である．

ウ 放射線透過試験は，ブローホールの検出が可能である．

エ 磁粉探傷試験は，傷の深さの測定が可能である．

(解説) ウが適切である．

ブローホールとは，金属が溶解する際に，金属が吸収したガスによって生じた空洞のことである．被検体内部の空洞を検出するには，放射線透過試験が有効である．

答 ウ

問10 非破壊検査に関する記述のうち，適切でないものはどれか．

[平成29年1級]

ア 磁粉探傷試験は，傷の深さと方向，形状および寸法は検出できない．

イ ブローホールは，放射線透過試験で検出可能である．

ウ 染色浸透探傷試験は，前処理を行った後に表面へ油性浸透液を塗布する．

エ 超音波探傷試験の斜角探傷法は，垂直探傷法に比べて探傷面に平行な広がりのある傷に有効である．

(解説) エが適切でない．

超音波探傷試験の斜角探傷法は，斜めに超音波を送り込む方式である．溶接部のように垂直探傷ができない場合に用いられ，垂直探傷と異なり，健全部ではエコーが受信されず，きずがある場合にエコーが現れる．探傷面に平行な広がりがある傷には有効ではない．

答 エ

> **問11**　非破壊検査に関する記述のうち，適切なものはどれか．
>
> [平成28年1級]
>
> ア　鋼鉄表面の目に見えないかすかな傷の発見には，γ線透過試験が適している．
>
> イ　硬質塩ビ配管の内部傷の発見には，AE（アコースティック・エミッション）法が適している．
>
> ウ　オーステナイト系ステンレス表面に開口した傷の発見には，浸透探傷試験が適している．
>
> エ　超音波探傷試験を用いて板中のラミネーションを発見する場合には，パルス反射法が適している．

〔解説〕　ウが適切である．

　　　浸透深傷試験は構造物や機械部品などの表面に存在する欠陥を検出する試験である．検査対象の表面に浸透剤を浸透させ，これを現像剤による毛細管現象により拡大した指示模様とし，目視によって深傷する．

　　ア　γ線透過試験は，放射線の進行方向に平行で，進行方向に奥行きのある内部傷，例えば，ブローホールのような球状傷の検出に適している．表面のかすかな傷の検出には向いていない．

　　イ　AE法は，材料が変形したりき裂が発生したりする際に放出されるエネルギー（弾性波）をセンサで検出し，破壊過程を評価する手法である．さまざまな構造物，設備の亀裂や摩擦・摩耗の進行評価，配管の漏洩や腐食，変圧器の部分放電などを評価できるが，弾性波が生じない配管内部の傷検出には向いていない．

　　エ　ラミネーションとは，圧延鋼材において，内部傷，非金属介在物，気泡，不純物などが圧延方向に沿って平行に伸ばされ，層状になったものである．通常，表面から見つけることは困難で，端面における目視により検査が行われる．端面以外では超音波探傷法，浸透探傷法などが用いられることもあるが，適しているとは言えない．

　　答　ウ

問 12 非破壊検査に関する記述のうち，適切でないものはどれか.

[平成29年2級]

ア 非破壊検査は，部品，機械などの材料欠陥，熱処理欠陥，工作傷などの探査のために行う.

イ 非破壊検査で対象とする工作傷は，鍛造，鋳造，塑性加工，機械加工，特殊加工（放電加工その他）などの加工後に残留する傷が対象となる.

ウ 設備の重要部位を検査する方法として，磁気探傷法，超音波探傷法や放射線探傷法などがある.

エ オーバーホール時に継続使用の可否を判定する検査法として，アコースティックエミッション法（AE法）がある.

(解説) エが適切でない.

アコースティック・エミッション法（AE法）は，材料の変形，割れなどの破損などがあると弾性波を発生することに注目し，AEセンサでキャッチし，亀裂進行・位置を診断する非破壊検査の一種である．また，回転機械では，各部品のこすれや異常などを発見できることから他の非破壊検査よりすぐれているが，オーバーホール時に継続使用の可否を判定する検査法と限定すると，適切ではない.

答 エ

問 13 非破壊検査に関する記述のうち，適切でないものはどれか.

[平成30年2級]

ア AE（アコースティック・エミッション）法は，オーバホール時の継続使用の可否を判定するのに用いられる.

イ 渦流探傷検査は，熱交換器のチューブなどの内面からの検査に用いられる.

ウ 磁粉探傷検査は，鍛造品などの表面に生じた欠陥の検出に用いられる.

エ 放射線透過検査は，溶接部におけるブローホールやスラグ巻込みの検出に用いられる.

(解説) アが適切でない．前問解説参照.

答 ア

問14　非破壊検査に関する記述のうち，適切でないものはどれか．

[令和元年2級]

ア　渦流探傷検査は，熱交換器のチューブなどを内面から検査する際に用いられる．

イ　磁粉探傷検査は，鍛造品などの欠陥の深さの測定に用いられる．

ウ　放射線透過検査は，溶接部におけるブローホールやスラグ巻込みの検出に用いられる．

エ　AE（アコースティック・エミッション）法は，亀裂の発生や亀裂の進展を調べる際に用いられる．

〔解説〕　イが適切でない．

　試験体（強磁性体）を磁化すると，試験体中に磁束が流れる．表面または表面近傍に割れなどの傷が存在すると磁束が乱れ，ついには漏洩する．これに磁粉を散布すると，傷部に磁粉が吸着され指示模様が形成される．この模様は実際の傷よりも拡大されるので，目視観察でも精度高く検出できる．

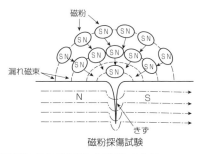

磁粉探傷試験

〔答〕　イ

<補　足>

　磁粉探傷試験は，試験体に磁性を与え，表面に磁性体の微粉末を散布させて，きず部分に吸引されることによりできる磁粉模様により傷を検出する方法である．炭素鋼（鉄と炭素の合金）などの磁石に吸引される強磁性体のみに適応されるが，強磁性体に対しては最も高い検出性能を有した手法であると言われている．

　磁粉探傷試験法の特徴を次にあげる．

・金属の溶接部，鍛造品などの内部の状況確認に適用できる．

・超音波の進行方向に垂直な面状傷（割れなど）を検出するのが得意である．

・密度の荒いオーステナント系鋼，鋳造品，コンクリートなどの粗粒材料には適用が困難である．

表面の傷だけでなく，表面直下（表面から数mm程度の深さ）の傷も検出で

きるのも特徴の一つである．ただし，傷の深さはわからない．

問15 磁粉探傷試験に関する文中の（　　）内に当てはまる語句として，適切なものはどれか．[令和5年1級]

「（　　）とは，試験体または試験体の一部を電磁石の磁極に接して設置し，電磁石によって発生した磁束を試験体の中に投入して磁化する方法である．」

ア　極間法

イ　コイル法

ウ　プロッド法

エ　電流貫通法

(解説)　アが適切である．

ア　極間法（定置形）記号：FM，（可搬形）記号：PM（Y）

　　極間法（定置形）は，試験体または試験体の一部を電磁石の磁極に接して設置し，電磁石によって発生した磁束を試験体の中に投入して磁化する方法．

　　極間法（可搬形）は，試験体表面に接して設置した交流電磁石（ヨーク）によって発生した磁束を，試験体の中に投入して磁化する方法．

イ　コイル法（固定）記号：RC，（ケーブル）記号：FC

　　コイル法（固定）は，試験体をコイルの中に入れて通電し，コイルが作る磁界によってコイルの軸方向に磁化する方法．

　　コイル法（ケーブル）は，ケーブルのたるみがないように試験体に巻きつけてコイルを形成して通電し，コイルが作る磁界によって試験体を磁化する方法．

ウ　プロッド法　記号：P

　　面積の広い試験体の表面に2個の電極（プロッド）を押し当て，電流を流して磁化する方法．

エ　電流貫通法　記号：B

　　孔のある試験体の孔の部分に導体を通して電流を流し，電流の周りに形成される円形磁界によって磁化する方法．

　　そのほかに，磁束貫通法・隣接電流法の磁化方法がある．

　　　答　ア

問16　非破壊検査に関する記述のうち，適切なものはどれか．

［平成28年1級］

ア　磁粉探傷試験は表面欠陥を肉眼で観察するもので，傷の深さは判定できない．

イ　溶接部の余盛がある部分の超音波探傷試験には，垂直探傷が適している．

ウ　染色浸透探傷試験では，欠陥の深さと正確な形状および寸法を知ることができる．

エ　渦流探傷試験では，金属の化学成分までは検査できない．

[解説]　アが適切である．

　　磁粉深傷試験は，鋼材など磁性体材料の表面欠陥検出に有効な手法である．表面欠陥を肉眼で観察するもので，傷の深さは判定できない．

　　イ　余盛がある部分では，超音波を真下に送ることはできない．余盛を避けて斜めに超音波を発信することができる斜角探傷が用いられる．

　　ウ　染色浸透探傷試験では，表面傷の形状，寸法を知ることはできるが，深さを知ることはできない．

　　エ　金属材料の表面にコイルを置き交流電流を流すと，金属材料表面には渦電流が流れる．この渦電流は材料の電磁気的な性質（透磁率，抵抗率）や表面の状況（傷の有無）によって変化する．渦流探傷試験法は，コイルのインピーダンスを測定することで渦電流の状況を知り，傷の有無や材質などを判定しようとする方法である．

　　　金属製品の表面傷検査の他，合金の混合比変化品の識別，焼入れの有無検査，熱交換器パイプ減肉検査，塗膜下の疲労割れ，橋梁など溶接部の割れ，塗膜厚さの変化やメッキ厚さの変化，樹脂などの金属混入の検査にも使われる．

　　答　ア

> **問 17**　ひずみゲージに関する記述のうち，適切なものはどれか.
>
> ［平成 30 年・令和元年 1 級］
>
> ア　ひずみ率とは，抵抗体の電気抵抗の変化率とひずみの比のことである.
>
> イ　測定の原理は，抵抗体の破壊応力がひずみに比例することを利用したものである.
>
> ウ　抵抗体の電気抵抗の変化は，ジュール熱の変化として検出する.
>
> エ　ブリッジ回路の 2 辺または 4 辺を同種のひずみ計で構成することで，温度補償が可能となる.

（解説）　エが適切である.

　　　ア　抵抗体の電気抵抗の変化率とひずみの比は「ゲージ率」という.
　　　　　ゲージ率はひずみゲージの感度を表す.

　　　イ　抵抗の大きさは断面積に反比例し，長さに比例する. このことより，材料や構造物の伸び縮みによる抵抗値の変化を計測することで「ひずみ」を測定する.

　　　ウ　抵抗体の電気抵抗の変化は，ホイートストンブリッジを用い，電圧値の変化として計測される.

　　　答　エ

＜補　足①＞

　ひずみゲージは，薄い電気絶縁物のベースの上に格子上の抵抗線またはフォトエッチング加工した抵抗箔を形成し，引出し線を付けたものである. これを測定対象物（供試体）の表面に専用接着剤で接着して測定する.

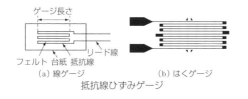

（a）線ゲージ　　　　　　　　（b）はくゲージ
抵抗線ひずみゲージ

＜補　足②＞

　ブリッジ回路の一辺にひずみゲージを他の三辺に固定抵抗が接続される方式は，簡便なため一般の応力・ひずみ測定に広く行われている.

　2 ゲージ法は，ブリッジ回路の二辺にひずみゲージ，他の二辺に固定抵抗が接

第6編
機械系保全法

続される回路で，測定対象以外のひずみ成分の除去などに使われる．

　4ゲージ法はブリッジ回路の各辺がすべてひずみゲージで構成される回路である．変換器（センサ）製作時の出力を大きくしたり，温度補償を向上させる．また，測定対象以外のひずみ成分の除去などに使われる．

　ひずみゲージの抵抗変化は小さな値であるため，ブリッジ回路の2辺または4辺を同種のひずみ計で構成することが多い．

問18　超音波探傷法に関する文中の下線で示す部分のうち，適切でないものはどれか．[平成30年1級]

　超音波探傷法は，被検査体に超音波パルスを入射して，欠陥部で<u>反射した超音波（エコー）</u>を受信することで，<u>内部欠陥</u>などの有無を検
　　　　　ア　　　　　　　　　　　　　　　　イ
出する方法である．欠陥の大きさが大きいほど，探傷器のモニタに表示されるエコーの高さは<u>高く</u>なり，また欠陥の位置が超音波パルスの
　　　　　　　　　　　ウ
入射部から近いほど，エコーの高さは<u>低く</u>なる．
　　　　　　　　　　　　　　　　　エ

(解説)　エが適切でない．

　　　超音波深傷試験は，超音波を被検査体内に侵入させて内部の欠陥等の存在を検知する方法である．被検査体内に侵入した超音波パルスが反射して戻ってきたエコーを受信しモニタ表示する．エコーの高さは反射波の強さを表す．欠陥の大きさが大きいほど，探傷部のモニタに表示されエコーの高さは高くなる．パルスが受信されるまでの時間は欠陥までの距離に比例するので，欠陥までの位置が超音波パルスの入射部から近いほど減衰の少ない強い反射波となるので，エコーの高さは"高く"なる．

　答　エ

《油圧・空気圧装置の基本回路》

問1 下図における，油圧シリンダの推力値として，もっとも適切なものはどれか．

ただし，パッキンや配管などによるエネルギー損失はないものとする．

[平成28年1級]

ア 1,070 N
イ 1,570 N
ウ 2,070 N
エ 2,570 N

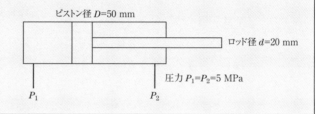

ピストン径 D=50 mm
ロッド径 d=20 mm
圧力 P₁=P₂=5 MPa
P₁
P₂

(解説) イが最も適切である．

シリンダの推力値 F は，ロッド径を d [m] とすると，次のように求められる．

$$F = \pi \left(\frac{d}{2}\right)^2 P = 3.14 \times \left(\frac{20 \times 10^{-3}}{2}\right)^2 \times (5 \times 10^6)$$

$$= 3.14 \times 10^{-4} \times 5 \times 10^6 = 1\,570 \text{ N}$$

したがって，イが正解となる．

答 イ

問2 油圧回路に関する記述のうち，適切なものはどれか． [平成28年2級]

ア アキュムレータを使用しても，油圧回路の圧力変動対策にはならない．

イ デセラレーション弁は，アクチュエータの加速・減速・停止に用いられる．

ウ リリーフ弁は，回路圧力を一定に保つことはできない．

エ カウンタバランス弁は，負荷の自重などによる落下防止には使用できない．

(解説) イが適切である．

デセラレーション弁は，カムにより，流量の増減および弁内の油路開

第6編 機械系保全法

閉を制御する．アクチュエータの加速，減速，停止制御に使用される．

　ア　アキュムレータは日本語で「蓄圧器」と言い，液体のエネルギー（液
　　　体の圧力）をアキュムレータに蓄えておき，必要に応じてそのエネ
　　　ルギーを放出する．これを利用し，サージ圧の吸収や，液体の温度
　　　変化の補償などにも使用される．

　ウ　リリーフ弁とは主として，液体（水・油等）の圧力上昇による被
　　　害防止のために用いられ，液体の圧力が所定の値になると自動的に
　　　開く機能をもつバルブである．所定圧力以下になると閉じるので，
　　　回路圧力を一定に保つことができる．

　エ　カウンタバランス弁は，油圧によって動かされる負荷が静止した
　　　場合，負荷の自重などによって急激に落下するのを防止するために
　　　使用される弁である．移動式クレーンにおいては，ジブの起伏，伸
　　　縮，巻上げ等の回路に使用され，下げ方向への操作を行うとき，自
　　　重や荷重によってジブの急降下を防ぐために用いられている．

　答　イ

＜補　足＞

デセラレーション（deceleration）とは，アクセラレーション（acceleration：
加速）の反対語で，減速という意味．

　二圧とは，高圧，低圧の二つの圧力のことである．

　カウンタバランス弁は，アクチュエータの戻り側に抵抗
を与え，縦型シリンダなどの自動落下防止，または制御
速度以上の速さで降下するのを防止するときに使用する．

　差動回路とは，シリンダの左右両側のポートに同時に
圧油を送り，ピストンが両面から受ける力の差で前進す
ることを利用した回路である．

　図に示すように，シリンダのヘッド側にポンプの吐出
量とシリンダのロッド側油量が合流して流れ込み，ピス

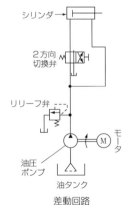

差動回路

トンの速度を速くする．この速度はピストンロッドの面積によって決まり，例
えば，ピストンのヘッド側とロッド側の面積が2：1であれば，その前進速度は
普通の回路（戻り油がタンクに戻る回路）の2倍の速さとなる．ただし，油圧シ
リンダの出力は小さく，この場合は2分の1となる．このように前進速度を速め

ることができ，しかもシリンダの往復速度を一定にできる特徴を生かして，プレーナー，小型プレスにこの回路を適用している．

問3 油圧機器に関する記述のうち，適切でないものはどれか．

[令和5年1級]

ア　カウンタバランス弁は，回路内の圧力が設定圧力以上になると自動的に油圧を逃がす．

イ　一般的に，減圧弁のドレンポートに必要以上の背圧がかかると，二次側の圧力は上昇する．

ウ　カットオフとは，ポンプ出口側圧力が設定圧力に近づいたとき，可変吐出し量制御が働いて，流量を減少させることである．

エ　デセラレーション弁は，アクチュエータの加速や減速に用いられる．

(解説)　アが適切でない．前問解説参照．

　　　答　ア

問4 油圧・空気圧機器に関する記述のうち，適切なものはどれか．

[令和5年1級]

ア　複動シリンダを任意の位置で停止させる場合，5ポート3位置クローズドセンタ形電磁弁が適している．

イ　交流ソレノイドは，プランジャの位置に関係なくコイルを流れる電流は一定である．

ウ　直流ソレノイドは，交流ソレノイドと比較し，ソレノイドコイルの焼損が発生しやすい．

エ　メータイン回路は，メータアウト回路と比べ，変動する負荷に対して安定した速度で制御する場合に適している．

(解説)　アが適切である．

　　　ブリードオフ制御は，タンクへ戻る流量を制御するため，負荷変動とポンプ効率の影響を受けやすい．

　　　メータイン制御は，シリンダへ送る流量を制御するため，負荷変動の影響受けやすい．

　　　メータアウト制御は，シリンダから出る流量を制御するため，負荷変

動の影響を受けにくい.

答　ア

＜補　足＞

5ポート3位置クローズドセンタ形電磁
弁（方向制御弁）は，3種類ある.

クローズドセンタ形は，通常の A ポジ
ション B ポジション の2ポジションに
センターポジション を加えた，三つのポ
ジションをもった電磁弁のこと（3位置
ともいう）.

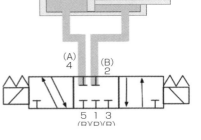

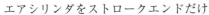

エアシリンダをストロークエンドだけ
でなく，中間位置で停止させたいときに3位置クローズドセンタの電磁弁は使用
される.

エギゾーストセンタ（ABR 接続）は，非通電時に弁が中央位置で停止すると，
シリンダ内の圧力を排気することで動きを停止する.

中央位置での停止時に外力によりシリンダを動かすことができるため，非常時
の危険解除など手動で動かしたい場合などに使用する.

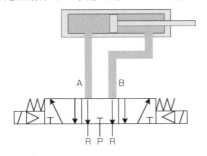

プレッシャセンタは非通電時に弁が中
央位置で停止すると、シリンダにAとB両
方からエアーが給気され、受ける面積が同
じ場合であればバランスしている状態なの
でシリンダは停止となる.

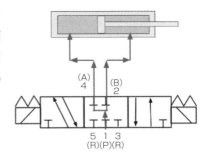

> **問5** 油圧に関する記述のうち，適切でないものはどれか． [平成30年1級]
>
> ア ブリードオフ回路は，メータイン回路やメータアウト回路よりも熱の発生や動力損失が大きい．
>
> イ 油圧シリンダの速度低下の原因は，油圧ポンプの容積効率の低下や圧力上昇の不良などが考えられる．
>
> ウ 減圧弁のドレンポートに必要以上の背圧がかかると，二次側の圧力は上昇する．
>
> エ 圧力制御回路には，リリーフ弁による圧力制御回路，減圧回路，無負荷回路，カウンタバランス回路，ブレーキ回路がある．

(解説) アが適切でない．

ブリードオフ回路は，アクチュエータの供給側管路に設けられた主回路のバイパス回路に流量調整弁を設け，逃し量を調整することで流量制御し，ピストンの速度を制御する回路である．シリンダの負荷の変動に応じてポンプ吐き出し量が変化するため，負荷の変動が大きい場合には正確な速度制御ができない．

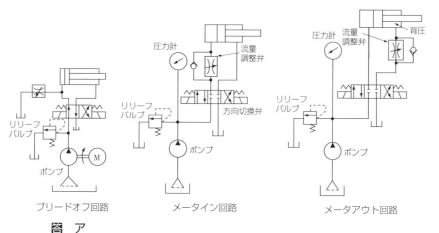

ブリードオフ回路　　メータイン回路　　メータアウト回路

答 ア

油圧用記号の説明（JIS B 0125：抜粋）

✕	流量制御弁	⊡	減圧弁
✕	2方向切換弁	◇	逆止め弁（チェック弁）
◉	油圧ポンプ	✕	絞り弁・可変絞り弁
Ⓜ	モータおよび原動機	⊡	パイロット操作逆止め弁
	リリーフ弁	⊡	シーケンス弁（外部ドレン）
▲	油タンク	⊡	アンロード弁（内部ドレン）
Ⱶ	油タンク（局所表示記号）		

問6　油圧機器に関する記述のうち，適切なものはどれか．［令和4年1級］

ア　油圧モータのオイルシールは，一般的に，ドレン圧力が 0.3 MPa 程度までならば使用できる．

イ　カウンタバランス弁は，回路内の圧力が設定圧力以上になると自動的に油圧を逃がす．

ウ　油圧バルブは，弁体がスプールの場合，閉位置の状態で若干の油漏れが発生する．

エ　ブリードオフ回路は，メータイン回路やメータアウト回路と比べ，動力損失が大きい．

(解説)　ウが適切である．

　　ア　0.3 MPa ではなく 0.03 MPa が正しい．

　　イ　アクチュエータの自由落下を防ぐためにあるので，単なるリリーフ弁ではなく，チェック弁も備え，油圧で負荷を保持し自由落下をさせない安全構造である．

　　ウ　スプールは2段以上の円筒の弁で外筒の中を上下に移動するため若干の隙間がないと動けない．そのため，その隙間から若干の油漏れが発生する．

　　エ　ポンプへ必要最低限の圧力のみで制動を行うため，動力損失が小

さい.

答 ウ

問 7 油圧に関する記述のうち，適切でないものはどれか．[令和元年 1 級]

ア 減圧弁のドレンポートに必要以上の背圧がかかると，二次側の圧力は上昇する．

イ アンロード弁は，回路内の圧力が設定圧力以上になると自動的に油圧を逃がす．

ウ ブリードオフ回路は，メータイン回路やメータアウト回路よりも動力損失が大きい．

エ 油圧シリンダの速度低下の原因は，油圧ポンプの容積効率の低下や圧力上昇の不良などが考えられる．

(解説) ウが適切でない．問 5 解説参照．

答 ウ

問 8 油圧機器に関する記述のうち，適切なものはどれか．[令和 3 年 1 級]

ア 油圧モータのオイルシールは，一般的に，ドレン圧力が 0.3MPa 程度までならば使用できる．

イ 油圧シリンダの速度低下の原因の 1 つとして，油圧ポンプの容積効率の低下や圧力上昇の不良などが考えられる．

ウ 減圧弁のドレンポートに必要以上の背圧がかかると，二次側の圧力は低下する．

エ ブリードオフ回路は，メータイン回路やメータアウト回路と比べ，動力損失が大きい．

(解説) イが適切でない．問 5 解説参照．

答 イ

第6編
機械系保全法

《油圧・空気圧機器の種類と構造・機能》

> **問1**　油圧・空気圧機器に関する記述のうち，適切でないものはどれか．
> ［平成29年2級］
> **ア**　交流電磁弁のスプールの切換速度は，直流電磁弁のスプールの切換速度よりも速い．
> **イ**　チェック弁のクラッキング圧力は，ばね力をシート受圧面積で割った値で表す．
> **ウ**　アキュムレータに充塡（てん）するガスは，一般に，窒素ガスが使用される．
> **エ**　定容量形ポンプは，回転数に関係なく吐出し量が一定である．

解説　エが適切でない．

定容量形ポンプとは，1回転当たりの理論吐出し量が変えられないポンプをいう．したがって，吐出し量は回転速度に比例する．

答　エ

<補　足>

(1)　**電磁弁**は，電磁ソレノイドを利用して弁内部のスプールを直接移動させ，流体の経路を変更できる弁であり，切換弁の一種である．

(2)　**チェック弁のクラッキング圧力**は，入口側圧力が上昇してポペットが開き，入口側と出口側が通じて油が流れ始めるときの圧力のことで，このときの力のつり合い関係は次式で表される．

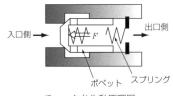

チェック弁作動原理図

$$k l_1 = S_2 p$$

ただし，p：クラッキング圧力，S_2：弁体が閉じているときの受圧面積，k：調圧ばねのばね定数，l_1：調圧ばねのたわみ量である．

(3)　**アキュムレータ**は，油圧回路において，油が漏れた場合に圧力が低下しないよう漏れた油の補充や停電など緊急時の補助油圧源となるだけでなく，サージ圧力を吸収したり，脈動を減衰させるなどの効果を持つ．ほとんど気体圧縮式のブラダ型となっている．衝撃の発生する弁の近くに設置することが効果的である．

問2　油圧・空気圧装置に関する記述のうち，適切でないものはどれか．
　　［平成28年2級］
ア　空気圧シリンダの速度制御で，負荷変動が大きいのでメータイン回路からメータアウト回路へ変更した．
イ　空気圧回路で脈動や圧力の変動が起きていたため，配管およびエアタンクを極力小さくした．
ウ　アンロード弁は，設定圧力以上になると圧油をタンクへ戻し，ポンプを無負荷状態にする．
エ　空気圧は，油圧に比べ圧縮性があるのでシリンダのスピードコントロールがしにくい．

（解説）　イが適切でない．
　　空気圧回路において，エアタンクを大きくすれば，圧縮空気を使用するタイミングを長くとれ，脈動や圧力変動が少なくなる．
　　答　イ

問3　油圧・空気圧機器に関する記述のうち，適切なものはどれか．
　　［平成29年2級］
ア　リリーフ弁は，回路圧力を一定に保つことはできない．
イ　カウンタバランス弁は，負荷の自走防止には使用できない．
ウ　差動回路は，ピストンの速度を一定に保つことができる．
エ　ブリードオフ回路は，負荷変動が大きいと正確な速度制御ができない．

（解説）　エが適切である
ア　リリーフ弁は油圧が設定値以上に上昇するのを防止する制御弁で，油圧回路の保護用である．上昇する圧力を解放することで回路圧力を一定に保つ．
イ　カウンタバランス弁は，ピストンの戻り側に背圧を与え，ピストンが自重などにより制限速度以上で作動するのを防止する（自走防止）．
ウ　差動回路とは，アクチュエータの両端に加圧された流体を送り込み，シリンダの面積差によりロッド側の流体に押し出された流体が

第6編　機械系保全法

ポンプ流量と合算しヘッド側に流れ，アクチュエータを高速に前進
させる回路である．ピストンの速度を一定に保つものではない．

答　エ

問4　油圧・空気圧装置に関する文中の（　　）内に当てはまる文章として，
　適切なものはどれか．［令和5年2級］
　「空気圧装置は，油圧装置と比べ，（　　）．」
ア　応答速度が速い
イ　小型で大きな出力を得ることができる
ウ　運転速度の調整が容易である
エ　配管に戻り回路を必要としない

(解説)　エが適切である

油圧回路は油タンクを有し循環型であり，圧縮空気を使った空圧回路
は大気中から空気を採取し，圧縮エネルギーを使ったのちには大気に放
出される．

答　エ

問5　油圧回路に関する記述のうち，適切なものはどれか．［平成30年2級］
ア　カウンタバランス弁は，負荷の自走防止には使用できない．
イ　物体を抵抗が少ない状態で水平に移動させる場合に，メータイン回路
　を用いることで自走を防止できる．
ウ　ブリードオフ回路は，負荷変動が大きいと正確な速度制御ができない．
エ　差動回路は，ピストンの速度を一定に保つことができる．

(解説)　ウが適切である．
　ア　カウンタバランス弁は，ピストンの戻り側に背圧を与え，ピストン
　　　が自重などにより制限速度以上で作動するのを防止する（自走防止）．
　イ　設問のような機能を有するのは，メータアウト回路である．メー
　　　タアウト回路は，負荷が負の場合，正から負になる場合には特に有
　　　効である．
　エ　差動回路は，ピストンの前進速度を速めることはできるが，一定に
　　　保つことはできない．ただし，往復の速度を一定にできる特徴もある．

答 ウ

> **問6** 油圧装置に使用するアキュムレータに関する記述のうち，適切でない
> ものはどれか．[平成30年1級]
> ア　アキュムレータの使用目的には，エネルギー蓄積，衝撃緩衝，脈動吸
> 収などがある．
> イ　アキュムレータに封入するガスと流体の分離方法によって，ブラダ型，
> ピストン型などに分類される．
> ウ　封入するガスの圧力は，温度変化の影響を考慮して設定する必要があ
> る．
> エ　アキュムレータに封入するガスは，酸素を使用してもよい．

(解説) エが適切でない．

アキュムレータに酸素を封入すると爆発の危険があるので，不活性ガ
スの中で安価な窒素を封入する．

答 エ

＜補　足＞

アキュムレータは，エネルギーの蓄積（動力補償）が最も代表的な使われ方で
あるが，ウォーターハンマやサージ圧の吸収（衝撃緩衝），ポンプパルセーショ
ンの減衰（脈動減衰・脈動吸収），圧力ダウンの緩和，漏れ補償，炎天下や寒冷
地における温度変化による圧力変化の補償，油圧バランサ，ショックアブソーバ，
流体の一方に発生した圧力を他の一方に異質の流体を混入させることなく伝達・
移送（トランスファーバリヤ），液体供給器としても利用される．

ブラダ型アキュムレータは，ブラダの膨張・収縮が
過大になると次のような問題が生じる．

予圧で封入したガス圧に対して4倍以上の液体側
圧力で圧縮させると，ブラダに折れ曲りが生じ寿命
が短くなる．

また，液体側圧力が高くなることでガスを封入す
るブラダ先端の金具の内部穴にブラダが押付けられ，
穴があく（パンチング現象）．

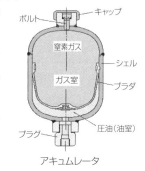

液体側の最低作動圧力が，予圧で封入したガス圧力に対して1.1倍以下の低い

圧力まで使用する場合，ブラダがシェル内面全体に膨らむことにより，ブラダの
底部がブラダ飛出し防止用のポペットに嚙み込みブラダの破損につながる．

問7　油圧装置などで使用されるアキュムレータに関する文中の（　　）内
　　　に当てはまる語句として，適切なものはどれか．[令和2年2級]
　　　「アキュムレータに使用するガスは，（　　）ガスを使用する．」
　ア　酸素
　イ　窒素
　ウ　水素
　エ　メタン

（解説）　イが適切である．
　　　ア　酸化を促し，空気の3倍漏れて圧力がすぐに低下する
　　　イ　毒性・引火性がなく，漏れが少なく安定した圧力を保つ
　　　ウ　発火の危険性がある
　　　エ　毒物である

　　　答　イ

問8　油圧機器に関する記述のうち，適切なものはどれか．[令和2年1級]
　ア　油圧モータのオイルシールは，一般的に，ドレン圧力が0.3MPa程
　　　度までならば使用できる．
　イ　直流ソレノイドは，交流ソレノイドと比較してソレノイドコイルの焼
　　　損が発生しにくい．
　ウ　減圧弁のドレンポートに必要以上の背圧がかかると，二次側の圧力は
　　　低下する．
　エ　アキュムレータに封入するガスは，酸素を使用する．

（解説）　イが適切である．エ，問6補足参照
　　　オイルシールとは，機械製品に使用される潤滑油をはじめ，水，薬液，
　　ガスなどが機械のすきまから漏れることや外部から粉塵などの侵入を防
　　ぐ働きをする．
　　　オイルシールは比較的低い圧力で使用され，構造が簡単で，取付けス
　　ペースが小さく，低価格で，取扱いが容易である．通常，ドレイン圧力

が 0.03 MPa 以下で使用し，軸受と併用されることが多い．

　減圧弁は，油圧回路の一部の圧力を一次側の主回路より二次側を低い圧力に設定したい場合に使用する．ドレインポートに必要以上の圧力がかかっても，二次側の圧力が上昇することはあっても，低下することはない．二次側圧力が一次側圧力より大きくなった場合でも，スプールを押し上げ，逆流を防ぐ．

　答　イ

問9　油圧バルブに関する記述のうち，適切でないものはどれか．

　［令和元年2級］

　ア　アンロード弁は，シリンダに背圧を持たせて自重落下を防止する場合に使用する．

　イ　パイロット操作チェック弁は，必要に応じてパイロット圧力による外力を作用させ逆流を可能にする．

　ウ　減圧弁は，二次側圧力を一次側圧力よりも低く設定する場合に使用する．

　エ　シーケンス弁は，回路の圧力によって複数のアクチュエータの作動順序を自動的に制御する場合に使用する．

（解説）　アが適切でない．

　カウンタバランス弁は，図のように，構造や作動についてはシーケンス弁やアンロード弁と基本的には変わらないが，ドレンは内部に，パイロット圧力は外部または内部から取り入れる．必ずチェック弁を内蔵し，二次側から一次側への逆流が自由に流れる構造になっている．

　答　ア

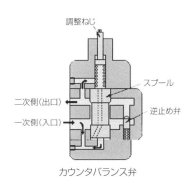

カウンタバランス弁

（図中ラベル：調整ねじ／スプール／逆止め弁／二次側（出口）／一次側（入口））

<補　足①>

パイロットチェック弁は，必要に応じてパイロット圧力による外力を作用させ，適宜逆流も可能にする弁である．主として，プレスやリフトなどで，負荷が油圧

回路のもれによって落下することを防止するために使用する.

　シーケンス弁は，別々に作動する複数の油圧シリンダ（アクチュエータ）の一つの作動が終了したら，順番に次の油圧シリンダなどを作動させる場合に使用する.

＜補　足②＞

　(1)　**アンロード弁**は，回路内の圧力が設定圧力以上になると自動的に圧油をタンクに逃がし，回路圧力を低下させ，ポンプを無負荷状態にして動力を節約できる自動弁である．その構造は，ほとんどシーケンス弁と同じであるが，二次側回路が必ずタンクへ接続されているのがシーケンス弁と異なる.

　(2)　バランスピストンを備えた**流量調整弁**は，機構的には差圧一定型の減圧弁の作用をする圧力補償弁と流量調整を行う絞り弁とからなっている.

　圧力補償ピストンとスプリングの力の平衡状態を利用して出口側流量を回路圧力に影響されず一定とすることができるが，作動油の温度変化による粘度の変動により流量が変わってしまう欠点がある.

　(3)　**減圧弁の原理**

　スプールはスプリングにより下方に押し付けられ，一次側（入口）の圧油は減圧されて二次側（出口）に常時流れている．また，圧油の一部はスプール孔を通ってニードル弁に作用している．二次側の圧力が設定値を超えようとすると，ニードル弁が押され圧油がドレン口からタンクへ流れ出る．その結果，スプールは押し上げられ，二次側の開きを小さくして減圧が行われる．これにより，二次側は一定の圧力を得られ，一次側の圧力が設定圧力よりも低い場合は二次側からの逆流を防ぐことができる.

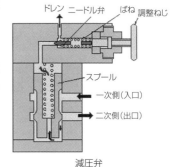

減圧弁

　(4)　**方向切換弁**

　方向切換弁は，圧油の流れる方向を切換える弁で，油圧シリンダの運動する方向や油圧モータの回転を切換えるもの．回転形と直線形があり，切換弁のポート数（接続口の数）と作動位置の数によって分類される.

　(5)　**ベーンポンプ**

　ロータに十数個のすり割を設け，それに対してベーンが直角に取付けられてい

る．駆動軸の回転によってベーンが駆動し，ロータが半回転するごとに吸込口側の油が吐出口へ運ばれる．ベーンポンプには，1回転当たりの吐出量が一定の定容量形と，吐出量を変えられる可変容量形がある．

(6) リリーフ弁

油圧が設定値以上に上昇するのを防止する制御弁で，油圧回路の保護用である．

問 10　油圧・空気圧回路に関する記述のうち，適切なものはどれか．
　［令和5年2級］

ア　シーケンス弁は，回路の圧力によって複数のアクチュエータの作動順序を自動的に制御する場合に使用する．

イ　差動回路は，シリンダを高速から低速に減速し，円滑に停止させるための回路である．

ウ　アンロード弁は，シリンダに背圧を持たせて自重落下を防止する場合に使用する．

エ　カウンタバランス弁は，外部ドレン形式である．

(解説)　アが適切である．

　　シーケンス弁とはアクチュエータの順序作動を制御する．例えばシリンダが2本あり油圧回路のみで先に片方のシリンダを動作させてから，もう片方のシリンダを動作させたい場合に使用する．

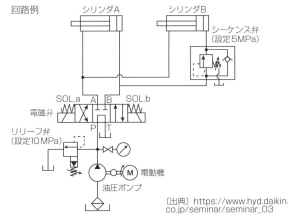

回路例

〔出典〕https://www.hyd.daikin.co.jp/seminar/seminar_03

カウンタバランス弁は内部ドレン式である．選択肢ウはカウンタバラ

第6編
機械系保全法

ンス弁に関する記述である.

答 ア

> **問11** 油圧機器に関する記述のうち，適切でないものはどれか.
> [平成28年1級]
> ア 油圧ポンプで閉じ込み現象が生じるのは，ギヤポンプである.
> イ アンロード弁は，圧力の設定ができないので選定には注意が必要である.
> ウ デセラレーション弁は，アクチュエータの加速・減速・停止に用いられる.
> エ カウンタバランス弁は，チェック弁を内蔵し，二次側から一次側への逆流が可能となっている.

(解説) イが適切でない.

アンロード弁は，アキュムレータと併用して用いられることが多い.回路の油圧が規定値に達したとき，ポンプを無負荷運転（アンロード）させるために弁が作動し，圧力を低下させずにポンプからの圧油をそのままタンクに戻す.

答 イ

> **問12** 油圧ポンプに関する記述のうち，適切でないものはどれか.
> [令和2年2級]
> ア ピストンポンプは，ピストンの往復運動によってシリンダ内の容積を変えることで給油または排油を行う.
> イ 歯車ポンプは外接形と内接形に分類でき，歯形はインボリュート，トロコイドなどが用いられる.
> ウ 定容量形ポンプは，回転数に関係なく吐出し量が一定である.
> エ ベーンポンプの特徴として，脈動が少ないことがあげられる.

(解説) ウが適切でない.

定容量形ポンプは，1回転当たりの吐出量が一定のポンプで，吐出量は回転速度にほぼ比例する.

答 ウ

> **問13** 油圧機器に関する記述のうち，適切でないものはどれか．
>
> [平成29年1級]
>
> ア 直流ソレノイドを用いた電磁切換弁では，異物などによるスプールロックが生じてもソレノイドの焼損は発生しない．
>
> イ リリーフ弁のバランスピストンは，弁を通過する作動油の温度を補償する．
>
> ウ 差圧一定形の減圧弁を内蔵する流量調整弁を，圧力補償付き流量調整弁という．
>
> エ 油圧回路のアンロード弁は設定圧以上になると油をタンクに逃がし，ポンプを無負荷にし，安全弁の役割もする．

(解説) イが適切でない

リリーフ弁は油圧が設定値以上に上昇するのを防止する制御弁で，油圧回路の保護用である．バランスピストンは流量を制御するもので，作動油の温度を補償するものではない．

答 イ

> **問14** 油圧ポンプに関する記述のうち，適切でないものはどれか．
>
> [平成28年2級]
>
> ア ベーンポンプの特徴として，脈動の少ないことがあげられる．
>
> イ 歯車ポンプは外接形と内接形に分類でき，歯形はインボリュート，トロコイドなどが用いられる．
>
> ウ ピストンポンプは，アキシアル形・ラジアル形・レシプロ形の3種類に分けられる．
>
> エ 歯車ポンプには，定容量形と可変容量形がある．

(解説) エが適切でない．

定容量型と可変容量型があるのはベーンポンプである．

答 エ

＜補 足＞

(1) ベーンポンプは，回転体であるロータに溝が切り込まれ，そこにベーン（vane）と呼ばれる櫂があり，その櫂はスプリングなどで押され伸縮する．モー

タに直結したロータに櫂が組み込まれており，外側にケーシングがある．ロータとケーシングの中心はずれており，櫂と櫂の間に油室を設け，流体が挟まれ運ばれる仕組みをとる．

（2）**歯車ポンプ**（ギヤポンプ）は，一対の歯車がケーシングの中でかみ合って回転することによりポンプ作用する．他のポンプに比べて構造が簡単で，部品点数も少なく，安価で耐久性にすぐれているため，広く工業用・農業用として使用されている．圧力 20.6 〜 29 MPa 程度まで可能である．

（3）**ピストンポンプ**は，シリンダ内におけるピストンの往復運動によってポンプ作用が行われる．他のポンプと比べて高圧での使用が可能で，効率が良い．ポンプの構造が他のポンプと比べて複雑であるが，可変容量型への対応に優れ，油圧をはじめとする産業分野に広く利用されている．

ラジアル型ピストンポンプ
〔出典〕https://learnchannel-tv.co
m/wp-content/uploads/2019/03/
Radial-piston-pump-with-extern
al-pressure-how-it-works.gif

問 15　下図に示す油圧ポンプの名称として，適切なものはどれか．

［令和３年２級］

ア　可変容量型ベーンポンプ
イ　内接型歯車ポンプ
ウ　アキシアル型ピストンポンプ
エ　ラジアル型ピストンポンプ

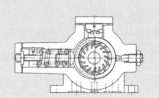

(解説)　アが適切である．

　　ベーンポンプとは，平板状のベーン（羽根状の部品）を用いた油圧ポンプのことである．ベーンが溝の中を自由に運動するためのロータ，ベーンの往復運動を規制するカムリングから構成されている．ロータに作用する半径方向の圧力がつり合っている平衡形と，つり合っていない非平衡形に分類できる．

答　**ア**

問16 油圧ポンプに関する記述のうち，適切でないものはどれか.

[平成30年2級]

ア　歯車ポンプは外接形と内接形に分類でき，歯形はインボリュート，トロコイドなどが用いられる.

イ　ピストンポンプは，ピストンの往復運動によってシリンダ内の容積を変えることで給油または排油を行う.

ウ　歯車ポンプには，定容量形と可変容量形がある.

エ　ベーンポンプの特徴として，脈動が少ないことがあげられる.

(解説)　ウが適切でない.　問14補足参照.

　　　答　ウ

問17 空気圧機器に関する記述のうち，適切でないものはどれか.

[令和元年2級]

ア　急速排気弁は，シリンダの作動速度を速くさせるなどの目的で使用する.

イ　空気圧調整ユニット（3点セット）は，一次供給口側から，エアフィルタ，レギュレータ，ルブリケータの順に並んでいる.

ウ　直流ソレノイド弁は，交流ソレノイド弁よりもコイルの焼損が生じやすい.

エ　空気圧モータには，一方向回転形と正逆回転形がある.

(解説)　ウが適切でない.

　　ア　急速排気弁は，切換弁とエアシリンダ（アクチュエータ）の間に設け，エアシリンダの排気を直接大気に放出することで，シリンダ速度を速くするための制御弁である.

　　イ　空気圧調整ユニット（3点セット）は空気流入側から，エアフィルタ，レギュレータ，ルブリケータの順になっている.　エアフィルタで空気中のゴミや水分を除去し，レギュレータで空気圧調整，ルブリケータは圧縮空気とともに潤滑油を供給する.　空気圧機器に必要な装置である.

　　ウ　直流ソレノイド電磁弁は，吸着部の動作状態にかかわらず，流れる電流は一定である.　交流ソレノイド電磁弁は，吸着部の動作状態

により流れる電流が変化する．そのため，交流ソレノイド電磁弁は
直流と比較して焼損が生じやすい．

　　エ　空気圧モータは空気圧を利用してモータを回転させる機構で，正
　　　　逆転とも使用可能である．

答　ウ

＜補　足＞

　空気圧モータのトルクと回転速度は反比例の関係にある．無負荷時にはトルク
が0となり，空気圧モータは最高回転速度で回転する．負荷が増加するとトルク
も増大して回転速度が直線的に減少し，負荷のトルクとつり合ったときモータは
停止する．空気消費量はほぼ回転速度に比例し，回転速度の増加とともに増大し，
無負荷時に最大となる．空気圧モータのトルクは，空気流入量にほぼ反比例する．

問18　空気圧機器に関する記述のうち，適切なものはどれか．
　　［平成29年2級］

ア　メータイン回路は，物体の抵抗が少ない状態で移動させる場合に用いる．

イ　3点セットのルブリケータに使用する潤滑油はスピンドル油である．

ウ　排気を急速に行うには，切換弁とアクチュエータの間に急速排気弁を接
　　続するとよい．

エ　空気圧モータは逆転ができない．

解説　ウが適切である．

　　　　ア　メータイン回路は，アクチュエータの供給側管路内の流れを制御
　　　　　　することによって，速度を制御する回路．負荷変動の大きい回路や
　　　　　　単動形シリンダに用いられるが，一般にはメータアウト回路が用い
　　　　　　られる．

　　　　イ　ルブリケータは，オイルを霧状にして圧縮空気に混入させて給油
　　　　　　するための装置である．空気圧機器への給油には，一般にタービン
　　　　　　油を使用する．

　　　　エ　空気圧モータは空気圧を利用してモータを回転させる機構で，正
　　　　　　逆転とも使用可能である．

答　ウ

問19 空気圧機器に関する記述のうち，適切でないものはどれか．

［令和2年1級］

ア 空油変換器を使用することで，シリンダの低速での動作を安定させることができる．

イ 自動可変式ルブリケータには，空気の流れが少ないときも潤滑油の供給量が一定になるよう可変絞り機構が設けられている．

ウ ルブリケータに使用する潤滑油は，スピンドル油が適している．

エ 空気圧モータには，一方向回転形と正逆回転形がある．

(解説) ウが適切でない．

ア 空圧は早い動作が得意だが，低速ではぎこちなくなるので，変換装置を用い油圧として低速での動作を安定させる．

イ 自動可変式ルブリケータは，空気流量が大幅に変化するようなときでも，給油量に過不足が出ることを防止できる．弾性体でできた可変絞り機構により，空気の流量が少ないときはオリフィス径を小さくし，流量抵抗を大きくすることで給油量を少なくする．一方，流量が多いときは可変絞り部の変形によってオリフィス径を大きくし，流量抵抗を小さくすることで給油量を多くする．

ウ ルブリケータは噴霧をつくるので粘度の低いタービン油が好ましいが，ルブリケータからシリンダまでの配管距離長いと潤滑油が行き届かないため，設計時に考慮する必要がある．

エ 空気圧モータは空気圧を利用してモータを回転させる機構で，正逆転とも使用可能である．

答 ウ

第6編
機械系保全法

問20　油圧，空気圧機器に関する記述のうち，適切でないものはどれか.

[令和3年1級]

ア　空油変換器を使用することで，シリンダの低速での動作を安定させることができる.

イ　自動可変式ルブリケータには，空気の流れが少ないときも潤滑油の供給量が一定になるよう可変絞り機構が設けられている.

ウ　交流ソレノイドは，直流ソレノイドと比較してソレノイドコイルの焼損が発生しにくい.

エ　アキュムレータに封入するガスは，窒素を使用する.

(解説)　ウが適切でない. ア・イ前問解説参照

　　ウ　直流ソレノイドは，交流ソレノイドよりコイルの焼損は生じにくい.

　　エ　窒素は，毒性・引火性がなく，漏れが少なく安定した圧力を保つ.

　　答　ウ

問21　油圧，空気圧機器に関する記述のうち，適切なものはどれか.

[令和4年1級]

ア　油圧シリンダの出力は，同一圧力の場合，シリンダ断面積が大きいほど大きくなる.

イ　アンロード弁は，アクチュエータの戻り側に抵抗を与え，自重落下を防止するときに使用する.

ウ　交流ソレノイドは，直流ソレノイドと比較してソレノイドコイルの焼損が発生しにくい.

エ　メータイン回路は，変動する負荷に対して安定した速度で制御する場合に使用する.

(解説)　アが適切である.

　　断面積が大きくなると出力は比例して大きくなる.

　　イ　アンロード弁は，回路内の圧力が設定圧力以上になると自動的に圧油をタンクに逃がし，回路圧力を低下させ，ポンプを無負荷状態にして動力を節約できる自動弁である.

ウ　直流ソレノイドは，交流ソレノイドよりコイルの焼損は生じにく
い．

エ　メータイン回路は，アクチュエータの速度制御方式の一つで，入
口側管路で，流量を絞って作動速度を調整する方式である．

答　ア

問22　空気圧機器に関する記述のうち，適切なものはどれか．

［平成28年2級］

ア　空気圧制御弁は機能上では，圧力制御弁・方向制御弁・流量制御弁に
分類される．

イ　エア3点セットは，空気流入側から「フィルタ」「ルブリケータ」「レ
ギュレータ」の順に並んでいる．

ウ　空気圧モータは，正回転と逆回転の切換使用はできない．

エ　空気圧用直流ソレノイド電磁弁は，コイル損傷を起こしやすい．

（解説）　アが適切である．

制御弁を機能上分類すると，リリーフ弁，減圧弁，シーケンス弁など
の空気圧を制御をする圧力制御弁と空気流量を調整する絞り弁や速度制
御弁などからなる流量制御弁，そして操作機能を目的とした流体の流れ
の方向を制御する方向制御弁に分類される．

イ　空気流入側から「フィルタ」「レギュレータ」「ルブリケータ」の
順である．

・フィルタ：ケース内にエレメントが内蔵されておりコンプレッサ
からエアーに含まれる水分，ほこりはエレメントを介することで
除去する．

・レギュレータ：フィルタからエアーを任意の圧力まで減圧するた
めの機器．

・ルブリケータ：ケースが設置されており，そのケースの中に油を
留めることができる．

ウ　空気圧モータには供給ポートが一つの一方向回転形と，供給と排
気ポートを入れ替えることで両方向の回転が可能な両方向回転形が
ある．

エ　コイル損傷を起こしやすいのは交流ソレノイド電磁弁である.

答　ア

問23　空気圧機器に関する記述のうち，適切でないものはどれか.

[平成29年・令和元年1級]

ア　空油変換器を使用することで，シリンダの低速での動作を安定させる
ことができる.

イ　エアブースタは，電気を使用せずエアタンクとの組合せで設備の一次
側を増圧する.

ウ　メータイン回路は，変動する負荷に対して安定した速度で移動させる
場合に使用する.

エ　切換弁とアクチュエータの間に急速排気弁を接続することで，排気を
急速に行うことができる.

(解説)　ウが適切でない.

メータイン回路は，アクチュエータの速度制御方式の一つで，入口側
管路で，流量を絞って作動速度を調整する方式である.

① 　排気側条件に左右されない.

② 　動き出しが早い.

③ 　負荷の変動に弱い. 外力や負荷の慣性の作用を受けやすく，垂直
方向は制御が難しい.

④ 　排気が急激に行われ断熱膨張が発生し，結露を発生することがあ
る.

⑤ 　エアクッションが使用しにくい.

といった特徴がある. 単動シリンダは入る側しかスピードを調整できな
い欠点があるため，必然的にメータインを利用する必要があるが，一般
的には出口側を絞って制御するメータアウト方式が採用される.

メータインはアクセルのみでスピードコントロール. メータアウトは
アクセル全開としブレーキのみでコントロール，と例えられる.

答　ウ

問 24 油圧・空気圧装置に関する文中の（　　）内に当てはまる文章として，適切でないものはどれか．［令和2年2級］

「油圧装置は，空気圧装置と比べ，（　　）．」

ア　アクチュエータの位置決め精度が高い

イ　小型で大きな出力を得ることができる

ウ　運転速度の調整が容易である

エ　温度変化によるアクチュエータの出力，速度への影響が小さい

(解説)　エが適切でない．

　　　油圧装置は，空気圧装置と比較して，温度変化により油の粘度が変化するため，アクチュエータへの出力や速度への影響が大きくなる．温度が高くなると粘度は小さくなり，温度が下がると粘度は大きくなる．

　　　答　エ

問 25 油圧・空気圧装置に関する文中の（　　）内に当てはまる文章として，適切なものはどれか．［令和4年2級］

「油圧装置は，空気圧装置と比べ，（　　）．」

ア　アクチュエータの位置決め精度が低い

イ　小型で大きな出力を得ることができる

ウ　運転速度の調整が難しい

エ　温度変化によるアクチュエータの出力，速度への影響が小さい

(解説)　イが適切である．前問解説参照．

　　　答　イ

問26 油圧・空気圧装置に関する文中の（　　）内に当てはまる文章とし

て，適切なものはどれか．[令和3年2級]

「空気圧装置は，油圧装置と比べ，（　　）.」

ア　アクチュエータの位置決め精度が高い

イ　小型で大きな出力を得ることができる

ウ　運転速度の調整が容易である

エ　温度変化によるアクチュエータの出力，速度への影響が小さい

(解説)　エが適切である．問24解説参照．

答　エ

《油圧・空気圧装置の故障原因と防止方法》

問 1 油圧装置の異常時における対応に関する記述のうち，適切でないもの
はどれか．[平成 30 年・令和元年 2 級]

ア ソレノイド弁でうなり音が発生したため，ソレノイドの吸引力が不足
していると考え，電圧が正常であるか確認した．

イ ポンプの油の吐出量が減少したため，吸込側の配管を長くした．

ウ シール不良が原因で配管継手部から油漏れが発生したため，シール
テープを時計回りに巻き直した．

エ 電気油圧サーボ弁のスプールに異物がかみ込み，動作不良となったた
め，作動油の清浄度を NAS7 級以下に保つよう管理を強化した．

(解説) イが適切でない．

吸込側の配管を長くすると，負荷がより大きくなりさらなる吐出量の
減少をひき起こす．

吐出量の減少は，ギヤやローター・オイルシート等のパッキン類の摩
耗が考えられる．摩耗の原因としては経年劣化，異物混入が考えられる．
異物混入が考えられる場合は，油タンク内に開放部がないかの確認，油
タンク内の清浄度管理が必要である．

吸込管またはインペラの閉塞が原因の場合は，管やインペラの清掃が，
空気進入が原因の場合は，エアー抜きを行う．

答 イ

第6編 機械系保全法

問2 油圧・空気圧装置の異常時における対応に関する記述のうち，適切な
ものはどれか．[令和5年2級]
　ア　ソレノイド弁でうなり音が発生したため，ソレノイドの吸引力が不足
　　　していると考え，電圧が正常であるか確認した．
　イ　負荷変動により油圧シリンダの速度が不安定であったため，メータア
　　　ウト回路からメータイン回路に変更した．
　ウ　減圧弁の圧力調整ができないので，流量調整弁を1次側に接続した．
　エ　エアフィルタのドレン部より空気が漏れたので，減圧弁で圧力を下げ
　　　た．

(解説)　アが適切でる．
　　　答　ア

問3 油圧シリンダが，作動中に息つき運動をしたり振動するのは，弁やシ
リンダの油漏れによる圧力変動が考えられるので，パッキンの損傷など
を調べる必要がある．[平成29年1級]

(解説)　正しい記述である．
　　　油圧シリンダの振動は，取付けボルトのゆるみ，心違い，エア抜きが
　　不十分な場合や圧力変動により起こる．圧力変動は油漏れにより生じて
　　いることが考えられるので，パッキンの損傷などを調べる．
　　　答　正しい

問4 油圧シリンダにスティックスリップが発生したので，シリンダの速度
を遅くした．[令和元年1級]

(解説)　誤った記述である．
　　　スティックスリップはびびり振動とも呼ばれ，異常音を発することが
　　あり，油圧シリンダなどアクチュエータの性能に大きな影響を与える．
　　　メカニズムは，パッキンが加圧されて相手面に密着している状態で運
　　動外力が加わったときにパッキン本体は弾性変形し，密着面は摩擦力に
　　よりリアルタイムには動かず，さらに運動外力が加わると密着面はこれ
　　に抗し切れずに相手面上を瞬間（弾性挙動）的に滑り，外力から開放さ

れると同時に滑り動作の到達点で相手面に再度密着する．この現象は振動現象と考えられる．シリンダの速度が速くなると変形運動が小刻みとなり，振幅が小さくなり，異常な振動は感じなくなる．速度を遅くすると変形エネルギーがより高まり，大きな振動を発する．

答 誤り

問5 油圧シリンダの不具合に関する記述のうち,適切でないものはどれか.

[令和3年1級]

ア 油圧シリンダの出力低下の原因として，リリーフバルブの圧力上昇不良が考えられる.

イ 油圧シリンダの速度低下の原因として，油圧ポンプの容積効率の低下が考えられる.

ウ 油圧シリンダの出力低下の原因として,流量調整弁の不良が考えられる.

エ 油圧シリンダの出力・速度低下の原因として，配管などの圧力損失の増大が考えられる.

(解説) ウが適切でない.

流量調整弁は流量制御弁の一種であり，圧力補償付き流量調整弁とも呼ばれる．絞り弁との欠点をなくすために，圧力変動があっても通過流量が一定になるため出力低下の原因としては考えられない.

答 ウ

＜補 足＞

(1) **リリーフ弁**は，油圧回路内の圧力が弁の設定圧力に達すると，弁が開いて圧油の一部または全量を戻り側へ逃がし，油圧回路を一定圧力に保ち，異常圧力を防止し，装置を保護する役目を果たす．構造的に分類すると，①直動型リリーフ弁，②パイロット作動型リリーフ弁がある.

(2) **制御弁**とは，油圧回路の圧力を一定に保持する弁である．回路内の最高圧力を制限する，主回路より一段低い圧力に減圧する，回路内の圧力が一定以上になるまで流れを遮断するなど圧力を制御する弁であり，リリーフ弁，減圧弁，シーケンス弁およびアンロード弁，カウンターバランス弁などがある.

第6編
機械系保全法

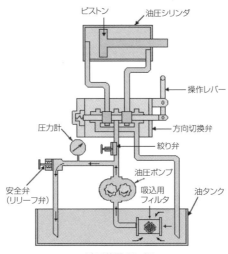

油圧装置のしくみ

問6　油圧シリンダの不具合に関する記述のうち，適切でないものはどれか．

［令和4年1級］

　ア　出力低下の原因として，流量調整弁の不良が考えられる．

　イ　速度低下の原因として，配管などの圧力損失の増大が考えられる．

　ウ　出力低下の原因として，リリーフバルブの圧力上昇不良が考えられる．

　エ　速度低下の原因として，油圧ポンプの容積効率の低下が考えられる．

（解説）　アが適切でない．前問補足参照．

　　　答　ア

問7 油圧装置および空気圧装置の異常時における対応に関する記述のうち，適切なものはどれか．［平成30年1級］
ア　油圧シリンダの出力が低下したので，リリーフ弁の圧力上昇に異常がないか確認した．
イ　方向制御弁の排気ポート側から空気漏れがあったので，空気圧シリンダのロッドパッキンを点検した．
ウ　ルブリケータ内の潤滑油が少なかったので，マシン油を足した．
エ　油圧装置において直線的に使用していたゴムホースが破損したため，新しいゴムホースを緩みがないよう張って取り付けた．

（解説）　アが適切である．
　　イ　方向制御弁の排気ポート側からの空気漏れは，ロッドパッキンに関連はない．スプール部のシールパッキンの劣化，摩耗が最も疑われる．
　　ウ　ルブリケータ内の潤滑油には一般的にタービン油が使用される．
　　エ　ゴムホースを緩みがないように張って取り付けると張力がかかり破損する危険性がある．取り付ける場合は適度なたるみを持たせる．
　　答　ア

問8 油圧装置および空気圧装置の異常時における対応に関する記述のうち，適切なものはどれか．［令和2年1級］
ア　方向制御弁の排気ポート側から空気漏れがあったので，空気圧シリンダのロッドパッキンを点検した．
イ　パイロット作動形リリーフ弁にチャタリングが発生したので，オーバーライドを大きくした．
ウ　油圧シリンダの速度が低下したので，油圧ポンプの容積効率の向上や圧力上昇不良対策を行った．
エ　油圧装置において直線的に使用していたゴムホースが破損したので，新しいゴムホースをたるみがないよう張って取り付けた．

（解説）　ウが適切である．ア・エ，前問解説参照．
　　イ　振動（チャタリング）が発生した場合は，パイロット作動形リリー

フ弁の圧力オーバーライドを「小さく」しなければならない.

答 ウ

問9 油圧装置および空気圧装置の異常時における対応に関する記述のうち，適切なものはどれか. ［令和元年・5年1級］

ア 油圧装置において直線的に使用していたゴムホースが破損したため，新しいゴムホースをたるみがないよう張って取り付けた.

イ ルブリケータ内の潤滑油が少なかったので，タービン油を足した.

ウ 方向制御弁の排気ポート側から空気漏れがあったので，空気圧シリンダのロッドパッキンを点検した.

エ チャタリングが発生したので，パイロット作動形リリーフ弁のオーバーライドを大きくした.

(解説) イが適切である. ア・イ・ウ，問7解説参照.

チャタリング（弁が開いたり閉じたりすることが頻繁に起こること）を抑制するため，リリーフ弁のオーバーライド（開く圧力と，圧力が上がって弁が閉じる圧力差）を小さくすることで弁の開閉を押さえる.

答 イ

問10 油圧装置において，ポンプで発生する異常音の原因に関する記述のうち，適切でないものはどれか. ［令和3年2級］

ア サクションフィルタの目詰まり

イ 作動油の温度が高すぎる

ウ 吸込配管からのエア吸込み

エ ポンプの吸込揚程が大きすぎる

(解説) イが適切でない.

作動油は，温度が高くなると粘性が低下する. 粘性の低下は，キャビテーションなど異常音の発生要因とはならない.

答 イ

問11 空気圧装置の異常に関する記述のうち，適切なものはどれか．

［令和4年2級］

ア エアフィルタのドレン部より空気が漏れたので，減圧弁で圧力を下げた．

イ 減圧弁の圧力調整ができないので，流量調整弁を1次側に接続した．

ウ ルブリケータは機器類の動作不良を防止するために，ドレンを分離，適時排出する．

エ オイルミストセパレータにおいて，2次側に多量にドレンが出る原因の1つとして，ドレンのオーバーフローが挙げられる．

(解説) エが適切である．

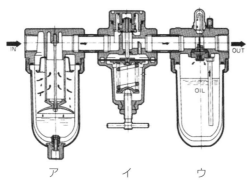

空圧3点セット

ア フィルタ（濾過器）

　　圧縮空気内の異物を除去し水分（ドレン）や油分も除去する役割がある．フィルタの内部には標準で濾過度5 μmのエレメントがある．Oリングなどの損傷により空気漏れがある場合は，分解点検するなどの対応をする必要がある．

イ レギュレータ（減圧弁）

　　圧縮空気の流れの圧力を減圧し二次側に送る．例えば0.9 MPaの一次側から0.6 MPaの二次側に減圧する．減圧弁で圧力調整ができない場合は，直ちに減圧弁を交換する必要がある．

　　流量調整弁はアクチュエータの動作速度を調整するなどの用途に

使用する.

ウ　ルブリケータ（油噴霧器）

　　空圧機器の最終動作機器であるアクチュエータなどの油分供給を
噴霧で担う.

　　選択肢はエアフィルタの説明である.

エ　オイルミストセパレータ

　　エアフィルタの一種だが通常のフィルタよりも油分除去能力に優
れており，フィルタとレギュレータの間または後ろに設置する. 濾
過度は 0.01 ～ 0.3 µm である.

エアフィルタ　ミストセパレータ　レギュレータ

　通常，ミストセパレータ（エ）を使用する場合は二次側では油分を嫌
う機器があるので上図のようにルブリケータ(ウ)を使用することはない.

答　エ

問 12 油圧装置において，作動油の伝達に使用するゴムホースの保守に関する記述のうち，適切でないものはどれか．[平成 29 年 1 級]

ア　ゴムホースの耐圧力を向上するのに，主に布やワイヤブレードが使われている．

イ　直線部では，緩むことがないようにピンと張った状態で使用することが重要である．

ウ　ホース取付金具付近の端末部は，傷みやすいので適切な曲げ半径にする．

エ　内面のゴムは作動油の性質に合わせ，適切なものを選定する．

(解説)　イが適切でない

　　緩みがない直線的な状態で使用すると，使用時の加圧によって無理な力がかかり破損する原因となる．

　　答　イ

問 13 空気圧回路に使用されている方向制御弁の不具合現象と原因に関する記述のうち，適切でないものはどれか．[平成 29 年 2 級]

ア　弁のスプールが作動しない原因の 1 つとして，スプールの摺動部への異物のかみ込みがある．

イ　弁のスプールが作動しない原因の 1 つとして，パイロット流路の詰まりがある．

ウ　排気ポートから空気が漏れる原因の 1 つとして，スプール部のシールパッキンの傷がある．

エ　排気ポートから空気が漏れる原因の 1 つとして，シリンダのロッドパッキンの傷がある．

(解説)　エが適切でない．

　　シリンダは，方向制御弁を経由して送られてくる空気圧で動作する．したがって，シリンダのロッドパッキンのキズは，シリンダ自体の差動不良の原因となるが，方向制御弁の排気ポートからの空気漏れには関連しない．

　　答　エ

第6編
機械系保全法

問14　油圧装置および空気圧装置の故障に関する記述のうち，適切なもの
　はどれか．[平成28年1級]
　ア　空気圧回路で，方向制御弁の排気ポートから空気漏れがあったので，
　　　空気圧シリンダのロッドパッキンを点検した．
　イ　空気圧機器の点検で，ルブリケータ内の油が少なかったので，マシン
　　　油を足した．
　ウ　油圧回路にサージ圧が発生したので，アキュムレータのガス圧を設定
　　　値より高くした．
　エ　油圧回路でリリーフ弁よりチャタリング音が発生した．直動形リリー
　　　フ弁を使用していたので，バランスピストン形リリーフ弁に変更した．

〔解説〕　エが適切である．
　　　　　チャタリング（Chattering）は微細な機械的振動を起こす現象である．
　　　　　直動型リリーフ弁は構造が簡単で比較的小型だが，チャタリングの発
　　　　生や圧力制御精度が低いことから，低圧小型向け安全弁として使用され
　　　　る．一方，バランスピストン型（パイロット型）リリーフ弁は，油圧バ
　　　　ランス構造にしているため，チャタリング現象が小さく，圧力制御精度
　　　　も高い．
　　　　　ア　排気ポートからの空気漏れであれば，ロッドパッキンの不良は関
　　　　　　係ない．最も疑われるのは，スプール部のシールパッキンの劣化・
　　　　　　摩耗である．
　　　　　イ　ルブリケータに使用するオイルは，タービン油（1種）が適当で
　　　　　　ある．スピンドル油，マシン油の使用は避けなければならない．
　　　　　ウ　サージ圧が発生したときは，アキュムレータのガス圧を低くし，
　　　　　　発生した圧力を吸収できるようにしなければならない．
　　　　答　エ

＜補　足＞
　バランスピストンは，図のようにスプリングによって下方に押し付けられてい
るが，Pポートの圧油の一部はバランスピストンに設けられたチョークを通り，
二次室を経てポペットの先端に作用している．いま，Pポート圧力 P_1 が上昇し
てポペットの設定圧力以上に達すると，まずポペットが後退し，圧油がドレン（T

ポート）へと逃げる．Ｐポートの油は引き続きチョークを通り二次室に流れ込む．

このとき，チョークの前後に圧力差が発生す
るため，二次室の圧力 P_2 が P_1 より低くなり，
その差がスプリング押付け力以上になるとバ
ランスピストンが押し上げられて，Ｐポート
からＴポートへ導通するすき間が生じる．
このすき間はポペットの設定圧力が保持でき
る程度に開くので，余剰油をタンクに逃しな
がらＰポート圧力（P_1）を設定圧力に維持
する．

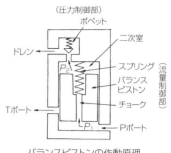

バランスピストンの作動原理

問 15 下図に示す空気圧シリンダにおいて，タイロッドと呼ばれる部位と
して，適切なものはどれか．[令和４年２級]

ア　Ａ
イ　Ｂ
ウ　Ｃ
エ　Ｄ

(解説) アが適切である．

ア　タイロッド．円筒形のシリンダの両端は機械に取り付けるための
四角いフランジであり，フランジの角に筐体とするため四つの棒が
取りついている．棒はロッド，付ける結ぶはタイという．

イ　クッションリング．空気がシリンダ内に入ってアクチュエータの
棒が勢いよく出て終点に達したとき，ピストンが壊れないため衝撃
を吸収する．

ウ　ピストン．シリンダ内で空気により移動しアクチュエータの棒を
動かす．

エ　シリンダーチューブ．一般にシリンダといわれる空気貯めの内筒．

答　ア

第**6**編
機械系保全法

《作動油の種類と性質》

問 1　作動油に関する記述のうち，適切でないものはどれか．［平成29年2級］

　ア　温度変化による粘度変化が少ないものほど粘度指数が大きい．

　イ　汚染の状態を数値化する規格として，NAS等級がある．

　ウ　リン酸エステル系作動油には，主にニトリルゴムのパッキンが使用される．

　エ　流動点と凝固点の温度は同じではない．

解説　ウが適切でない．

　　　　リン酸エステル系のシール材として，ニトリルゴムのパッキンは，膨張や変質など生じるので使用しない．

　　　　ニトリルゴムは耐油性が良く，おもにオイルシール，パッキン，ガスケットなどに使用される．

答　ウ

<補　足>

　作動油の汚染測定にはNAS規格（米国航空規格）によるものとSAE規格（米国自動車技術者協会規格）によるものがあるが，NASの判定基準を示しておく．

NAS 判定基準

装　　置		NAS
油　圧	油圧サーボ系	6～8
	高圧油圧（140kg/cm² 以上）	8～10
	一般油圧	10～12
潤　滑	軸受メタル給油	8～10
	強制給油	13～15
	油浴	14～18

問2 作動油に関する記述のうち, 適切でないものはどれか. [令和4·5年1級]
  ア リン酸エステル系作動油は, ニトリルゴムパッキンに使用できない.
  イ 塩素化炭化水素作動油は, ふっ素ゴムパッキンに使用できる.
  ウ ジエステル油は, ブチルゴムパッキンに使用できない.
  エ 水-グリコール系作動油は, ウレタンゴムパッキンに使用できる.

(解説) エが適切でない.

ゴム / 作動油適合一覧表

/	NBR	HNBR	ACM	FKM	VMQ	AU／EU	SBR	CR	EPDM	PTFE
鉱油系	○	○	○	○	△	○	×	△	×	○
水ーグリコール系	△	○	×	△	×	×	○	○	×	○
エマルジョン系	○	○	×	△	×	△	○	×	×	○
りん酸エステル系(ストレート)	×	×	×	△	○	×	×	×	○	○
りん酸エステル系(鉱油と混合)	×	×	×	△	△	×	×	×	×	○
ハロゲン化炭化水素系	×	-	×	○	△	△	×	×	×	○
ジエステル系	×	-	△	○	△	×	×	×	×	○
シリコーンエステル系	×	-	×	○	×	×	×	×	×	○
シリコーン系	○	○	○	○	×	×	×	×	×	○
ブレーキ液	×	×	×	×	×	×	×	△	△	○

ＮＢＲ：ニトリルゴム、HNBR:水素添加ニトリルゴム、ACM:アクリルゴム、FKM:フッ素ゴム
VMQ:シリコーンゴム、AU/EU:ウレタンゴム、SBR:スチレンゴム
CR:クロロプレンゴム、EPDM:エチレンプロピレンゴム、PTFE:フッ素樹脂
○: 適合　△: チェックが必要　×: 不適
　　　　　　〔出典〕https://www.packing.co.jp/GOMU/sadoyutekigou1.htm

答　エ

問3 作動油に関する記述のうち, 適切でないものはどれか. [令和2年2級]
  ア ASTM色は, 作動油の酸化劣化限界の判定が可能である.
  イ 作動油が乳白色に変化している場合, 水分が混入している可能性がある.
  ウ リン酸エステル系作動油は, 難燃性作動油の一種である.
  エ 一般的に, 流動点は, 作動油の最低使用温度である.

(解説) エが適切でない.

　　流動点は, 原油や石油製品の低温時における流動性を示す指数である.
不純物を含まない純物質は冷却するにつれ一定の温度で液体から固体に
変化するが, 各種炭化水素の複雑な混合物である石油製品は, はっきり

した融点をもたないので，一定の条件下で流動しなくなる温度を測定し
てこれを流動点としている．日本工業規格 JIS によれば，試料が完全に
流動しなくなる点よりも 2.5℃ 高い温度を流動点としており，2.5℃ の整
数倍で示される．機器の設計をするうえでは，流動点より高い温度を最
低使用温度としている．

ア　ASTM 色は潤滑油などの酸化劣化診断に使用され，色の濃淡を 0.5
　（淡）から 8.0（濃）に数値化し分類したものである．ASTM 色の色
　見本と試料を比較し，数値を確認することで，油の状態を検査する．

イ　油と水分が混ざり合うと白く濁った乳白色の液体の塊となり，こ
　れを乳化という．作動油が乳白色に変化している場合は，水分混入
　の可能性がある．

ウ　リン酸エステル系作動油は難燃性作動油の1種で，難燃性に加え，
　摩耗防止性，安定性に優れている．

答　エ

問4　作動油に関する記述のうち，適切なものはどれか．　[平成28年1級]
ア　作動油中に洗浄油やフラッシング油などが混入すると，引火点が高
　くなる．
イ　作動油の比重が大きくなると，ポンプの吸込み性能が良くなる．
ウ　作動油の物理的劣化は，全酸価を調べる．
エ　作動油の粘度が高すぎる場合，温度の上昇，圧力損失の増大などの
　悪影響が発生する．

解説　エが適切である．

作動油が適性油温より低くなりすぎた場合には，粘度が高くなり，ポ
ンプの運転に大きな力を要し，圧力損失の増大などの悪影響が発生する．

ア　作動油の引火点が 180 ～ 240℃ であるのに対し，洗浄油やフラッ
　シング油の引火点は 40 ～ 80℃ である．したがって，混合油の引火
　点は作動油より低くなる．

イ　作動油の比重が大きくなると，同じ容量の油を動かす場合，ポン
　プはより大きなエネルギーが必要になる．すなわち，吸い込み性能
　は悪くなる．

ウ　全酸価は，油1gの中の全酸性物質を中和させるKOHの量をmg
　　で示したもの，言い換えれば油の中の酸性成分の全量である．すな
　　わち，分かるのは化学的劣化である．物理的劣化（汚損）を調べる
　　には，ミリポア分析，微粒子計数測定などがある．

答　エ

問5　作動油に関する記述のうち，適切なものはどれか．［平成28年2級］
ア　温度変化による粘度変化が少ないものほど，粘度指数が小さい．
イ　劣化が進んでいる作動油に，新しい作動油を補給した．
ウ　汚染測定方法のうち，質量法とは，試料油100ml中のゴミの重量
　　を測定する方法である．
エ　一般的に，流動点をその作動油の最低使用可能温度としている．

（解説）ウが適切である．質量法は試料油をフィルターでろ過し，100mL中
　　の異物の量を測定する方法である．（JIS B 9931）
　　ア　粘度指数は，温度による粘度変化の程度を示すものである．粘度
　　　　指数が大きいものほど，温度変化に対する粘度変化が少ない．
　　イ　作動油の漏れなどが起こり継ぎ足すことはあるが，劣化が進んで
　　　　いる作動油に継ぎ足して使用してはならない．作動油の劣化は油圧
　　　　機器のトラブルや性能低下を招くので，定期的な交換が必要である．
　　エ　これ以下になると凝固するという流動しうる最低温度を流動点と
　　　　いう．潤滑油として作用するためには使用状態において必要かつ十
　　　　分な流動性と粘度を保持していなければならない．そのため，最低
　　　　使用可能温度は流動点より10℃高い温度としている．

答　ウ

> **問6**　作動油に関する記述のうち，適切なものはどれか．［平成30年2級］
> ア　一般的に，作動油の最低使用可能温度は，流動点としている．
> イ　合成系の作動油のうち，リン酸エステル系のものは脂肪酸エステル系のものより難燃性が劣る．
> ウ　作動油が黒褐色に変化している場合，気泡や水分が混入している可能性があるので，水分を除去する．
> エ　作動油の汚染度を調べるために，試料油100mℓ中の汚染物の質量を測定した．

(解説)　エが適切である．

　　ア　最低使用可能温度は，流動点より10℃高い温度である．

　　イ　リン酸エステル系のほうが自然発火温度が高い，自己消火性を有し，燃え広がり難いなど，難燃性は優れている．

　　ウ　作動油が黒褐色に変化した場合は，酸化が進み劣化している状態であり交換が必要である．

　　答　エ

＜補　足①＞

　脂肪酸エステル系は，ネオペンチルポリオールと脂肪酸のエステルを基油としたヒンダードエステル型の合成油である．潤滑性（特に摩耗防止性），安定性は鉱油以上に優れている．難燃性は，水-グリコール系のほうが勝っている．

＜補　足②＞

　作動油には，大きく分類して石油（鉱物油）系作動油と難燃性合成作動油がある．

　石油系作動油として最も一般的に使用されるのは，一般作動油と耐摩耗性作動油である．

　一般作動油は，高精製度のパラフィン系基油に酸化防止剤，防錆剤，消泡剤などの添加剤を加えて作動油としての特性を向上させている．耐摩耗性作動油は，極圧性能を向上させる目的で極圧添加剤を加えた作動油である．

　これら石油系作動油は，油圧装置に対する適用範囲がきわめて広く，作動油の大部分を占めている．

　難燃性作動油は，消防法を適用される設備または火災の危険性のある用途に使用される油圧装置に使われる作動油である．含水系と合成系があり，含水系とし

ては水－グリコール系作動油または W/O 形エマルション系作動油が，また合成系としてはリン酸エステル系作動油または脂肪酸エステル系作動油が一般的に使用されている．

これら難燃性作動油は，シール材質，塗料，金属への適合性，潤滑性などの特性面で石油系作動油と異なるため，使用にあたっては注意を必要とする．

問 7 作動油の流動点に関する記述のうち，適切なものはどれか．

［令和 4 年 2 級］

ア 作動油の使用が可能となる最低温度である．

イ 作動油の凝固点と同じ温度である．

ウ 半固体から液状に変わる温度である．

エ 試料を 45℃に加熱した後，試料をかき混ぜないで規定の方法で冷却したとき，試料が流動する最低温度である．

(解説) エが適切である．

流動点とは JIS K2269 で規定された方法で，鉱油系潤滑油を冷却したときそれが流動する最低の温度をいい，潤滑油の低温流動性の指標である。流動点は，潤滑油中のパラフィンワックスぶんの溶解性が温度低下に伴って析出することに起因するためワックスぶんの多いパラフィン系基油は溶剤脱ろうを行って流動点を下げる。エンジンオイルなどは、流動点が低いほどいいわけであり低温結晶化、成長抑制を目的とする流動点降下剤などを添加している。

凝固点は，液体が固体に変化する温度のことであり、完全に固体になる少し手前のすでに流動性が失われかけているところが流動点となる。流動点は凝固点の 2.5 ℃上である。

答 エ

第6編 機械系保全法

問8　作動油に関する記述のうち,適切でないものはどれか. [平成28年1級]
ア　水成系作動油は石油系作動油と比べ,耐火性に優れている.
イ　石油系作動油は合成系作動油と比べ,酸化安定性・潤滑性などの特性で劣る.
ウ　合成系作動油は,低温や高温用として作られた合成有機化合物の作動油である.
エ　水成系作動油は,粘度や潤滑性が不安定な作動油である.

(解説)　イが適切でない.

石油系作動油は,一般作動油,耐摩耗性作動油,高粘度指数作動油などの種類があり,添加剤を加えることで特性を向上させている.合成系作動油は,主として難燃性作動油として用いられている.石油系,合成系のどちらかが酸化安定性,潤滑性に優れているということはない.

答　イ

<補　足>

作動油の分類を図に示す.

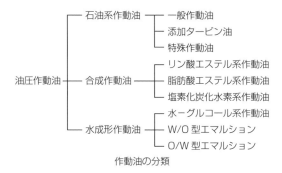

作動油の分類

問9 難燃性作動液に関する記述のうち, 適切ではないものはどれか.

[平成29年1級]

ア 水・グリコール系作動油は危険物に該当し, 取扱いは消防法が適用される.

イ 水・グリコール系作動液は, 一般的に圧力20.6MPaクラスの高圧用にも使用できる.

ウ W/O型エマルション系作動油は, 水含有量40%前後で潤滑性がよいので, 難燃性を必要とする用途に実用化されている.

エ O/W型エマルション系作動油は, 水含有量90〜95%で潤滑性が低いため, 特殊用途以外には実用化されない.

(解説) アが適切ではない.

表のように水・グリコール系は, 高圧噴霧点火においても着火せず, 引火もせず危険性が低い.

各種作動液の難燃性評価試験結果（フックスジャパン㈱のデータ）

試験法 / 作動液	引火点 [℃] JIS K 2274	高圧噴霧点火 機振協法	ホットマニホールド MIL-F-7100	パイプクリーナ（回数） MIL-F-7100
水・グリコール系	なし	着火せず	発火せず	66
W/Oエマルション系	なし	着火せず(注)	発火せず	50
リン酸エステル系	230〜280	連続燃焼せず	発火せず	80
脂肪酸エステル系	260〜312	連続燃焼せず(注)	発火	27
鉱油	150〜270	連続燃焼	発火	3

(注) 条件, 銘柄によって点火する.

答 ア

問10　作動油に関する文中の（　）内に当てはまる語句として，適切なものはどれか．［令和元年2級］

「（　）系作動油は，石油系油に水35〜40%を加え，酸化防止剤・錆止め剤・摩耗防止剤などの添加剤を加えたものである．」

ア　合成
イ　リン酸エステル
ウ　W/O エマルジョン
エ　O/W エマルジョン

(解説)　ウが適切である．

　難燃性作動油の分類を下図に示す．

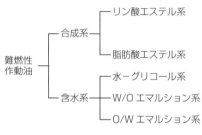

難燃性作動油の分類

　含水系は3種類である．

　水－グリコール系は，難燃性を確保するため水を30%以上加え，摩耗防止剤としての金属石けんおよびアルカリ調整剤が添加したものである．

　W/O エマルション系は，安価で油圧サイクルとの適合性や廃水処理性に優れており，水－グリコール系の代替と使用され，水を35%程度加え，酸化防止剤・錆止め剤・摩耗防止剤などの添加物を加えたものである．

　O/W エマルション系は水含有量が90〜95%と高く，ほとんど使われていない．

答　**ウ**

問 11　難燃性作動油に関する記述のうち，適切でないものはどれか.
　[平成 30 年・令和元年 1 級]

ア　水・グリコール系作動油は，圧力が約 20MPa クラスの油圧機器な
　どに使用できる.

イ　O/W 型エマルジョン系作動油は，一般的に潤滑性が悪く，切削油，
　研削油，圧延油などに使用される.

ウ　O/W 型エマルジョン系作動油は，消防法において危険物に該当する.

エ　W/O 型エマルジョン系作動油は，一般的に潤滑性がよく，難燃性を
　必要とする用途に実用化されている.

（解説）　ウが適切でない.

　　　O/W 型（水中油滴型）エマルション系作動油は難燃性油圧作動油で，
　　引火点を有しないため，消防法上では水－グリコール型と共に非危険物
　　である.

　　答　ウ

問 12　難燃性作動油に関する記述のうち，適切でないものはどれか.
　[令和 2 年 1 級]

ア　W/O 型エマルジョン系作動油は，難燃性を必要とする場合に使用さ
　れる.

イ　O/W 型エマルジョン系作動油は，消防法において危険物に該当する.

ウ　O/W 型エマルジョン系作動油は，切削油や研削油などに使用される.

エ　水・グリコール系作動油は，圧力が約 20 MPa クラスの油圧機器な
　どに使用される.

（解説）　イが適切でない. 前問解説参照.

　　答　イ

第6編
機械系保全法

問 13　作動油に加えられた添加剤に関する記述のうち，適切なものはどれ
か．[令和3年1級]
ア　清浄剤は，低温運転におけるスラッジの生成を防止する効果がある．
イ　分散剤は，高温運転における劣化生成物の沈積を防止する効果がある．
ウ　極圧添加剤は，金属面が化学的に腐食されることを防止する効果があ
る．
エ　油性向上剤は，低荷重下において摩擦面に油膜を形成し，摩擦および
摩耗を減少させる効果がある．

(解説)　エが適切である．
　　　ア　清浄剤は，エンジンなどの高温運転で生成する有害なスラッジを
　　　　金属表面から取り除き，スラッジ・プリカーサーを化学的に中和し，
　　　　エンジン内部を清浄にする．
　　　イ　分散剤は，低温時でのスラッジ，すすを油中に分散させる．
　　　ウ　極圧添加剤は，極圧潤滑状態における焼付きや，スカッフィング
　　　　を防止する．
　　　エ　油性向上剤は，低荷重下における摩擦面に油膜を形成し，摩擦お
　　　　よび摩耗を減少させる．

　　(答)　エ

《非金属材料》

問 1 非金属材料に関する記述のうち，適切でないものはどれか．

[平成 30 年・令和元年 2 級]

ア　熱硬化性プラスチックは，成形後に再度加熱すると，軟化する．

イ　ふっ素ゴムは，ニトリルブタジエンゴムよりも耐熱性が優れている．

ウ　石英は，銅よりも熱膨張係数が小さい．

エ　シリコーンゴムは，天然ゴムよりも耐熱性が優れている．

(解説) アが適切でない．

　　　　熱硬化性プラスチックは，成形前は液状，固形の原料を加熱することにより流動させ，熱を加え続けることで成形する．これは化学反応により架橋構造となり硬化する化学的変化であるため，硬化したものは，再び加熱しても軟化せず，溶剤にも溶けないので，再生はできない．

答　ア

＜補　足＞

(1)　ふっ素ゴム

200 ～ 230℃といった高温下での長期連続使用が可能な耐熱性と，油，溶剤，酸，オゾンなどに対する耐性も有している．多くの工業用途において，ハードな環境下でも高いシール特性，耐久性を有する．

(2)　ニトリルゴム

最も一般的な材料で，優れた耐油性，耐摩耗性を有し，また，安定した耐熱性をもつ材料で，O リングなどに用いられる．

(3)　ポリアセタール樹脂

エンジニアリングプラスチックの一種で，重合プロセスにより生み出された樹脂である．優れた成形時の熱安定性，耐疲労性，耐クリープ性，弾性回復性，バネ特性，良好な機械的性質，電気特性，低吸水性，耐薬品性，耐熱水性を有し，歯車などの機械部品に用いられる．

(4)　フェノール樹脂（ベークライト）

プラスチックの歴史の中でも古く，優れた耐熱性，耐久性などの特徴を生かし

第6編
機械系保全法

て，様々の分野で利用されている．温度を高めても流動性がないために，熱硬化性樹脂に該当する．

(5)　エポキシ樹脂

優れた接着性を有し，硬化時の体積収縮が少なく，強度と強靱性が優れている．また，電気絶縁性，溶剤その他耐薬品性を有し，硬化中の揮発がない．塗装分野，電気・電子分野，土木・接着剤分野に用いられる．熱硬化性樹脂である．

(6)　ポリアミド樹脂

超耐熱性，高強度，耐摩耗性，耐薬品性などすべての面で，従来のプラスチックの機能を超えたスーパーエンジニアリングプラスチックと呼ばれ，耐熱ギヤ，軸受などに用いられる．温度を高めると流動性を示す熱可塑性樹脂である．

(7)　ポリエチレン樹脂

エチレンを原料に生産される代表的な熱可塑性合成樹脂である．フィルム，ラミネート，洗剤容器，ガソリンタンクなどの中空容器やパイプなどに用いられる．

(8)　セラミックス

一般に，金属や樹脂と比較すると，

①　比較的高い硬度を有している（耐摩耗性に優れている）

②　密度が小さい（軽量である）

③　大きな曲げ強度を有している（破壊しにくい）

④　熱膨張率が小さい

⑤　熱伝導率が小さい

⑥　耐熱性に優れている

⑦　耐食性に優れている

⑧　絶縁性に優れている

という特徴を有している．

(9)　ファインセラミックス

アルミナ（酸化アルミニウム）は，ファインセラミックスの材料として最もよく使われている．アルミナはアルミニウムの材料ではあるが，金属ではなく，電気絶縁性能，耐熱性に優れている．アルミナを使ったファインセラミックスは非金属材料である．

JIS R 1600（ファインセラミックス関連用語）では，ファインセラミックスは，『目的の機能を十分に発現させるため，化学組成，微細組織，形状および製造工

程を精密に制御して製造したもので，主として非金属の無機物質から成るセラミックス』と定義されている．

問2 下記のゴムのうち，最高使用温度がもっとも高いものはどれか．

[令和5年2級]

ア　ウレタンゴム

イ　ニトリルブタジエンゴム

ウ　ふっ素ゴム

エ　天然ゴム

(解説) ウがもっとも高い．前問補足参照．

答　ウ

問3 下表に示すプラスチック材料の樹脂名とその性質について，A〜D に当てはまる樹脂名の組合せとして，適切なものはどれか．[令和3年1級]

樹脂名	性質
A	熱可塑性であり，水や電気を通さない．耐熱性に乏しい．
B	熱可塑性であり，完全に無色透明で，光の透過率は100％に近い．
C	熱硬化性であり，ベークライトともよばれ，耐熱性がある．
D	熱硬化性であり，常温・常圧で成形できる．

ア　A：ポリエチレン　B：アクリル樹脂　C：フェノール樹脂　D：エポキシ樹脂

イ　A：ポリ塩化ビニル　B：エポキシ樹脂　C：アクリル樹脂　D：フェノール樹脂

ウ　A：フェノール樹脂　B：アクリル樹脂　C：ポリエチレン　D：ポリ塩化ビニル

エ　A：エポキシ樹脂　B：フェノール樹脂　C：ポリ塩化ビニル　D：ポリエチレン

(解説) アが適切である．問1補足参照．

(1) 熱可塑性樹脂

ポリエチレンは，水より軽い，成形しやすい，耐薬品性，電気絶縁性，耐水性良好であるが，耐熱性に乏しい．

　　アクリル樹脂は，透明性・耐久性・耐候性に優れ，加工しやすい．光の透過性は94％と一般的なガラスよりも高く，また酸・アルカリなどにも耐性がある．

　　ポリ塩化ビニルは，強度，電気絶縁性，難燃性，耐候性，耐薬品性などに優れる．

(2)　熱硬化性樹脂

　　フェノール樹脂は，耐熱性，耐久性などに優れ，さまざまな分野で利用されている．温度を高めても流動性がない．

　　エポキシ樹脂は，電気絶縁性，接着性，耐熱性，耐薬品性が良好である．常温，常圧で成形でき，硬化時の収縮が非常に小さい．

　　答　ア

問4　非金属材料に関する記述のうち，適切なものはどれか．［令和4年1級］
ア　ポリエチレンは，熱可塑性であり，耐熱性に優れる．
イ　アクリル樹脂は，熱硬化性であり，完全に無色透明で，光の透過率は100％に近い．
ウ　フェノール樹脂は，熱可塑性であり，ベークライトともよばれ，耐熱性がある．
エ　エポキシ樹脂は，熱硬化性であり，常温・常圧で成形できる．

（解説）エが適切である．問1，問3解説参照．

　　答　エ

問5　非金属材料に関する記述のうち，適切でないものはどれか．
［令和5年1級］
ア　エポキシ樹脂は，熱硬化性であり，常温・常圧で成形できる．
イ　ポリエチレンは，熱可塑性であり，耐熱性に優れる．
ウ　ポリプロピレン樹脂は，ABS樹脂に比べ，耐薬品性に優れる．
エ　結晶性合成樹脂は，非結晶性合成樹脂と比べ，成形収縮率が大きい．

（解説）イが適切でない．問3解説参照．

　　答　イ

問6 非金属材料に関する記述のうち，適切でないものはどれか．

[平成29年1級]

ア 塩化ビニール樹脂は，廃棄物処理が容易であるため，配管用に多用されている．

イ 天然ゴムは，合成ゴムより耐油性が劣る．

ウ 一般的にふっ素樹脂は，耐薬品性に優れる．

エ 一般的にセラミックス材料は，電気絶縁性に優れている．

(解説) アが適切でない．

塩化ビニール樹脂廃棄物を燃焼すると，HCl（塩酸）とダイオキシンが発生するため容易に処理をすることができない．リサイクルされたり，特殊な焼却炉で処理される．

答 ア

問7 非金属材料に関する記述のうち，適切なものはどれか．[平成28年2級]

ア セラミックス材料は，一般的に高温での使用には耐えられない．

イ ふっ素ゴムは，ニトリルゴムより耐熱性に優れている．

ウ 天然ゴムは，合成ゴムより耐熱性に優れている．

エ シリコン樹脂は，樹脂の中で耐熱性や耐寒性がもっとも劣る．

(解説) イが適切である．

ふっ素ゴムは，200℃～300℃といった高温下での長期連続使用が可能な耐熱性および油，溶剤，酸，オゾンなどに対する耐性も有している．多くの工業用途において，ハードな環境下でも高いシール特性，耐久性を有する．耐寒性が高いのはニトリルゴムである．

ア セラミックスは，「人為的な処理によって製造された非金属無機質固体材料」のことで，民生用としては陶磁器などがその代表である．硬さや弾性率が金属や有機材料に比べ大きい，摩耗しにくい，軽くて高温でも機械的性質の劣化が少ないという長所があるが，もろいという欠点もある．

ウ 天然ゴムの耐熱性はおよそ120℃である．合成ゴムは，ウレタンゴムのように80℃と低いものもあるが，シリコンゴムの280℃，ふっ

素ゴムの300℃とはるかに高いものもある．合成ゴムより天然ゴムのほうが耐熱性が高い，とは言えない．

　エ　シリコン樹脂（シリコーン，ケイ素樹脂）とは，ケイ素を含む有機化合物の総称で，油状，ゴム状のものから硬い樹脂まで幅広いものが存在する．無色無臭で，撥水性があり，耐油性，耐酸化性，耐候性，耐寒性，耐熱性に優れた不導体で，特に耐熱性については，200℃を超える優れた耐熱温度を持つ．

答　イ

＜補　足①＞

セラミックスの代表的な製品には，次のようなものがある．

①ステアタイト

天然に存在するタルクを焼結して生成されるメタけい酸マグネシウムが，ステアタイトである．高周波絶縁材料として最もよく知られた材料で，比較的成型性が良いので複雑な形状の加工ができ，かつ量産に適している．

②フォルステライト

正けい酸マグネシウムを主成分とする材料で，ステアタイトに比し，さらに高周波特性が優れている．熱膨張係数が比較的大きく，熱衝撃にやや弱い点があるが，その熱膨張係数を利用して金属との封着が可能である．マイクロ波領域における誘電損が極めて小さく，その用途は広範囲にわたる．

③アルミナ

ニューセラミックスの代表格であるアルミナ磁器は，多品種にわたっており，それぞれ優れた特性を備えている．特に，機械的強度はセラミックス中で最も大きく，さらに電気的，熱的にも優れている．主原料は酸化アルミニウムで，1700℃の高温で焼結され，微細なコランダム結晶構造を生成している．用途に応じてアルミナ含有率を93.0～99.5%で調整されている．

＜補　足②＞

セラミックスの中でも，特にエレクトロニクスをはじめとする各種の産業用に用いられるものは，要求される高い精度や性能を有していることから「ファインセラミックス」と称している．すなわち，ファインセラミックスとは「精選または合成された原料粉末」を用いて「精密に調整された化学組成」を「よく制御された成型・焼結加工法」によって作られた，高精密なセラミックスである．

・鋼を上回る引張り強さ，耐熱性，優れた剛性からロケットや人工衛星に用いられる．例えば，アルミナセラミックスの硬度はステンレス鋼の約3倍，炭化ケイ素はステンレス鋼の4倍以上の硬度を持っている．
・半導体セラミックスも存在するが，一般的にファインセラミックスは絶縁体であり，導電性はない．
・非常に固く優れた剛性を持っているが，反面，切削等の加工はしにくい．
・ファインセラミックスの中でもアルミナと炭化ケイ素は特に薬品に強く，フッ化水素や硝酸に耐えられるものもある．

問8 非金属材料に関する記述のうち，適切なものはどれか．［令和2年2級］

ア　天然ゴムは，シリコーンゴムよりも最高使用温度が高い．

イ　アルミナを主成分としたセラミックスは，鉄鋼材料よりも耐摩耗性が劣っている．

ウ　ニトリルブタジエンゴムは，ふっ素ゴムよりも最高使用温度が高い．

エ　熱可塑性プラスチックは，成形後に再度加熱すると，軟化する．

[解説] エが適切である．ア・イ問7解説参照．

　　プラスチックは熱可塑性と熱硬化性に分類される．熱可塑性樹脂は常温では硬く，熱を加えると軟らかくなる．これを冷やすとそのままの形状で硬化するが，再度加熱するともとの状態に戻る．しかし，熱硬化性樹脂の場合は，熱可塑性樹脂とは異なり，一度固まった場合は，もう一度加熱しても軟らかくなることはない．

　　ウ　ふっ素ゴムの最高使用温度は300℃，ニトリルブタジエンゴムの最高使用温度は130℃である．

答　エ

問9　非金属材料に関する記述のうち，適切でないものはどれか.
　［平成29年2級］
　ア　鋼板の槽などのゴムライニングは，使用条件に対するゴムの強度や耐久性のほかに加工性や補修性に対する配慮も必要である.
　イ　エンプラとは，エンジニアリングプラスチックの略称である.
　ウ　一般的に天然ゴムの耐油性，耐熱性は，合成ゴムよりも優れている.
　エ　一般的に，セラミックス材料は衝撃強度が弱い.

(解説)　ウが適切でない.
　　天然ゴムは，合成ゴムよりゴム弾性が大きいが，耐候性が弱く劣化しやすい．天然ゴムと比較し，合成ゴムは耐熱性や耐油性が優れている.

答　ウ

問10　ライニングの説明として，適切なものはどれか.［令和3年2級］
　ア　微粒化した塗料に電荷を与えて，光沢塗布する方法である.
　イ　物体の表面または内面に，定着可能な物質を被覆する方法である.
　ウ　レーザ光を照射して，表層部のみを直線的に切削する方法である.
　エ　金属イオンを含む溶液を電解析出させて，硬度を向上させる方法である.

(解説)　イが適切である.
　　ライニングとは，物体の表面または内面に，定着可能な物質を被覆する方法である．表面に定着した被膜により，母材の摩擦を減らしたり，耐食，耐酸，耐摩耗や高熱を避けることができる.

答　イ

問11 ゴムの性質に関する記述のうち，適切でないものはどれか．

[平成30年・令和元年1級]

ア　導電性ゴムは，帯電を防止する効果がある．

イ　ふっ素ゴムは，天然ゴムの一種である．

ウ　変形が頻繁に繰り返されると，発熱によりゴムの温度が上昇する．

エ　ゴムの電気絶縁特性は，温度や吸水量などの影響を受ける．

(解説)　イが適切でない．

　　　ふっ素ゴムは合成ゴムの一種である．

　　答　イ

問12 非金属材料に関する記述のうち，適切でないものはどれか．

[令和2年1級]

ア　ゴムの電気絶縁特性は，吸水量が増えると上昇する．

イ　ゴムの温度は，変形が頻繁に繰り返されると上昇する．

ウ　ふっ素ゴムは，合成ゴムの一種である．

エ　導電性ゴムは，帯電を防止する効果がある．

(解説)　アが適切でない．

　　　一般にゴムは樹脂やガラスなどのように電気を通しにくいため，絶縁
　　用途にも使われる．水の吸水量が増える（水に浸っているなど）と，絶
　　縁特性は低下する．

　　答　ア

問13 プラスチックの一般的な性質に関する記述のうち，適切なものはど
　　れか．[平成28年2級]

ア　熱可塑性プラスチックは，高温でも変形しない．

イ　熱硬化性プラスチックは，耐溶剤性に劣る．

ウ　プラスチックは，熱や電気を伝えやすく，熱膨張率が小さい．

エ　プラスチックは，着色可能で透明なものも得られる．

(解説)　エが適切である．

　　　アクリル樹脂のように無色透明な樹脂も得られ，また，原料に染料や

顔料を混ぜることにより自由に着色することが可能である.

ア　熱可塑性とは, 熱を加えると変化する性質のこと. 熱可塑性プラスチックは, 熱を加えると溶け, 冷すと硬くなるが再度熱すれば溶ける.

炭素を中心とするプラスチック分子の基本単位であるモノマーが, 重合して高分子（ポリマー）となった鎖状分子構造. そのため, 加熱して溶融, 冷却して固化を繰り返すことができる.

イ　熱硬化性プラスチックとは, 加熱すると硬化し, 一度固まってしまうと再び加熱しても軟化溶融しない性質をもったプラスチックのことである. 代表的なものに, メラニン樹脂・ポリエステル樹脂・エポキシ樹脂などがあり, コンセントやブレーカなどの電気部品によく使われている.

表面硬度が高く, 耐溶剤性, 耐熱性, 機械的強度などの点で熱可塑性樹脂より優れているが, スクラップや廃棄製品のリサイクル再成形はできない.

ウ　プラスチックは, 一般的に, 次のような性質を有する.
・金属などと比較すると, 一般的に熱膨張係数や燃焼性が大きく, 熱伝導率や比熱が小さい.
・使用可能最高温度が低い.
・絶縁性がよい一方, 帯電しやすい.
・比重は小さく, 熱処理や加圧によって性質が変化する.

答　エ

問 14　熱硬化性のプラスチックとして, 適切なものはどれか. ［令和3年2級］
ア　ポリ塩化ビニル
イ　ポリプロピレン
ウ　ポリウレタン
エ　ポリエチレン

（解説）　ウが適切である. 前問, 問1解説参照.

ポリウレタンは, 熱によって溶けるか, 硬化するかで熱可塑性と熱硬化性の2種類に分けられる. 弾性, 靱性に優れ, 引張強さが大きい. ま

た，耐摩耗性が良く，化学的性質にも優れている．しかし，水に弱い発泡体は，断熱材や自動車のシートに使用され，そのほかに塗料，接着剤，衣類などにも使用されている．

答　ウ

問15　熱硬化性のプラスチックとして，適切なものはどれか．[令和4年2級]

ア　ポリ塩化ビニル
イ　エポキシ樹脂
ウ　ポリプロピレン
エ　ポリエチレン

(解説)　イが適切である．前問解説参照．

答　イ

問16　プラスチックに関する記述のうち，適切でないものはどれか．
[平成29年1級]

ア　プラスチックは，熱硬化性のものと熱可塑性のものに大別される．
イ　エポキシ樹脂は，金属への接着力が大きく耐薬品性も良好なので，金属の接着剤や塗料に用いられる．
ウ　ポリアミド樹脂（ナイロン）は，強靭で耐摩耗性があり，合成繊維や歯車などの成形品としても用いられる．
エ　プラスチックは，比較的強度が大きくて軽いだけでなく，一般的に衝撃強度が強く，熱による膨張変化は小さい．

(解説)　エが適切でない．

プラスチックは，熱による膨張変化が大きい．

プラスチックの一般的な性質については問15参照．

答　エ

第6編
機械系保全法

《金属材料の表面処理》

問1 金属材料の表面処理に関する文中の（　）内に当てはまる語句として，適切なものはどれか．

［平成28・30年・令和元年・5年2級／令和2・3・4年1級］

「金属材料にクロムめっきを施すと，めっき層に存在する（　）の影響で，強度が低下することがある.」

ア 窒素

イ 塩素

ウ 炭素

エ 水素

解説 エが適切である．

金属材料にクロムめっきを行うと，水素脆化により強度が低下する．

水素脆化とは，鋼材中に吸収された水素により強度が落ちることを指す．溶接や電気めっきが原因とされている．低炭素鋼ではほとんど問題ないが，炭素の高い鋼（より硬い鋼）に起こる．特に亜鉛めっきによる水素脆化は相当に激しい．

答 エ

＜補 足＞

電気めっき（electroplating）は，加工物をめっき液（金属イオンを含む水溶液）中で陰極として電解し，その表面に金属膜を析出させる方法をいう．

おもな使用目的として次のようなものがある．

①金，白金などの貴金属の装飾用

②ニッケル・クロムめっきなどの装飾兼防食用

③亜鉛やすずなどの防食用めっき

④ニッケルめっき，クロムめっきなどの工業用

電気めっきの原理は，図のように，品物を陰極にして通電することにより，めっき液中の金属イオン（M$^+$）が引き寄せられて金属膜となることによる．

問2 めっきに関する記述のうち，適切なものはどれか．

[平成30年・令和2年2級]

ア 切削工具の刃先へ工業用クロムめっきを施すことで，工具寿命を増加できる．

イ ニッケルめっきの下に工業用クロムめっきを施すことで，ピンホールや割れの発生を防ぐことができる．

ウ 一般的に，工業用クロムめっきは，装飾クロムめっきと比べ，めっき厚さが薄い．

エ 工業用クロムめっきは，複雑な形状の部品にも適用できる利点がある．

(解説) アが適切である．

切削工具へのコーティングはCVDやPVD（Ve 3 000 ～ 4 000）が主流であり，硬質クロームめっき（Ve 800 ～ 1 000）のコーティングはバイトやエンドミルの切削工具にはなく，ニッパーやペンチの刃先に使われている．（切削工具とはせず「手工具」または「工具」とするのが適切である）

　イ　クロムめっき特有のマイクロクラックやピンホールを防ぐため，ニッケルめっきを下地として施すことがある．多層めっきという．

　ウ　工業用クロムめっきの厚みは3 ～ 100 μm，装飾クロムめっきの厚みは0.1 ～ 0.3 μm程度と，工業用クロムめっきのほうが厚い．

　エ　工業用クロムめっきは，いわゆる硬質クロムめっきのことで，摩擦係数が小さく，耐摩耗性に優れている．均一電着性（厚さが均一にめっきされる能力）は悪く，複雑な形状のめっきには適さない．

答　ア

第6編
機械系保全法

問3 めっきに関する記述のうち，適切でないものはどれか．[令和4年2級]

ア　工業用クロムめっきは，凹凸がある複雑な形状にも適用できる利点がある．

イ　一般的に，工業用クロムめっきのめっき厚さは，装飾クロムめっきよりも厚い．

ウ　ニッケルめっきの上に工業用クロムめっきを施すことで，ピンホールや割れの発生を防ぐことができる．

エ　金属材料に工業用クロムめっきを施すと，めっき層に存在する水素の影響で，強度が低下することがある．

(解説)　アが適切でない．前問解説参照．

　　　答　ア

問4 めっきに関する記述のうち，適切でないものはどれか．[令和3年1級]

ア　銅めっきは，クロムめっきなどの下地めっきとして用いられる．

イ　工業用クロムめっきは，装飾用クロムめっきよりも皮膜が薄く施される．

ウ　すずめっきは，人体への毒性が低いため，食品用器具などに施される．

エ　亜鉛めっきにおいて，亜鉛皮膜の上に，化学的にクロム酸の皮膜を形成・密着させる方法をクロメート処理という．

(解説)　イが適切でない．

　　　ア　銅メッキは，非常に柔らかい金属のため，研磨しやすく，クロムめっきなど，主に下地めっきとして利用される．

　　　ウ　すずめっきは，銀白色の美しい色調を有しており，すずは比較的融点が低く，他の金属に比べて毒性が低いことから食品器具などに使用される．

　　　エ　亜鉛メッキは，大気中では優れた耐食性をもつが，水分に対しては鉄よりさびやすい性質がある．そのため，通常，後処理として化学的にクロム酸の皮膜を形成・密着させるクロメート処理を行い，亜鉛の腐食を防ぐことで，耐食性を向上させる．

　　　答　イ

問5 金属の表面処理に関する記述のうち，適切なものはどれか．

[令和4年2級]

ア　窒化は，真空中で加熱することで，表面層を軟らかくする方法である．

イ　酸洗いは，表面に酸化膜を形成させ，錆を防止する方法である．

ウ　溶射は，溶射材料を加熱し，溶融またはそれに近い状態にした粒子を物体表面に吹き付けて皮膜を形成させる方法である．

エ　黒染めは，表面に炭素を加えた後に焼入れをし，黒く硬化させる方法である．

(解説)　ウが適切である．

　　ア　窒化とは，鋼などの鉄金属の表面が窒素で強化される熱化学プロセスである．これにより，硬質で耐摩耗性のある窒化物層が生まれ，疲労強度と耐食性が大幅に向上する．窒化処理には二つの一般的なオプションがある．

　　　①　窒化処理

　　　　　金属を濃縮するために窒素のみが使用される．通常，低炭素，低合金鋼，鉄，チタン，アルミニウム，モリブデン合金に使用される．

　　　②　軟窒化

　　　　　窒素に加えて少量の炭素が金属を濃縮するために使用される．これは主に鉄合金で使用される．

　　イ　酸洗いとは，塩酸などの酸溶液を用い金属表面の付着物や酸化スケール，錆び，不動態膜などを除去し素地を露出させることによって表面処理をする際に障害物となるものを取り除く工程をいう．めっき前の下処理として採用されることが多い．

　　エ　黒染めとは，鉄鋼材に苛性ソーダを含んだアルカリ溶液に浸して140〜150℃の温度で処理し表面を黒錆で覆い，鉄・鋼製品の防錆（錆止め）や拳銃など美観（見た目の美しさ）の向上や光の反射を抑えるために表面に酸化皮膜を作り品物を黒くする．

答　ウ

問6　金属の表面処理に関する記述のうち，適切でないものはどれか．

［令和3年2級］

ア　窒化は，真空中で加熱することで，表面層を軟らかくする方法である．

イ　酸洗いは，酸性溶液に漬けることで，表面に付着している酸化物を除去する方法である．

ウ　溶射は，溶射材料を加熱し，溶融またはそれに近い状態にした粒子を物体表面に吹き付けて皮膜を形成させる方法である．

エ　黒染めは，アルカリ性溶液に漬けることで，鉄鋼などの表面に緻密な酸化皮膜を生成する方法である．

(解説)　アが適切でない．

　窒化は，鋼の表面層に窒素を拡散させて硬化させる操作で，浸炭と異なり500〜600℃の温度で行われるために相変態を伴わず，変形量が少ないという特徴がある．

　表面硬度はHv1 000〜1 100，窒化層の深さは0.03〜0.3 mmとなる．

答　ア

問7　金属材料の表面処理に関する記述のうち，適切なものはどれか．

［平成29年2級］

ア　電気めっき法では，めっきされる金属製品を陽極とする．

イ　鋼の熱処理による表面硬化法として，窒化や浸炭がある．

ウ　鋼を酸洗いすると，表面に酸化皮膜ができ，錆を防止する．

エ　鋼材の黒皮（ミルスケール）は，ワイヤブラシで十分に除去できる

(解説)　イが適切である．

　ア　電気めっきは，めっきされる金属製品を陰極とする．

　ウ　鋼の酸洗いは，熱処理によって生じたスケールや放置期間に生じた錆の除去を目的とするもので，錆の防止は目的ではない．

　エ　鋼材の黒皮（ミルスケール）除去は，浸漬洗浄が一般的である．

答　イ

＜補　足＞

(1)　**窒化**（nitriding）は，鋼の表面層に窒素を拡散させて硬化させる操作で，

浸炭と異なり 500 ~ 600℃の温度で行われるために相変態を伴わず，変形量が少ないという特徴がある．実用化されているものは，ガス窒化，イオン窒化，ガス軟窒化などがある．ガス窒化は，Al，Cr などを含む窒化鋼を用い，アンモニアガス中で 50 ~ 100 時間加熱する方法で，表面硬さ Hv1000 ~ 1100，深さ 0.03 ~ 0.3 mm の硬化層が得られる．

(2) **浸炭**（carburizing）は，浸炭剤中で鋼を加熱して表面層の炭素を増加させる操作で，浸炭剤の種類によって固体浸炭，液体浸炭およびガス浸炭に分けられる．浸炭後は焼入焼戻しを施して使用される．浸炭焼入れには 0.1 ~ 0.2 %C の炭素鋼または低合金鋼が用いられ，表面炭素濃度 0.8 %C，硬化層深さは 0.2 ~ 2 mm が一般的である．

問8 金属材料の表面処理に関する記述のうち，適切なものはどれか．

［平成 30 年 1 級］

ア 浸炭処理は，低炭素鋼には適していない．

イ ニッケルめっきは，硬さは優れているが，耐食性は向上しない．

ウ 錫めっきは，人体への影響がほとんどないため，食品加工機械などに適している．

エ 亜鉛めっきは，大気中の鉄鋼の錆止めには適していない．

(解説) ウが適切である．

ア 浸炭処理は，主として加工性の良い低炭素鋼の表面硬化に用いられる．

イ ニッケルは空気や湿気に対し鉄よりはるかに安定であり，ニッケルめっきは防食性からも使用されている．表面は時間の経過とともに酸化し光沢を失うため，さらにクロムめっきを施すことが多い．

エ 亜鉛は鉄よりもイオン化傾向が大きく，先に腐食することで鉄の腐食を防止する．

答 ウ

問9　金属材料の表面処理に関する記述のうち，適切でないものはどれか．

　　［令和5年1級］

ア　浸炭は，主に低炭素の鋼に使用される．

イ　焼入れと焼戻しは，浸炭処理後に行う．

ウ　SPCCやS15Cに浸炭窒化処理を行うと，硬度が上がる．

エ　めっき後，クロメート処理を行うと硬度が増す．

（解説）　エが適切でない．

　　　　クロメート処理は，亜鉛めっきを行った製品を六価クロム酸の液に浸けることで亜鉛めっき表面にクロムを含む不活性な耐食性皮膜を作る処理になる．　これにより亜鉛めっきの表面に錆びを発生しにくくしている．また，クロメート処理することで色調が変わり，白色，虹色，黒色，緑色などといったさまざまな色をもたせられ外観も向上するが，強度を強くするものではない．

　　　答　エ

問10　金属の表面処理に関する記述のうち，適切でないものはどれか．

　　［令和元年・令和2年2級］

ア　酸洗いとは，金属製品を酸性溶液に漬けることで，表面に付着している酸化物を除去する方法である．

イ　溶射は，金属や合金または金属の酸化物などを溶融状態にし，これに基材を浸漬して皮膜を作る表面処理である．

ウ　黒染めは，鉄鋼などの表面に緻密な酸化皮膜を生成する表面処理である．

エ　セラミック溶射は，皮膜の材料にアルミナやジルコニアなどが用いられる

（解説）　イが適切でない．

　　　　溶射とは，金属や非金属を加熱して細かい溶滴状にし，加工物の表面に吹き付けて密着させる方法である．　この方法では母材の温度上昇が一般には低く，熱影響および熱ひずみの出ない状態で各種の金属を溶着することができる．

溶射は溶接に比べて次のような利点がある.

① どのような金属，非金属でも溶射でき，どのような母材にも溶射
できる.

② 任意の厚みの均一な溶射ができる．最大皮膜は 0.76 mm 程度である.

③ 溶射部は多孔質で潤滑性に富んでいる.

答 イ

＜補 足①＞

セラミック溶射の材料として，アルミナ，イットリア，ジルコニア，チタニア，クロミアなどを組み合せて使用する.

セラミック被膜により得られる機能として，耐摩耗性，電気絶縁性，耐熱性・遮熱性などがある.

＜補 足②＞

酸洗い（酸洗処理）は，溶接加工やレーザ加工で付いたステンレス表面の焼け跡をきれいにするときなどに有効である．酸洗いを行う際，溶接時に油などが焼き付いているような場合は，事前にこすり落としてやらなくてはならない.

問 11 金属の表面処理に関する記述のうち，適切なものはどれか.

[令和5年2級]

ア 溶射は，溶射材料を加熱し，溶融またはそれに近い状態にした粒子を物体表面に吹き付けて皮膜を形成させる方法である.

イ 窒化は，真空中で加熱することで，表面層を軟らかくする方法である.

ウ ピンホールや割れの発生を防ぐため，ニッケルめっきの下に工業用クロムめっきを施す必要がある.

エ 電気めっきは，乾式めっきの一種である.

(解説) アが適切である．前問解説参照.

答 ア

問12　表面処理法に関する記述のうち，適切でないものはどれか．

[平成30年1級]

ア　ショットピーニングとは，圧縮空気または遠心力によってショットを
母材に噴射し激突させて，表面を硬化させる方法である．

イ　ショットブラストとは，物理的な錆落とし方法の1つであり，ショッ
トの代わりにグリッドや砂などを用いる場合もある．

ウ　ゴムライニングとは，ゴムを母材表面に強固に接着させる方法であり，
ゴムの強度や耐久性のほかに，加工性や補修性に対する配慮も必要で
ある．

エ　溶射とは，溶射材を溶融状態にして母材に吹き付けることにより，母
材の強度を向上させる方法である．

解説　エが適切でない．

溶射とは，金属やセラミックスの溶射材を溶融状態にして母材に吹き
付けることにより，母材に皮膜をつくり，摩耗や腐食を防ぐ，断熱性を
付加する，絶縁性や電磁シールドといった電気的特性を付加する表面処
理である．

答　エ

問13　溶射に関する記述のうち，適切でないものはどれか．[令和元年1級]

ア　溶射材料には，金属材料だけでなく，非金属材料も使用される．

イ　ガス式，アーク式，プラズマ式などがある．

ウ　主な目的は，母材強度の向上である．

エ　前処理として，母材の表面に付着している酸化物や油脂などを除去す
る必要がある．

解説　ウが適切でない．

溶射の主な目的は，寸法間違えや部分欠如のための肉盛で指定寸法に
するものである．その他，防錆・防食，耐蝕性の向上，耐摩耗，耐熱遮
熱，電気絶縁，耐酸化などを目的としても行われるが，母材強度の向上
を主目的としていない．

溶射には，ガス式，電気式（アーク式，プラズマ式），コードスプレー

式などがある.

溶射工程には, 段取りとなる前処理, 溶射処理, 後工程 (仕上げ加工) があり, 前処理として, 表面の汚染物質除去を行う.

答 ウ

問 14 金属材料の表面処理に関する記述のうち, 適切でないものはどれか.

[平成 28 年 1 級]

ア めっきする際は, 鋼材料に水素が入りやすいので水素脆性を考慮する必要がある.

イ 高周波による焼入れは, 表面部分を熱処理するので残留応力による影響は考慮しなくてもよい.

ウ 亜鉛めっきは, 鉄鋼の錆止めとして優れており, かつ一般的に安価である.

エ 鋼の焼戻しの加熱温度が高くなると, 引張強さが低下する.

(解説) イが適切でない.

高周波焼入れは, 部材の耐摩耗性・耐疲労性向上のための表面硬化法の一つとして広く行われている. その効果は, 急速短時間加熱焼入れによる特有の材質 (組織) 変化と表面の圧縮残留応力のためとされている.

この高い表面圧縮残留応力は, 外力の繰り返しによる亀裂の発生, 進展を抑制するため, 疲れ強さを向上させる. したがって, 残留応力の影響は考慮しなければならない.

コイル 高周波電流
高周波磁束 被処理材
高周波焼入れの原理

答 イ

問 15　鋼材料の表面処理に関する記述のうち，適切でないものはどれか．

［平成 29 年 1 級］

ア　黒染めは，鋼の表面に四三酸化鉄を生成したものである．

イ　窒化処理は，表層から 2 mm 程度まで改質ができる．

ウ　硬質クロムめっきは，ビッカース硬さ 1,000 HV が達成できるものもある．

エ　浸炭処理は，炭素量が 0.20%以下の低炭素鋼の表面硬化ができる．

(解説)　イが適切でない．

　　　窒化処理は，アルミ，クロム，モリブデンなどの窒化鋼をアンモニア，窒素を含んだガスで 50 ～ 100 時間加熱し，鋼材の表面を硬化処理する方法である．

　　　表面硬度は Hv1000 ～ 1100，窒化層の深さは 0.03 ～ 0.3 mm となる．

　　答　イ

<補　足>

　黒染処理（四三酸化鉄皮膜）は，アルカリ黒色酸化着色のことをいい，強アルカリ性処理液による金属自身の化学変化によって優美な黒色に作成できる．処理温度は 130℃ ～ 150℃ で物理変化を与えることもなく，製品の寸法に及ぼす影響も極めて僅少な防錆剤である．

問 16　金属材料の表面処理法に関する記述のうち，適切なものはどれか．

［令和 2 年 1 級］

ア　浸炭処理は，低炭素鋼には適していない．

イ　亜鉛めっきは，大気中の鉄鋼の錆止めには適していない．

ウ　ショットピーニングは，圧縮空気または遠心力によってショットを母材に噴射し激突させる表面硬化法である．

エ　溶射は，金属や合金または金属の酸化物などを溶融状態にし，これに基材を浸漬して皮膜を作る表面処理法である．

(解説)　ウが適切である．

　　　ショットピーニングとは，ショット材と呼ばれる粒径 40 μm ～ 1.3 mm 程度の硬質な小球を被加工部品に高速で衝突させる冷間加工法であ

る．ショットピーニングされた被加工部品は，表面にはある粗さが形成
されるが，表層部は加工硬化され，高い圧縮残留応力が付与される．

答 ウ

問 17 浸炭に関する記述のうち，適切でないものはどれか．[令和 4 年 1 級]
ア　主に低炭素の鋼に使用される．
イ　浸炭剤中で長時間加熱することで，炭素をしみ込ませる．
ウ　焼入れと焼戻しは，浸炭処理後に行う．
エ　表面層と内部の硬さを均一にすることができる．

(解説)　エが適切でない．

　　浸炭とは，一般に低炭素鋼の行い，表面層の硬化を目的として炭素を
添加する処理のことである．主に耐摩耗性を向上させるために行われる．

　　浸炭は素材を硬化させるための準備であり，浸炭処理後に焼入れ・焼
戻しを行う．浸炭された金属は表層の炭素量のみが多い状態となる．焼
入れに伴う硬化の程度は炭素量に強く依存するため，この状態で焼入れ
を行うと，内部は柔軟な構造を保ったまま，表面のみを硬化させること
ができる．このため，表面の耐摩耗性と内部の靭性を両立させることが
可能である．

答　エ

《力学の基礎知識》

問1　力学に関する記述のうち，適切でないものはどれか．［令和元年2級］
ア　仕事の効率とは，有効仕事と外部から与えられた仕事との比のことである．
イ　弾性域内において，ひずみは応力に正比例する．
ウ　物体が運動する速度が2倍になると，運動エネルギーは2倍になる．
エ　力を F，モーメントの腕の長さを r とするとき，力のモーメント M は，M=Fr で表される．

(解説)　ウが適切でない．
　　運動エネルギー E は質量 m に比例し，速度 v の2乗に比例する．

$$E = \frac{1}{2}mv^2$$

　　よって，速度が2倍になると運動エネルギーはその2乗の4倍となる．

答　ウ

問2　力学に関する記述のうち，適切なものはどれか．［令和5年2級］
ア　同じ断面積の中実軸と中空軸にそれぞれ同じ大きさの荷重が作用した場合，引張応力は中実軸のほうが大きい．
イ　物体が運動する速度が2倍になると，運動エネルギーは2倍になる．
ウ　力のモーメントは，力とモーメントの腕の長さの商で求められる．
エ　軸の段付部のように，形状が急に変わる部分に局部的に大きな応力が発生することを応力集中という．

(解説)　エが適切である．
　　応力集中とは，物体の形状変化部で局所的に応力が増大する現象である．機械・構造物の疲労破壊や脆性破壊では，この応力集中を起こす部分が破壊の起点となることが多い．したがって，隅部に R を巻くと応力分散され破断が避けられる．

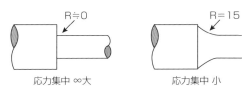

応力集中 ∞大　　　　　応力集中 小

引張応力 σ は，引張力 P と部材の断面積 A により，次の式で求まる.

$$\sigma = P/A$$

断面積は,中実軸＞中空軸となるため,中空軸の引張応力が大きくなる.

答　エ

問3 物体が10 N の力を受けて，力の方向に1 m 移動するのに10 sec かかった場合の動力として，適切な数値はどれか．[令和元年1級]

ア　0.1 N·m/s

イ　1 N·m/s

ウ　10 N·m/s

エ　100 N·m/s

(解説)　イが適切である.

単位は N·m/s で，10 秒かかった場合の動力 P は，

$$P = \frac{10\text{N} \times 1\text{m}}{10\sec} = 1\text{N} \cdot \text{m}/\text{s}$$

答　イ

問4　下図において，ワイヤ1本当たりにかかる荷重は，荷重 W の何倍になるか．ただし，2本のワイヤは同じ長さである．

[平成29年1級]

ア　約0.5倍

イ　約0.7倍

ウ　約1.0倍

エ　約1.4倍

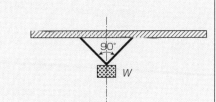

第6編
機械系保全法

(解説)　イが適切である.

力のベクトル図を示すと，次図のようになる.

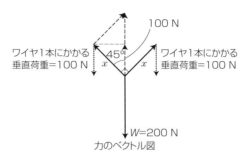

左右のワイヤで分担する荷重は等しいため，1本のワイヤにかかる垂直加重は100 N になる．1本のワイヤにかかる荷重を x [N] とすると，

$$\cos 45° = \frac{1}{\sqrt{2}} = \frac{100}{x}$$

$$\therefore \quad x = 100\sqrt{2} \fallingdotseq 141\,\mathrm{N}$$

したがって，

$$\frac{141}{200} \fallingdotseq 0.7\ \text{倍}$$

答 イ

問5 下図において，W=860 N の荷重のとき，ワイヤ1本当たりにかかる荷重の値として，もっとも近い数値はどれか．ただし，2本のワイヤは同じ長さで，自重は考えないこととする．[平成30年・令和2・3年2級]

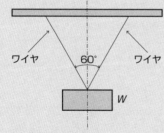

sin 30°	=0.50
sin 60°	=0.87
cos 30°	=0.87
cos 60°	=0.50
tan 30°	=0.58
tan 60°	=1.73

ア　450 N

イ　470 N

ウ　500 N

エ　520 N

(解説) ウが適切である.

力のベクトル図を示すと図のようになる.

ワイヤ1本にかかる垂直荷重は，430 N であるから，1本のワイヤにかかる荷重 x は，

$$x = \frac{430}{\cos 30°} = \frac{430}{0.87} ≒ 494 \text{ N}$$

と，500 N がもっとも近い.

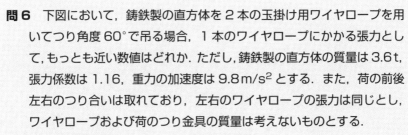

答 ウ

問6 下図において，鋳鉄製の直方体を2本の玉掛け用ワイヤロープを用いてつり角度60°で吊る場合，1本のワイヤロープにかかる張力として，もっとも近い数値はどれか．ただし，鋳鉄製の直方体の質量は3.6 t，張力係数は 1.16，重力の加速度は 9.8 m/s² とする．また，荷の前後左右のつり合いは取れており，左右のワイヤロープの張力は同じとし，ワイヤロープおよび荷のつり金具の質量は考えないものとする.

[令和5年1級]

ア　18 kN

イ　20 kN

ウ　25 kN

エ　35 kN

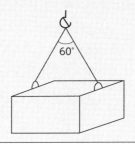

(解説) イが適切である.

3.6 t（つり荷の重さ）× 1.16（60°の引張増加計数）

÷ 2（ワイヤロープの本数）= 2.088 t

2.088 × 9.8 = 20.4624 kN

ワイヤロープ1本にかかる張力荷重 ［N］ =

$$\frac{\text{荷物の重さ}［\text{kg}］×\text{重力の加速度}×\text{張力増加係数}}{\text{ワイヤロープの係数}}$$

$$N = \frac{3.6×10^3×9.8×1.16}{2} = 20.5×10^3 \text{ N} = 20.5 \text{ kN}$$

第6編
機械系保全法

つり角度と張力増加係数の関係

つり角度	張力増加係数
0°	1
30°	1.04
60°	1.16
90°	1.42
120°	**2**

🅐 イ

問7 下図において，バランスを保つ荷重 W の値として，適切なものはどれか．[平成29年2級]

ア　3N
イ　5N
ウ　10N
エ　15N

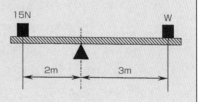

(解説)　ウが適切である．

バランスを保つためのつり合い条件からモーメントの左右比率計算を行い，荷重 W を求める．

$$15\,\text{N} \times 2\,\text{m} = W\,[\text{N}] \times 3\,\text{m}$$

$$W = \frac{15 \times 2}{3} = 10\,\text{N}$$

🅐 ウ

問8 下図に示す滑車でロープの端を 50 cm 引きおろした．そのときの
ロープを引く力および仕事の組合せとして，適切なものはどれか．

ただし，滑車およびロープの質量，これらの摩擦などは無視するもの
とする．［平成 28 年・令和元年 2 級］

	ロープを引く力	仕事
ア	50 N	25 N·m
イ	50 N	50 N·m
ウ	100 N	50 N·m
エ	100 N	100 N·m

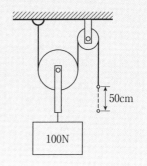

（解説）　アが適切である．

　　次図に示すように，静滑車のロープ端を 50 cm 引くと，動滑車のロー
プ A，B がそれぞれ 25 cm 引かれることになる．すなわち，動滑車は
25 cm 引き上げられたことになる．

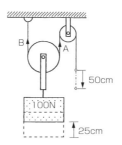

　　したがって，なされた仕事は，

　　　100 N × 0.25 m ＝ 25 N·m

　　ロープを引く力は，A，B それぞれが 100 N の半分ずつを負担してい
るので，

　　　100 N ÷ 2 ＝ 50 N

答　ア

問9 下図において，釣合いが取れる W_2 の荷重として，もっとも適切な
ものはどれか. ただし，滑車およびロープの荷重，摩擦などは無視する
ものとする. [平成28年1級]

ア	500 N
イ	800 N
ウ	1,000 N
エ	1,600 N

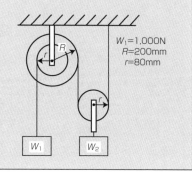

W_1=1,000N
R=200mm
r=80mm

(解説)　イが最も適切である.

　　次図のように，動滑車で物体を引き上げる力を F_2, 動滑車の荷重を
W_2 とすると，

$$F_2 = W_2/2$$

　　静滑車で物体を引き上げる力 F_1 は，静滑車の荷重 $W_1 = 1000$ N である.

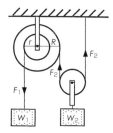

　　静滑車に働くモーメントは，rF_1, RF_2 であるが，題意（滑車，ロー
プの荷重，摩擦などを無視）よりこれらを等しいとおいて，

$$rF_1 = RF_2$$

$$80 \times 1000 = 200 \times \frac{W_2}{2}$$

$$\therefore \quad W_2 = 80 \times 1000 \times \frac{2}{200} = 800 \text{ N}$$

　　したがって，正解はイである.

答 イ

問10 下図に示す滑車の仕掛けで，物体に働く力 W が 800N のとき，ロープを引く力 F として適切なものはどれか． [令和3年1級]

ア 100 N
イ 200 N
ウ 400 N
エ 800 N

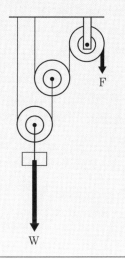

(解説) イが適切である．

$$W = 800 = ① + ② = 400 + 400$$

$$\therefore \quad ② = 400$$

$\dfrac{1}{2}W$ である，② = 400

$$③ + ④ = 200 + 200$$

$$\therefore \quad ④ = 200$$

F は方向を変えるだけなので，200 N となる

答 イ

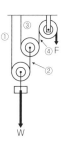

《材料力学の基礎知識》

問1　荷重と応力に関する記述のうち，適切でないものはどれか．
　　　　［平成30年2級］
ア　荷重が一定のとき，引張応力は断面積に反比例する．
イ　断面積が一定のとき，引張応力は荷重に比例する．
ウ　同じ断面積の中実軸と中空軸に，それぞれ同じ大きさの荷重が作用した場合，引張応力は中実軸のほうが大きい．
エ　同じ直径である鉄とアルミニウムの中実軸に，それぞれ同じ大きさの荷重が作用した場合，引張応力は同じである．

（解説）　ウが適切でない．
　　　　引張応力は，引張力（荷重）に比例し，部材の断面積に反比例する．この断面積は荷重を負担する部分の面積である．中空軸で荷重を負担する面積は中実軸より小さいので，引張応力は，中空軸のほうが大きい．

　　　答　ウ

＜補　足＞

部材の断面積をS，外径をd_1，引張力（荷重）をPとすると，中実軸の場合の引張応力σは，次式で表される．

$$\sigma = \frac{P}{S} = \frac{P}{\pi\left(\dfrac{d_1}{2}\right)^2} = \frac{4P}{\pi d_1^2}$$

中空軸の場合，外径をd_1，内計をd_2とすると，荷重を負担する部材の面積S'は，

$$S' = \pi\left(\frac{d_1}{2}\right)^2 - \pi\left(\frac{d_2}{2}\right)^2$$

$$= \pi\,\frac{d_1^2 - d_2^2}{4}$$

となるので，引張応力σ'は，

$$\sigma' = \frac{P}{S'} = \frac{4P}{\pi\left(d_1^2 - d_2^2\right)}$$

となり，中実軸より大きくなる.

問2 材料力学に関する記述のうち，適切なものはどれか.

［平成28年1級］

ア　引張試験において，最大荷重を，破断した試験片のくびれた部分の最小断面積で割った値を引張強さという.

イ　片持ちはりの先端に荷重をかけたとき，はりにかかる曲げモーメントは先端において最大である.

ウ　縦弾性係数 E はヤング率ともいい，材料の比例限度内で単純な垂直応力 σ とその方向の縦ひずみ ε の比で表し，$E = \dfrac{\sigma}{\varepsilon}$ となる.

エ　はりのたわみ量は，断面積が同じであれば，断面形状が異なっても同じである.

(解説)　ウが適切である.

ア　引張試験において，材料が強さに耐える最大荷重を試験片の元の断面積で割った値で，その極限の強さが引張強さである.

$$\sigma = \frac{F}{A}$$

σ：応力［N/mm^2 または MPa］

F：引張り試験荷重［N］

A：試験片の初期断面積［mm^2］

イ　はりにかかる曲げモーメントは，固定端が最大で，先端に荷重がかかるときは，先端の曲げモーメントは，0である.

エ　断面形状が異なれば，断面係数が異なり，曲げ応力およびたわみ量も相異する.　たわみ量は断面形状に依存する.

答　ウ

問 3　材料力学に関する記述のうち，適切でないものはどれか．
　　　［平成 29 年 1 級］
　ア　引張試験において，最大荷重を試験片の破断後のくびれた部分の最小
　　断面積で割った値を引張強さという．
　イ　縦弾性係数（E）はヤング率ともいい，材料の比例限度内で単純な垂
　　直応力（σ）とその方向のひずみ（ε）の比で表し，$E = \sigma / \varepsilon$ となる．
　ウ　片持ちはりのたわみ量は，はりの長さの 3 乗に比例する．
　エ　圧縮コイルばねに荷重をかけたとき，ばね材に生じる応力は，主にせ
　　ん断応力である．

（解説）　アが適切ではない．
　　　　引張り強さとは，材料の破壊限界を示す強さである．すなわち，材料
　　が強さに耐える最大荷重を試験片の負荷前の断面積で割った値である．
　　　答　ア

問 4　材料力学に関する記述のうち，適切でないものはどれか．
　　　［平成 30 年・令和元年 1 級］
　ア　縦弾性係数（E）はヤング率ともいい，材料の比例限度内で単純な垂直
　　応力（σ）とその方向のひずみ（ε）の比で表し，$E = \sigma / \varepsilon$ となる．
　イ　圧縮コイルばねに荷重をかけたとき，ばね材に生じる応力は，主にせん
　　断応力である．
　ウ　引張試験において，最大荷重を試験片のもとの断面積で割った値を引張
　　強さという．
　エ　片持ちはりのたわみ量は，はりの長さの 2 乗に比例する．

（解説）　エが適切でない．
　　　　片持ちはりのたわみ量は，次式で表
　　されるように，長さの 3 乗に比例する．

　　　最大たわみ量：$i_{max} = \dfrac{Wl^3}{3EI}$

片持ちはり

　　　W：荷重［N］
　　　l：はりの長さ［mm］

E：縦弾性係数［MPa］

I：断面二次モーメント［mm^4］

答　エ

問5　材料力学に関する記述のうち，適切でないものはどれか.

［平成28年2級］

ア　引張試験において，永久ひずみを生じない限界の応力を弾性限度という.

イ　はりのたわみ量は，断面積が同じであれば，断面形状が異なっていても同じである.

ウ　機械部品において，繰り返し荷重と交番荷重がかかる場合，交番荷重の安全率を大きく設定する.

エ　応力集中とは，切欠き溝のように，形状が急に変わる部分において，局部的に大きな応力が発生することである.

(解説)　イが適切でない.

　　断面形状を変えることによって，はりのたわみ量が変わる.

　　断面二次モーメントの例では，

　　　断面積　$A = bh$

　　　断面二次モーメント　$I = \dfrac{1}{12}bh^3$

　　　断面係数　$Z = \dfrac{1}{6}bh^2$

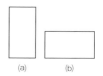

　　断面積が同じであっても，(b)より(a)の方が曲げにくい.

(a)　　　(b)

答　イ

問6　材料力学に関する記述のうち，適切なものはどれか．［平成30年2級］
ア　引張試験において，永久ひずみを生じない限界の応力を比例限度という．
イ　軸の段付部のように形状が急に変わる部分に局部的に大きな応力が発生することを応力集中という．
ウ　機械部品に繰返し荷重や交番荷重がかかる場合，安全率は交番荷重よりも繰返し荷重を大きくとる．
エ　はりのたわみ量は，断面積が同じであれば，断面形状が異なっていても同じ値となる．

（解説）　イが適切である．
　　　ア　永久ひずみを生じない限界の応力は，弾性限度という．
　　　ウ　繰り返しかかる荷重を繰返し荷重，大きさだけでなく方向も変わる（引張と圧縮を繰り返す）荷重を交番荷重という．交番荷重のほうが条件は厳しいので，安全率は繰返し荷重より大きくなる．
　　　エ　はりのたわみ量は断面形状により変わる．（前問解説参照）
　　　答　イ

問7　材料力学に関する記述のうち，適切なものはどれか．［令和元年2級］
ア　はりのたわみ量は，荷重と断面積が同じであれば，断面形状が異なっていても同じ値となる．
イ　引張試験において，永久ひずみを生じない限界の応力を比例限度という．
ウ　機械部品に繰返し荷重がかかる場合の安全率は，交番荷重がかかる場合よりも大きくとる．
エ　軸の段付部のように，形状が急に変わる部分に局部的に大きな応力が発生することを応力集中という．

（解説）　エが適切である．ア，問5解説参照．イ・ウ，前問解説参照．
　　　応力集中とは，形状の不連続性（穴や切り欠き，溶接，材料の不均一）により，その近傍に大きな応力が発生することをいう．
　　　曲率半径が小さいということは，丸みが鋭くなる（先が尖ってくる）ことである．
　　　答　エ

問8 材料力学に関する記述のうち，適切なものはどれか．［平成29年2級］
ア 瞬時の間だけ作用する荷重を静荷重といい，衝撃的な荷重となる．
イ 応力集中とは，切欠き溝のように形状が急に変わる部分においては，局部的に応力が0になる箇所が発生する現象である．
ウ はりの曲げ応力は断面積が同じであっても断面係数が異なれば違う値になる．
エ モーメントの大きさは，下記の式で求められる．
モーメント（M）＝力（F）×速度（V）

（解説）ウが適切なものである．
　　ア　動荷重のことである．
　　イ　応力集中とは，形状の不連続（穴や切り欠き，溶接，材料の不均一）により，その近傍に大きな応力が発生することをいう．
　　エ　モーメントの大きさは，力×距離（回転軸から力が加わる点までの長さ）で求められる．
（答）ウ

問9 材料力学に関する記述のうち，適切でないものはどれか．
［平成29年2級］
ア 許容応力とは，機械部品が使用中に破壊したり，使用に耐えられないほどの変形を起こさない最大応力である．
イ 応力－ひずみ線図で，応力の最大点は材料が耐え得る最大応力を示しており，この値を引張強さまたは極限強さという．
ウ 安全率とは，材料の基準強さ（引張強さ，降伏点，疲れ強さなど）を許容応力で除したものである．
エ 交番荷重が作用する場合の安全率は，繰り返し荷重が作用する場合よりも小さくとる．

（解説）エが適切でない．
　　交番荷重が作用する場合の安全率は，繰り返し荷重が作用する場合よりも大きくとる．（前問解説参照）
（答）エ

<補　足>

　安全率とは，材料の基準強さ（設計基準強度）と許容応力の比で，式で表すと次のようになる．

$$安全率 = \frac{基準強さ}{許容応力}$$

　基準強さには材料の引張り強さや極限強さを用いる．すなわち，安全率とは想定される力の何倍に耐えられるかを表すものである．安全率が低すぎると危険性が増し，安全率が高すぎると機械の重量や製作コストが増す．

問 10　材料力学に関する記述のうち，適切なものはどれか．

［平成 29 年・令和 4・5 年 1 級］

ア　断面積 40 mm^2 の丸棒に，1,600 N の引張荷重が働いているときの引張応力は 64 N/mm^2 である．

イ　長さ 5 m の丸棒を引っ張ったときの縦ひずみが 0.1 %の場合，伸びは 5 mm である．

ウ　機械構造用炭素鋼材の基準強さが 570 MPa のとき，許容応力を 190 MPa とすると，安全率は 5 となる．

エ　両端支持ばりで，中央に 500 N の集中荷重が作用して，釣り合っているときの 2 つの支点の反力はそれぞれ 500 N である．

（解説）　イが適切である．

　　　ア　引張応力は，引張荷重÷断面積 = 1600 ÷ 40 = 40 N/mm^2 である．

　　　ウ　安全率は基準強さ÷許容応力 = 570 ÷ 190 = 3 である．

　　　エ　反力はそれぞれ 250 N である．

　　答　イ

問11 下図において，両端支持はりに集中荷重が作用する場合の反力として，適切なものはどれか．[令和4・5年2級]

ア RA=90N RB=210N
イ RA=120N RB=180N
ウ RA=180N RB=120N
エ RA=210N RB=90N

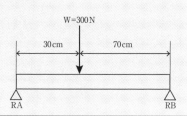

(解説) エが適切である．

RA = 0.7 × 300 = 210 N

RB = 0.3 × 300 = 90 N

答 エ

問12 下図において，継手にかかる荷重 P が6 280 N，継手を繋ぐピンに発生するせん断応力が10 N/mm² のとき，ピンの直径 d としてもっとも近いものはどれか．[平成30年・令和2年1級]

ア 10 mm
イ 20 mm
ウ 30 mm
エ 40 mm

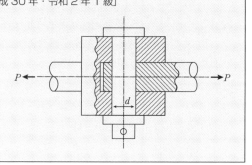

(解説) イが最も近い．

ピンの断面積を A，荷重を P とすると，せん断応力 τ は次式で表される．

$$\tau = \frac{P}{A}$$

ここで，ピンの直径を D とすると，

$$A = \pi \left(\frac{d}{2} \right)^2$$

であるが，せん断応力はピンの上下2箇所にかかるので断面積二つ分に
かかることになり，

$$\tau = \frac{P}{2A} = \frac{P}{2 \times \pi \left(\frac{d}{2} \right)^2} = \frac{P}{2 \times \frac{\pi d^2}{4}} = \frac{2P}{\pi d^2}$$

より，

$$d^2 = \frac{2P}{\pi \tau}$$

$$\therefore \ d = \sqrt{\frac{2P}{\pi \tau}} = \sqrt{\frac{2 \times 6280}{3.14 \times 10}} = \sqrt{\frac{2 \times 2000}{10}} = \sqrt{400} \fallingdotseq 20$$

よって，d は 20 mm となる．

答　イ

問13　下図に示すように，2つの部品を直径 16mm のピンで連結して，8kN の荷重で横に引っ張ったとき，ピンに生じるせん断応力としてもっとも近い数値はどれか．［令和3・4年1級］

　ア　10.0 MPa

　イ　15.7 MPa

　ウ　20.0 MPa

　エ　39.8 MPa

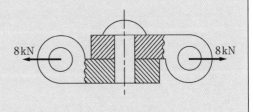

（解説）　エが最も近い．

　せん断応力 $\tau = \dfrac{W}{A}$

$$A = \frac{\pi d^2}{4}$$

$$= \frac{\pi \times 16 \times 16}{4} = \frac{804.247}{4}$$

$$= 201.062 \ \mathrm{mm}^2$$

$$\tau = \frac{W}{A}$$

$$= \frac{8\,000}{201.062} = 39.798$$

$$\fallingdotseq 39.8 \ \mathrm{MPa}$$

答 エ

問 14 下図の応力－ひずみ線図に関する記述のうち，適切なものはどれか．

[平成 30 年 1 級]

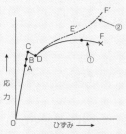

ア　D 点を比例限度といい，この点まではフックの法則が成立する．

イ　E 点を引張強さといい，F 点は破断点という．

ウ　線①を真応力－ひずみ線図といい，線②を公称応力－ひずみ線図という．

エ　B 点を降伏点といい，弾性変形から塑性変形に移行する点である．

(解説)　イが適切である．

次図において，軟鋼材に応力を加えると，A 点（比例限度）までがひずみに対して応力が比例の状態にある．さらに応力を加えると B 点（弾性限度）の応力までは，比例の状態

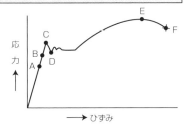

ではなくなるが，荷重を除去すれば変形の状態から元の形状に戻る．

第6編　機械系保全法

C点（上降伏点）からD点（下降伏点）の応力を降伏点と呼ぶが，応力が増加することがなくても，ひずみが急激に増すことで塑性変形になる．

そこからさらに応力を加えると，ひずみも大きくなり，E点に達すると試験片に対して引っ張り強さは極限強さとなる．

E点の後は試験片の断面が小さくなり，応力が増すことはなくても破断に達する．

答　イ

問15　下図の応力－ひずみ線図に関する記述のうち，適切でないものはどれか．[令和2・5年1級]

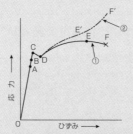

ア　B点を降伏点といい，弾性変形から塑性変形に移行する点である．

イ　線①を公称応力－ひずみ図といい，線②を真応力－ひずみ図という．

ウ　E点を引張強さといい，F点を破断点という．

エ　D点を下降伏点といい，応力が増加せずひずみが急に増加しはじめる点である．

(解説)　アが適切でない．前問解説参照

答　ア

問 16　下図の応力－ひずみ線図に関する文中の（　　）内に当てはまる語
句として，適切なものはどれか．[令和２年２級]
「Dは，（　　）である．」

ア　上降伏点
イ　弾性限度
ウ　引張強さ
エ　下降伏点

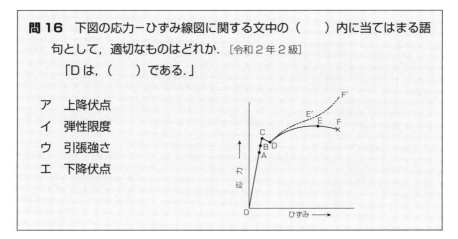

(解説)　エが適切である．問 14 解説参照．

　　　答　エ

問 17　下図の応力－ひずみ線図に関する文中の（　　）内に当てはまる語
句として，適切なものはどれか．[令和３・５年２級]
「Eは，（　　）である．」

ア　上降伏点
イ　弾性限度
ウ　引張強さ
エ　下降伏点

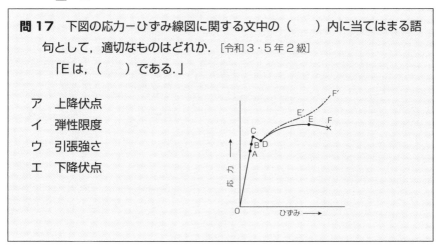

(解説)　ウが適切である．問 14 解説参照．

　　　答　ウ

問 18　下図の応力－ひずみ線図に関する文中の（　　）内に当てはまる語句として，適切なものはどれか．［令和 4 年 2 級］

「B は，（　　）である．」

ア　上降伏点
イ　弾性限度
ウ　引張強さ
エ　下降伏点

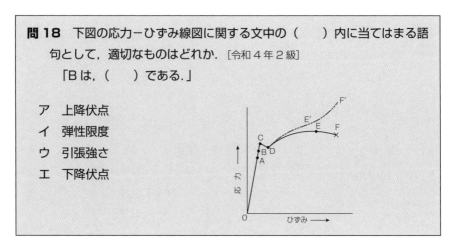

(解説)　イが適切である．問 14 解説参照．

答　イ

《JIS 記号・はめあい方式》

問1 JIS C 0617:2011（電気用図記号）において，下記の電気用図記号と名称の組合せとして，適切なものはどれか. [令和元年1級]

	A	B
ア	電力計	接地
イ	電力量計	機能等電位結合
ウ	電力計	機能等電位結合
エ	電力量計	接地

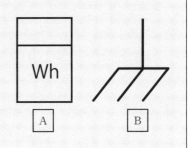

（解説）　イが適切である.

　　　電力量計は消費電力量（単位［Wh］）の測定に使用し，使用量に応じて電気料金が決まる. 計器中央の円盤が回ることで電気の使用量を測定している.

　　　等電位ボンディング接地（等電位結合）方式とは，建物鉄骨や配管など構内すべての金属体と電気設備を接地線でつなぎ，電位差をなくすことで，雷等の異常電圧から電気設備や人体を保護することを目的とした接地方式である.

　　　機能等電位結合は，等電位ボンディング接地の中でも，電気機器や通信機器を保護することを目的としたものをいう.

　　　保護等電位結合は，等電位ボンディング接地の中でも，感電保護を目的としたものを保護等電位結合という.

答　イ

＜補　足＞

電力計：消費電力（単位［W］）の測定に使用する. 測定器に内蔵されている電流コイルと電圧コイルにより電力を測定するため，回路に対して，直列および並列に接続する.

　接地：電気設備機器等と大地を電気的に接続することで，主な目的は
次のとおりである.

　①　人などへの感電防止

　②　漏電などによる火災防止や機器の損傷防止

　③　地絡電流などを検出し，漏電遮断器などの動作を確実にする

　保護接地：電気機器等に漏電や過電圧が発生した際でも接地により，
使用者の安全を図ることを目的とした接地を保護接地という.

　機能接地：電源の出力電位を定めた出力特性となるよう電位を安定させ
ることを目的とする. 通信・弱電機器の安定動作用として行う接地を機能
接地という.

問2　JIS B 0001:2019(機械製図)において，図面の記入に使用する線
のうち，細い破線，または太い破線の用途として，適切なものはどれか.
　[令和3年2級]

ア　寸法を記入するために図形から引き出すのに用いる.

イ　対象物の見えない部分の形状を表すのに用いる.

ウ　図形の中心を表すのに用いる.

エ　加工前または加工後の形状を表すのに用いる.

(解説)　イが適切である.

　　　破線は，対象物の見えない部分の形状を表す「かくれ線」として用い
　　　る. 太い線は，対象物の見える部分の形状を表す「太い実線」として用
　　　いる. 細線は，寸法および寸法の引き出し線などに用いる.

　　　答　イ

問3　下図に示す幾何公差の記号として，適切なものはどれか.
　[令和4年2級]

ア　円筒度

イ　真円度

ウ　面の輪郭度

エ　同軸度

(解説) アが適切である.

公差の種類	特性	記号	データム表示	定義
形状公差	真直度	—	否	直線形体の幾何学的直線からの狂いの大きさ
	平面度	▱	否	平面形体の幾何学的平面からの狂いの大きさ
	真円度	○	否	円形形体の幾何学的円からの狂いの大きさ
	円筒度	⌀	否	円筒形体の幾何学的円筒からの狂いの大きさ
	線の輪郭度	⌒	否	理論的に正確な寸法によって定められた幾何学的輪郭からの線の輪郭の狂いの大きさ
	面の輪郭度	⌓	否	理論的に正確な寸法によって定められた幾何学的輪郭からの円の輪郭の狂いの大きさ

答 ア

問 4 下図に示す,ボルトの名称として,適切なものはどれか. [令和 5 年 2 級]

ア リーマボルト
イ 植込みボルト
ウ アイボルト
エ 基礎ボルト

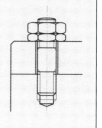

(解説) イが適切である.

アイボルトは,重量物をつり上げるために使用される.頭部にリングの付いたボルトである.

アイボルトは,人の手では持ち上げられない設備などの上面にアイボルトを取り付け,フックやロープなどをリング部分に通し,引っ掛けて使用する.

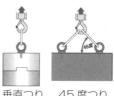

垂直つり　45 度つり

基礎ボルトは，機械・柱・土台などを据えつけるためにコンクリートの基礎などに埋め込むボルトのことをいい，アンカーボルトとも呼ばれている．

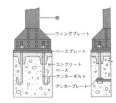

答　イ

問5　下図に示す，ボルトによる部材締結法はどれか．［平成28年2級］

ア　通しボルト

イ　押さえボルト

ウ　植込みボルト

エ　通しロッド

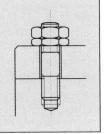

(解説)　ウが正解である．

　　植込みボルトは，丸棒の両側にねじ部を持つボルトで，結合する一方は埋め込み，ナットの着脱だけで部品の取付け，取外しができるものである．頭部がナットで締められ，下部がネジで埋め込まれている．

　　通しボルトは，部品を結合するため，部品を貫通した穴に通すボルトである．ねじは片方に切ってあり，ナットで締め付け部品を結合する．

　　押えボルトは，結合する部品の一方にめねじを設け，これにねじ込んで部品を結合するためのボルトである．

　　通しロッドは，両端にねじを設けた棒（ロッド）により締結する方法である．

答　ウ

<補　足>

　六角穴付きボルトは，ボルトの頭部に六角形の穴が空いたボルトで，六角レンチを用いて締め付けることで，頭部が座ぐり穴に埋め込まれるようにしたボルトである．

問6　下図に示す，部材締結の方法を説明する語句として，適切なものは
どれか．[令和元年・2年2級]

ア　リーマボルト

イ　植込みボルト

ウ　押さえボルト

エ　通しボルト

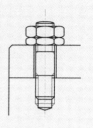

(解説)　イが正解である．

　　　リーマボルト：通常，ボルトは軸線方向の締結に使用され，軸間の位
置決め，角度決めを行うことはないが，リーマボルトは軸が研削加工さ
れ，はめあいの寸法で仕上げてリーマ穴に差し込まれることからボルト
穴とボルト軸の間に微少なすきましかできないため，軸間，角度位置を
決めることができるボルトである．並行ピンなどを入れることができず，
回転体で重心が狂わないことが設計上必要な場合などに用いられる．

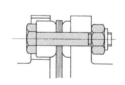

答　イ

問7　下図はキリ穴の加工位置を示した図面である．(　　)内に当てはま
る数値として，適切なものはどれか．[平成29・30年2級]

ア　1,300

イ　1,380

ウ　1,460

エ　1,540

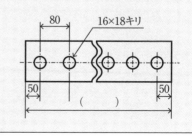

(解説)　アが適切である．

「18 キリ」はドリルでの穴あけ寸法（直径 18mm），16 は穴の数である．
したがって，穴の間隔は 15 個であるから寸法は，次式のようになる．

$$80 \times 15 + 50 + 50 = 1300$$

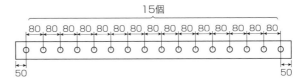

答　ア

問8 下図はキリ穴の加工位置を示した図面である．図中の（　　）内に当
てはまる数値として，適切なものはどれか．［令和4年2級］

ア　1,000
イ　1,100
ウ　1,500
エ　1,600

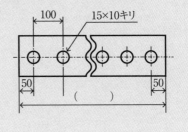

(解説)　ウが適切である．前問解説参照．

全長 $L = 100 \times (15 - 1) + 50 + 50 = 1\,500$

※穴は 15 個だが，間隔の 100 は 14 個である．

答　ウ

問9 機械製図で用いられる投影図の種類のうち，日本工業規格（JIS）に
ないものはどれか．［平成28年2級］

ア　補助投影図
イ　回転投影図
ウ　部分投影図
エ　直交投影図

(解説)　エがない．

JIS の投影図としては，補助投影図，回転投影図，部分投影図，局部
投影図などがある（JIS B 0001）．

答 エ

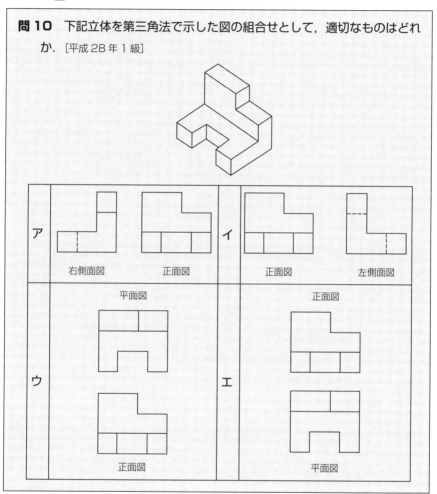

問10 下記立体を第三角法で示した図の組合せとして，適切なものはどれ
か. [平成 28 年 1 級]

(解説) ウが適切である.

投影図の名称を図 1 に，第三角投影図を図 2 に示す（JIS B0001）．同規
格によれば，第三角法による投影図の配置は，次のように規定されている.

第三角法は，正面図を基準とし，他の投影図は次のように配置する.

平面図は上側に置く．下面図は下側に置く．左側面図は左側に置く．
右側面図は右側に置く．背面図は都合によって左側または右側に置くこ
とができる.

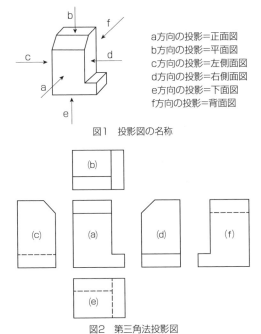

図1　投影図の名称

a方向の投影＝正面図
b方向の投影＝平面図
c方向の投影＝左側面図
d方向の投影＝右側面図
e方向の投影＝下面図
f方向の投影＝背面図

図2　第三角法投影図

　　ア　右側面図は正面図の右側に置く．

　　イ　左側面図は正面図の左側に置く．

　　エ　平面図は正面図の上側に置く．

答　ウ

問11　JIS において，材料記号と規格名称の組合せとして，適切でないものはどれか．［平成 28 年・令和 2・3 年 1 級］

	材料記号	規格名称
ア	FC	ねずみ鋳鉄品
イ	SC	炭素鋼鋳鋼品
ウ	SCS	ステンレス鋼鋳鋼品
エ	SS	炭素鋼鍛鋼品

解説　エが適切でない．

　　SS は一般構造用圧延鋼材である（JIS G 3101）．炭素鋼鍛鋼品は SF である（JIS G 3201）．

　　　圏 エ

＜補 足＞

例えば SS400 と表された場合，次のような意味である.

・最初の S：Steel（鉄鋼）

・次の S：Structure（構造）

・400：最低引張り強さ（400N/mm²）

ねずみ鋳鉄品は JIS G 5501 に，ステンレス鋼鋳鋼品は JIS G 5121 に定められている.

問12 JIS において，表面性状の図示記号の構成として，適切なものはどれか. ［令和3年1級］

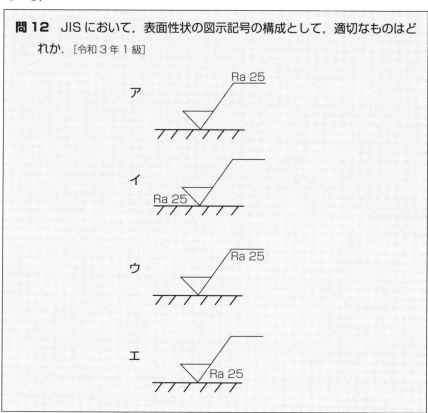

　ア　　　　　　　　　Ra 25

　イ　　　Ra 25

　ウ　　　　　　　　Ra 25

　エ　　　　　　　　Ra 25

解説　ウが適切である.

　　　　表面粗さの単位には，Ra，Rz，Rmax の大きく3種類があり，一般的には Ra を使用する.

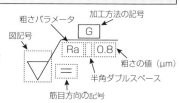

粗さパラメータ　加工方法の記号
図記号　　　　　　G
　　　　　　Ra　　0.8
　　　　　　　　　　　粗さの値（μm）
　　　　　　　　　半角ダブルスペース
筋目方向の記号

第6編
機械系保全法

Ra は算術平均粗さ，Rz は最大高さ，Rmax は十点平均高さを表し，単位はμm である．

答　ウ

問 13　JIS において，製図方法の寸法線および寸法補助線の記入方法として，適切でないものはどれか．［令和5年1級］

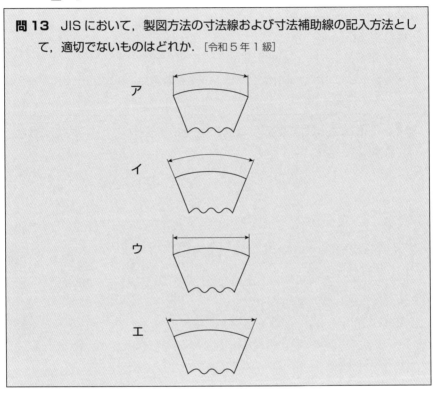

[解説]　エが適切でない．

　　　ア　弧の長さ
　　　イ　弧の角度
　　　ウ　弧の距離
　　　エ　該当なし

答　エ

問14 日本工業規格（JIS）の鉄鋼記号において，記号と規格名称の組合せとして，適切でないものはどれか．[平成29年1級]

	記号	規格名称
ア	SK	合金工具鋼鋼材
イ	SWP	ピアノ線
ウ	SUS-B	ステンレス鋼棒
エ	SS	一般構造用圧延鋼材

(解説) アが適切でない

　　SK材は炭素工具鋼鋼材の記号で（JIS G 4401），合金工具鋼鋼材の記号はSKS，SKD，SKTである（JIS G 4404）.

　　答 ア

＜補　足＞

ピアノ線はJIS G 3522に，ステンレス鋼棒はJIS G 4303に，一般構造用圧延鋼材はJIS G 3101に規定されている.

問15 JISにおいて，材料記号と規格名称の組合せとして，適切でないものはどれか．[令和4年1級]

　ア　SK：合金工具鋼鋼材
　イ　SWP：ピアノ線
　ウ　FC：ねずみ鋳鉄品
　エ　SS：一般構造用圧延鋼材

(解説) アが適切でない.

　　SKは炭素工具鋼鋼材の記号である．合金工具鋼鋼材の記号はSKS，SKD，SKTなどである.

　　答 ア

問 16　材料記号に関する記述のうち，適切でないものはどれか．

[令和5年1級]

ア　SPC の C 記号は，冷間を表している．

イ　S45C の C 記号は，炭素を表している．

ウ　SS400 の 400 は，炭素含有量が 0.4 ％を表している．

エ　S45C の 45 は，炭素含有量が 0.45 ％を表している．

(解説)　ウが適切でない．問 11 解説参照．

　　S45C 機械構造用の炭素鋼鋼材で，S は鉄鋼，45 は単相の含有率 0.45％，C は炭素を意味する．

　　SPC（Steel Plate Cold ）は，冷間圧延鋼板のことで，C：cold は冷間を意味する．

答　ウ

問 17　下図に示す軸と穴のはめあいとして，適切なものはどれか．

[令和3年2級]

ア　すきまばめ

イ　しまりばめ

ウ　中間ばめ

エ　しめしろばめ

(解説)　アが適切である．

　　穴－軸を計算する．

　　①　最大穴－最小軸 = 40.03 − 40.00 = 0.03 mm のすき間

　　②　最小穴－最大軸 = 40.02 − 40.01 = 0.01 mm のすき間

　　このように，四つの数字を照らし合わせて出た数字を検討する．

　　今回は①，②ともすき間があったので，「すきまばめ」となる．

　　次に，φ 40M6 / m6 を考えると，常用するはめあいの寸法許容表より，穴 φ 40M6 は − 4，− 20 なので，大 39.996，小 39.980 となる．軸 φ 40m6 は +33，+17 なので，大 40.033，小 40.017 となる．

　　③　最大穴－最小軸 = 39.996 − 40.017 = − 0.021

マイナスのすき間，つまり締め代あり

④　最小穴 − 最大軸 = 39.990 − 40.033 = − 0.043

マイナスのすき間，つまり締め代あり

よって，③，④とも締め代ありなので，「しまりばめ」となる．

また，φ 40H7 / n6 を考えると，常用するはめあいの寸法許容表より，穴 φ 40H7 は 0，+25 なので，大 40.025，小 40.000 となる．軸 φ 40n6 は +33，+17 なので，大 40.033，小 40.017 となる．

⑤　最大穴 − 最小軸 = 40.025 − 40.017 = + 0.008 のすき間

⑥　最小穴 − 最大軸 = 40.000 − 40.033 = − 0.033 のすき間，つまり締め代あり

組合せによりすき間があり，締め代がある場合は「中間ばめ」となる．なお，「しめしろばめ」というはめの種類はない．

答　ア

問 18　はめあいに関する記述のうち，適切なものはどれか．

[平成 30 年・令和元年 1 級]

ア　すきまばめは，穴の最大許容寸法に対して軸の最大許容寸法が等しいか，小さい場合のはめあいである．

イ　しまりばめは，穴の最小許容寸法に対して軸の最小許容寸法が等しいか，大きい場合のはめあいである．

ウ　中間ばめは，穴の最小許容寸法に対して軸の最大許容寸法が等しいか，大きい場合，または穴の最大許容寸法に対して軸の最小許容寸法が等しいか，小さい場合のはめあいである．

エ　複数の穴と軸のはめあいを加工する場合，一般的に軸の寸法を基準として穴を加工する．

（**解説**）　ウが適切である．

　　　　ア　すきまばめは，はめ合わせたときに，穴と軸との間にすきまができるはめあいのこと．すなわち，穴の最小許容寸法に対して軸の最大許容寸法が小さい場合．

　　　　イ　しまりばめは，はめ合わせたときに，穴と軸との間に常にしめしろができるはめあいのこと．すなわち，穴の最大許容寸法に対して

軸の最小許容寸法が大きい場合である.

　　エ　複数の穴と軸のはめあいを加工する場合，一般的に穴の寸法を基
　　　　準として軸を加工する.

　答　ウ

＜補　足＞

はめあいとは，軸受けなどの軸と穴形状の部品がはまり合う関係である.

　しめしろは，はめあいにおける穴と軸の大きさの関係において，軸の直径が穴
の直径より大きい場合，その直径の差をいう.　また，穴の直径が軸の直径より大
きい場合の直径差はすきまとなる.

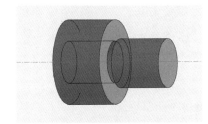 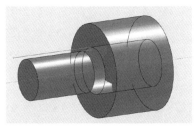

　　　　　しめしろ　　　　　　　　　　　　　　　すきま

問19　はめあいに関する記述のうち，適切でないものはどれか.

　　［令和2・4年1級］

　ア　中間ばめは，穴の最小許容寸法に対して軸の最大許容寸法が等しいか，
　　　大きい場合，または穴の最大許容寸法に対して軸の最小許容寸法が等
　　　しいか，小さい場合のはめあいである.

　イ　複数の穴と軸のはめあいを加工する場合，一般的に軸の寸法を基準と
　　　して穴を加工する.

　ウ　すきまばめは，穴の最小許容寸法に対して軸の最大許容寸法が等しい
　　　か，小さい場合のはめあいである.

　エ　しまりばめは，穴の最大許容寸法に対して軸の最小許容寸法が等しい
　　　か，大きい場合のはめあいである.

（解説）　イが適切でない.　前問解説参照

　答　イ

問20 はめあいに関する文中の（　）内に当てはまる語句として，適切なものはどれか．[令和2年2級]

「（　）とは，穴の最小許容寸法に対して軸の最大許容寸法が等しいか，小さい場合のはめあいである．」

ア　すきまばめ

イ　しまりばめ

ウ　中間ばめ

エ　しめしろばめ

(解説) アが適切である．問18解説参照

答　ア

―― 編 著 者 経 歴 ――

涌井　正典（わくい　まさのり）

1978年　4月	東京電機大学工学部機械工学科 技術補助員入職
1982年　3月	東京電機大学工学部二部機械工学科 卒業・技術補助員退職
1982年　4月～2002年9月	廃業 ㈱涌井製作所　入社 金型設計製造・CNC担当・経営
1986年10月	アクメ金型設計士 取得　ボストン大学単位修習（アクメスクール日本分校）
1995年　9月	職業能力開発大学校・二級技能士コース 修了
1999年10月	一級金属プレス技能士 合格
2000年　3月	職業訓練指導員免許・塑性加工科 取得
2002年　1月～2017年6月	都立職業能力開発センター　時間講師（金型科・CAD科・メカトロ科）
2006年　1月～2008年9月	工学院大学 ECPセンター技術職員 立ち上げ・運営に貢献
2007年　3月	特級金属プレス技能士 合格
2008年10月～	東京電機大学工学部機械工学科技術職員 移転時工場設備・運営に貢献　現在に至る
2010年　3月	一級金型製作（金属プレス）技能士 合格
2010年　4月	職業訓練指導員免許・機械科 取得
2011年　9月	一級機械加工（マシニングセンター作業）技能士 合格
2013年　3月	一級機械保全（機械系）技能士 合格
2013年12月	厚生労働省 ものづくりマイスター 認定（金プ・型製・保全）
2014年　8月～2020年3月	実践教育訓練学会 理事 学会運営・学会昇格に貢献
2017年　4月～2020年3月	ものつくり大学 非常勤講師
2019年　4月～	技能検定実施工場認定・学生技能士を数多く輩出する
2019年　5月～	東京電機大学　技能検定 主任検定委員

機械保全技能検定1・2級
機械系学科試験　過去問題集　2024年度版

2024年　6月10日　　第1版第1刷発行

編 著 者　涌　　井　　正　　典
発 行 者　田　　　中　　　聡

発　行　所
株式会社　電　気　書　院
ホームページ　www.denkishoin.co.jp
（振替口座　00190-5-18837）
〒101-0051　東京都千代田区神田神保町1-3 ミヤタビル2F
電話(03)5259-9160／FAX(03)5259-9162

印刷　中央精版印刷株式会社
Printed in Japan／ISBN978-4-485-22163-1

•落丁・乱丁の際は，送料弊社負担にてお取り替えいたします．

[本書の正誤に関するお問い合せ方法は，最終ページをご覧ください]

書籍の正誤について

万一，内容に誤りと思われる箇所がございましたら，以下の方法でご確認いただきますようお願いいたします．

なお，正誤のお問合せ以外の書籍の内容に関する解説や受験指導などは**行っておりません**．このようなお問合せにつきましては，お答えいたしかねますので，予めご了承ください．

正誤表の確認方法

リンク

最新の正誤表は，弊社Webページに掲載しております．書籍検索で「正誤表あり」や「キーワード検索」などを用いて，書籍詳細ページをご覧ください．

正誤表があるものに関しましては，書影の下の方に正誤表をダウンロードできるリンクが表示されます．表示されないものに関しましては，正誤表がございません．

弊社Webページアドレス
https://www.denkishoin.co.jp/

正誤のお問合せ方法

正誤表がない場合，あるいは当該箇所が掲載されていない場合は，書名，版刷，発行年月日，お客様のお名前，ご連絡先を明記の上，具体的な記載場所とお問合せの内容を添えて，下記のいずれかの方法でお問合せください．

回答まで，時間がかかる場合もございますので，予めご了承ください．

郵便で問い合わせる	郵送先	〒101-0051 東京都千代田区神田神保町1-3 ミヤタビル2F ㈱電気書院　編集部　正誤問合せ係
FAXで問い合わせる	ファクス番号	**03-5259-9162**
ネットで問い合わせる	弊社Webページ右上の「**お問い合わせ**」から **https://www.denkishoin.co.jp/**

お電話でのお問合せは，承れません

(2022年5月現在)